本专著的出版得到广东省烟草专卖局（公司）科技项目"梅州烟叶生产技术开发与应用"、广东中烟工业有限责任公司科技项目"梅州五华优质烤烟烟叶结构优化控制技术开发"资助

梅州优质烟叶
生产技术开发与应用

王　维　陈泽鹏　杨海雄　著

U0396307

华南理工大学出版社
SOUTH CHINA UNIVERSITY OF TECHNOLOGY PRESS

·广州·

图书在版编目（CIP）数据

梅州优质烟叶生产技术开发与应用／王维，陈泽鹏，杨海雄著 . —广州：华南理工大学出版社，2020.11

ISBN 978 - 7 - 5623 - 6287 - 6

Ⅰ . ①梅…　Ⅱ . ①王…　②陈…　③杨…　Ⅲ . ①烟叶 - 栽培技术 - 研究 - 梅州　Ⅳ . ①S572

中国版本图书馆 CIP 数据核字（2020）第 052481 号

梅州优质烟叶生产技术开发与应用

王　维　陈泽鹏　杨海雄　著

出 版 人：**卢家明**

出版发行：华南理工大学出版社

（广州五山华南理工大学 17 号楼，邮编 510640）

http：//www. scutpress. com. cn　E-mail：scutc13@ scut. edu. cn

营销部电话：020 - 87113487　87111048（传真）

责任编辑：毛润政

印 刷 者：广州永祥印务有限公司

开　　本：787mm×960mm　1/16　印张：15.25　字数：297 千

版　　次：2020 年 11 月第 1 版　2020 年 11 月第 1 次印刷

定　　价：55.00 元

本书编撰委员会

主　　任：王　维　陈泽鹏　杨海雄

副 主 任：陈桢禄　黄　浩　邵兰军　魏　彬

　　　　　袁文彬　雷　佳

参加人员（排名不分先后）：

曾繁东	郭俊杰	谢志东	林　勇
田君同	姚平章	罗明运	臧德禄
严玛丽	李宙文	王初亮	李颖之
冯玉龙	贺广生	谢　晋	高卫锴
宗钊辉	李文才	王　军	冀　浩
黄　磊	杨　欣	汪　军	张　震
杜向东	李　超	周立非	罗　静
高仁吉	李福君	李谨成	胡男君
黄景崇	杨天旭	程图艺	刘意旋
曾海亮	谢旭明	杨墩华	杨发恒
刘　桔	姜俊红	战　磊	蔡一霞
黄跃鹏			

序　言

　　烟叶是行业生存和发展的基础，中式卷烟的发展对烟叶原料的要求不断提高。特别是随着"卷烟上水平"战略的实施，工业企业对优质特色烟叶质量的要求更加迫切。近年来，广东梅州烟区积极推进现代烟草农业建设，烟叶生产条件大为改善，烟叶质量和生产技术水平逐步提高。随着我国卷烟品牌结构调整的不断加快，卷烟工业对烟叶原料质量和等级结构提出了更高的要求，这就要求烟草商业企业必须适应工业对原料需求的变化，依靠科技进步，不断提高烟叶原料的供给水平。从2014 年开始，在广东省烟草专卖局（公司）和广东中烟工业有限责任公司（以下简称"广东中烟"）科技计划项目的资助下，华南农业大学联合广东省烟草专卖局（公司）、广东中烟、广东烟草梅州市有限公司等单位进行了梅州优质烟叶生产技术开发与应用的项目研究，并将项目取得的成果进行汇编出版。

　　梅州烟区烤烟种植已有 250 多年的历史，为广东省优质烟叶产区，虽然这些年来烟叶生产技术和规范化水平得到了不断提高，但烟叶生产和烟叶质量的问题仍然很突出，主要表现在梅州烟区普遍存在土壤 pH 值偏低影响烟叶质量、烤后烟叶褪色现象、氮肥利用效率低等问题。本专著研究以提高梅州烟区烟叶质量为目标，在新品种引进和筛选的基础上，重点针对梅州烟区酸性土壤的特点，开展低 pH 值土壤条件下烤烟生长发育的特性和品质的形成规律的研究及其土壤改良技术研究；开展了以"精准施氮模式"为代表的不同施肥模式和栽培技术措施对烟叶结构优化等内容的研究；探讨了梅州产区烟叶生产质量形成过程中关键生产措施的响应机理，明确改善和提高梅州产区烟叶质量的关键技术调控途径。本专著通过系列专题的研究和技术开发，获得的主要研究成果在生产实践中得到了广泛应用和证实，能够整体提高产区烟叶生产水平和烟叶质量，促进了烟叶生产的稳定、持续发展。产区烟叶生产的科学化和专业化管理，有效促进了烟草行业向现代烟草农业方向发展，使企业取得了很好的社会效益和经济效益。本专著的出版对产区烟叶生产科学化发展和专业人才的培养提供了重要的指导和理论参考。

在项目实施和研究成果成书过程中，广东省烟草专卖局（公司）、广东中烟、广东省烟草学会、广东烟草梅州市有限公司和华南农业大学等单位的领导及有关同志给予了大力支持和协助，这些都是完成本项目研究任务的重要保证，也才有了本书的出版；在本书撰写过程中，参阅了国内外大量文献并列于书后，在此一并向上述单位、有关人员致以最诚挚的谢意。

由于著者水平有限，书中难免存在错漏之处，敬请广大读者和烟草界同行批评指正，以帮助我们在今后的科研工作中做得更好。

著　者

2020 年 3 月于广州

目　录

第 1 章

梅州烟区烤烟新品种（品系）的引进与筛选

1.1 前言

1.1.1 研究背景

烤烟品种是影响烟叶产量与烟叶品质的重要因素之一，优良的烤烟品种是获得优质烟叶、提高烤烟产量与质量的内在因素（李雪君等，2010）。不同的烤烟品种有自身的遗传特色，种植的生态条件与环境也不同。生态环境条件的改变对一个烤烟品种的经济性状和品质性状有很大的影响，而经济性状与品质性状是衡量一个烤烟品种是否在引进地具有推广潜力的重要指标（周立彬等，2011）。因此，必须筛选出适宜在当地生态环境条件下种植的烤烟新品种，针对不同的生态环境种植不同的烤烟品种，配合合理的栽培技术，形成不同气候条件下不同风格特色的烟叶，满足中式卷烟对不同风格特色的优质烟叶需求。

梅州市梅县区位于广东省东北部，属亚热带季风气候区，是南亚热带和中亚热带气候区的过渡地带（罗碧瑜等，2008）。梅州烟区梅县产区植烟历史已有50多年，广东烟区是我国主要浓香型烤烟产区，而梅县产区具有独特的自然条件与合适的植烟土壤，无论光照、雨量、年均温、全年平均无霜日等自然条件都适宜烤烟生产（牛莉莉，2014；张维祥，2003）。然而，在整个梅县产区乃至整个梅州烟区推广种植的只有一个烤烟品种云烟87，无法满足工业对不同风格特色烟叶的需求。随着云烟87在梅县产区的长时间种植，云烟87的一些优良品种特性慢慢消失，普通花叶病发病严重，易早花。因此，有必要通过引进烤烟新品种（品系），筛选出适宜梅县生态条件的烤烟新品种，为梅县产区烤烟优良品种的选择提供依据。

1.1.2 我国烤烟品种种植情况

烤烟是我国重要的经济作物之一，在19世纪末传入我国（吴志婷，2009）。

早期我国烟叶生产上种植的烤烟品种主要是国外引进，1970 年后，随着我国烟草研究工作者的努力以及育种水平的提高，国内开始有自育品种，并且自育品种的种植比例逐年上升（徐安传，2011）。截至 2009 年，全国已审定的烤烟品种有 50 多个，但是由于我国烟叶种植面积分布较大，不同烟区生态环境复杂多样，品种生态适应性、良种良法不配套和种植效益驱动等原因，实际在烟叶生产上大面积种植利用的烤烟品种数量并不多，在烤烟生产上大面积推广种植的品种只有 10 个，这是导致烤烟种植品种单一、主栽品种布局相对集中、烟叶区域性生态特色不突出等现象的重要因素（蔡长春，2012）。

近几年来，为了解决品种单一的问题，各烟区的主栽品种数量有所增加，这在一定程度上促使了烤烟品种种植结构的多样化发展，但总种植布局结构变化不明显，种植结构单一的特点依然突出（卢秀萍，2006）。如 2008 年河南省的种植烤烟面积约 118.7 万亩，种植品种 10 多个。其中，中烟 100 的种植面积共 40.81 万亩，约占 34.3%；云烟 87 的种植面积 27.18 万亩，约占 22.9%；NC89 的种植面积 17.03 万亩，约占 14.3%。这 3 个品种的种植面积共 85.02 万亩，占种烟总面积的 71.6%，其他品种如云烟 201、云烟 202、豫烟 5 号、豫烟 6 号、豫烟 7 号等仅占种烟总面积的 29.4%（李雪君等，2015）。山东省在 2008 年种植烤烟品种 10 多个，其中，中烟 100 占种植总面积的 41%，NC89、K326 和云烟 85 分别占 14%、12% 和 10%，这 4 个品种的种植面积占种植总面积的 77%（刘少云，2009）。云南是我国最大的省级烟区，也是南方烟区的典型代表，2010 年在云南主栽的品种为 6 个，主栽品种 K236、云烟 87、云烟 85 的种植比例占总种植面积的 1/4 以上（王浩雅等，2012）。贵州主栽品种 2003 年为 5 个，2007 年为 3 个，2010 年为 6 个，其中 2003 年和 2007 年 K326、云烟 85 和云烟 87 的种植比例均分别占 1/3 左右，到 2010 年主栽品种增加了云烟 97 和南江 3 号，改善该烟区主栽品种，种植结构初步呈现多元化。湖南、湖北和福建主栽品种均保持在 3 至 4 个之间，云烟 85、云烟 87 和 K326 均是这 3 个烟区的主栽品种，但湖南云烟 87 的种植比例均在 50% 以上，湖北云烟 85 的种植比例达 50% 以上，福建主栽品种还有中烟 100 和翠碧 1 号（蔡长春，2012）。

除了烤烟种植品种单一、主栽品种布局相对集中外，主栽品种的遗传物质比较单一，这就使得国内烟叶原料类型单调，风格不突出。上文提到的烤烟品种 K326、云烟 87、云烟 85、云烟 97、中烟 100、翠碧 1 号、NC89 7 个品种，都有相似的遗传背景，都是由 Orinoco 衍生而来的。Orinoco 是美国较早的一个香味和口味较好的烤烟原始种。Orinoco 间接育成了 NC85、NC82、Special400 和 Yellow Mammoth。其中 NC89 和 K326 引自美国，两者都是直接或间接来自 NC95，而云烟 85、云烟 97、云烟 87 是国内自育品种，同样间接来自 NC95。中

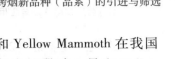

烟 100 则是以 NC82 为亲本育成的。此外，Special400 和 Yellow Mammoth 在我国主栽品种品质性状上也发挥着重要作用，Special400 育成的翠碧 1 号和 Yellow Mammoth 育成的红花大金元是我国清香型风格的代表品种，是卷烟的主要香气来源（逄涛等，2010；吴正举，1991）。

1.1.3　不同烤烟品种间的质量差异

烟草作为我国重要的经济作物，为国家创造了巨额的财富，它是卷烟工业的主要原料。我国每年烟草种植面积 140 多万 hm^2，烟叶年产量超过 250 万吨，产量与种植面积均居世界首位，每年烟叶消耗量也位居世界首位。烟叶质量是消费者在烟叶吸食过程中所产生的香气、劲头、刺激性等几个主要因素的综合评价和安全性的综合反映。烟叶质量包括外观质量、评吸质量、化学成分等 3 个指标，生态环境、优良品种、栽培技术共同作用对烟叶质量形成影响。其中烤烟品种是烟叶质量形成的重要因素，不同的烤烟品种遗传特性不同，对烤烟种植生态条件的要求也存在差异，所以在烟区生态条件不能改变和栽培技术成熟规范的条件下，培育和引进适宜的烤烟品种是提高烟叶品质与经济效益的重要措施，也是提高烟草质量与抗病性最有效、最方便的手段（查宏波等，2012；高维常等，2011；李雨等，2015）。

烟叶品种的优良质量特性表现与生态条件关系密切，在栽培技术规范的条件下，烤烟品种的遗传特性与环境因素共同决定了烟叶质量及其风格特征，只有选择当地环境条件最适宜种植的烤烟品种，才能充分发挥品种特性，生产出优质烤烟（韩定国等，2011）。烤烟品种是提高烟叶质量和产量的内在因素，不同烤烟品种烟叶质量的差异除受自身遗传背景差异影响外，还受到外界自然环境的影响，烟叶的栽培技术与生态环境因子均需要通过烤烟品种的遗传机制发挥作用（朱显灵等，2014）。因此，引进与培育优良烤烟品种是提高烟叶质量与产量的有效途径。近些年来，我国烟草种植现状存在烟区主栽品种单一化现象，研究表明在影响烟叶质量和品质的诸多因素中，品种对烤烟质量影响所占比例仅次于生态环境，烤烟品种的多样化种植对我国烟草质量的可持续发展有十分重要的影响（曹景林等，2015；过伟民等，2016）。

1.1.4　生态环境对烤烟生长的影响

烟草对环境条件的变化十分敏感，环境条件的差异不仅影响烟草的形态特征和农艺性状，而且还能直接影响烟叶的化学成分和质量（Ma，et al.，2012）。邵丽（2002）认为在不同的生态环境条件下，生态条件对烟株田间长相长势、烟叶的产量和产值、化学成分、致香物质含量和烟叶评吸质量的影响大于品种造成的影响。周金仙（2005）的研究也认为在不同生态区，生态因素间造成的产质变化大于品种间的变化，而在同一生态区，品种间烟叶品质的差异大于产量差异。因此，要将品种特性与生态环境相结合，才能发挥品种的优越性。影响烟叶品质的生态环境因素主要有光照、温度、降水、土壤理化性质（曹仕明等，2010）。

光照是影响烤烟品质的一个重要因素，烤烟通过叶片的光合作用进行物质和能量的转换。烤烟生长最合适的光照条件是：全年日照百分率 >50%，日照时数 >2000 h；大田生长期日照百分率40%左右，日照时数 >500 h，此时的烤烟质量最为理想（Jiang，et al.，2015；梁水养等，2011）。尹文有等（2006）研究发现，在烤烟大田生长期，日照时数与烤烟质量存在明显的对应关系，它不但影响前期生长，而且对后期烟叶品质的优劣有直接作用。前期生长要求日照时数多，干物质积累量增加，生长发育天数延长，与日照呈正相关关系。后期进入烟叶成熟阶段，要求日照时数少，烟叶内部品质转化效果好，烟叶品质高。

烤烟是喜温作物，温度是影响烤烟品质的一重要因素（金云峰等，2016）。烤烟大田生长最适宜的温度是 22 ～ 28 ℃，但前期最好略低于最适宜生长温度，以使烟株稳健生长；而后期温度适当高些，有利于叶内同化物质的积累和转化，从而提高烟叶香吃味（钟楚等，2012）。生产优质烟叶要求日平均温度高于20 ℃的天数超过70 d。在20 ～ 28 ℃范围内，烟叶的内在质量随着成熟期平均温度的升高而提高，但温度并不是越高越好（黄中艳等，2009）。若烟株长时间处于低于13 ℃的环境中，易出现早花现象；温度长时间超过35 ℃时，烟株叶片易被灼伤损坏，均会引起烟叶品质下降（金磊等，2008；Berbec，et al.，2001；Ren，et al.，2009）。

水分是烟草生长的关键限制因子之一，土壤的水分含量、烟田小环境的空气湿度对烟草的质量有重要影响。适宜的土壤水分能促进光合产物的积累和转化，提高烟草品质。烟草的需水规律是"前期少、中间多、后期适量少"。团棵期以前，土壤保持最大持水量的50%～60%，有利于根系发育；旺长期以保持最大持水量的80%为宜，有利于茎叶生长；成熟期应保持土壤最大持水量的60%左右，以促进叶片干物质及油分的积累。后期降雨过多，细胞间隙加大，组织疏松，烟叶有机物质积累减少，叶片成熟落黄慢，烘烤后叶片薄，颜色淡，弹性缺乏，香气不足，易发生病害（Song，et al.，2014；彭新辉等，2009）。此外，常规化学成分与水分存在一定的相关性。夏凯（2006）指出，烟碱含量与大田生育期内的降水量呈极显著的正相关关系，与有效积温呈极显著负相关。生育期内水分适宜，则烟叶组织疏松，总氮和烟碱含量适中；干旱条件下，烤烟叶片扩展受阻，叶片小而厚，烟碱和总氮含量高，烟碱含量过高，烤烟香气品质下降（胡建军等，2007；刘丽等，2010）。

植烟土壤环境的差异影响烤烟的代谢和生长，进而影响烟叶的化学成分和致香物质的含量及比例，对烤烟品质具有非常大的影响，理想的植烟土壤能有效提高烟草的产量，减少田间病害的发生，有效缓解烤后烟叶褪色现象。刘冬冬（2009）对广东韶关南雄烟区3种不同土壤分析认为，紫色土壤烟叶在香气质、香气量方面最优，牛肝土田的内在化学成分最协调；合理轮作能改善土壤理化性状，提高土壤的肥力和肥效，对提高烟叶的产量和品质有重要作用（刘浩等，2015）。加10%（体积比）稻壳改良土壤可以提高各品种的产量、产值。在同样的生态条件下改良水稻土中，9601综合性状表现最好，其次为云烟97。通过品种与土壤类型互作，再加以适当的水肥等管理，能生产出高产优质的烟叶（张林等，2008）。

1.1.5　烤烟品种引进与筛选研究进展

目前，在我国大部分烟区存在种植品种单一、长时间种植同一品种的现象，导致品种种性退化。K326是20世纪80年代引进我国并大面积推广种植的优良主栽品种，抗烟草黑胫病能力较强，至今已有20多年的种植历史，然而，随着国内育种水平的提高，越来越多的新品种在不同的生态环境下表现出其优越性。在对YH05、CF209、云烟97、中烟99、中烟101等5个品种在红云红河集团原料基地范围的不同生态条件区域进行适应性研究，产质量方面，云烟97和CF209较高；内在化学成分方面，云烟97与中烟101比例协调；感官评吸结果方面，K326与云烟97优于其他品种；综合产质量、内在化学成分、评吸结果评价方面，云烟97均优于K326（胡战军等，2009）。田劲松在对铜仁地区特色烟叶生产品种的引进与筛选研究中，在铜仁石阡县以K326、南江3号、GY2、GY5、GY8、G140、Va116、贵烟4号、红花大金元、云烟87等10个品种进行比较，在产量上，南江3号产量与产值均显著高于K326，且农艺性状表现好，适应性强，适合在铜仁地区种植。胡海洲等（2011）在恩施烟区进行了品种区域适应性研究，对中烟103、CF205、中烟201、中烟100和云烟87的经济性状、农艺性状、外观品质及内在质量等进行了综合鉴定，研究表明，中烟103、中烟201和CF205在恩施州不同产区较好地体现了品种特性和经济效益，可以在恩施州烟区进一步示范验证。段宾宾等（2014）在南阳地区种植云烟87、云烟85、豫6和NC89，通过观察它们的物理性状、外观质量、化学成分、中性致香物质，分析各品种的稳定性及适应性，最后表明，豫6和NC89品种总体烟叶质量表现较好，适宜在南阳烟区推广种植。蔡联合等（2014）在正安烟区通过比较分析云烟 97、贵烟 4 号、KRK26、南江 3 号和云烟 202，表明相对于其他品种，贵烟 4 号的发病率较低，抗病性相对较好，经济性状比较好，上中等烟比例均高；各种化学成分较适宜，化学成分协调性较好；外观质量、感官质量总体表现较好，烟叶的香气质较好，香气量较足，建议在正安基地单元进一步推广应用。刘开平等（2014）在陕西白河烟区对 K326、云烟 87 和秦烟 96 等 3 个烤烟品种进行了比较研究，认为烤烟品种云烟 87，产量虽不是很高，但产值、均价、上等烟比例、烟碱含量等性状已达理想状况，综合评价最好；其次是秦烟 96，产量最高，抗病性强，化学成分较协调，但其经济性状表现一般；而 K326 农艺性状表现较好，经济性状表现一般，抗病性一般，综合评价在这 3 个品种中最差。

因此，根据烟区的生态环境，引进与培育适合当地生态条件的烤烟新品种，有利于提高烟叶的质量，保持烟区烟叶风格多样化，降低烤烟田间病虫害的发生，提高烤烟产量，保证烟区农民的经济收入，保障烟叶种植的可持续发展，为烟草工业提供满足工业生产需求的烟叶。

1.1.6　主要研究内容

本章主要针对广东梅州梅县烟区品种单一、种性退化等突出问题，根据产区生态条件引进 8 个烤烟品种（品系），主要研究了以下内容：①比较不同烤烟品种（品系）大田生长和抗病性情况；②比较不同烤烟品种（品系）烤后烟叶的质量特征及品质；③比较不同烤烟品种（品系）的经济性状；④用模糊综合评判分析法筛选出适合梅州梅县生态条件的烤烟品种（品系）；⑤对筛选出的烤烟品种（品系）进行生产示范验证。

1.2　材料与方法

1.2.1　试验地点

本试验在梅州市梅县区松源镇新南村进行，当地主栽品种为云烟 87。选择地面平坦、灌水排水方便、肥力中等的田块进行试验，田块前茬作物为水稻。当地土壤类型为沙泥田，土壤基本理化性质见表 1-1。

表 1-1　试验地土壤基本理化性质

pH	有机质（％）	全氮（％）	全磷（％）	全钾（％）	碱解氮（mg/kg）	速效磷（mg/kg）	速效钾（mg/kg）
5.35	2.85	0.19	0.21	2.49	169.83	15.63	147.36

1.2.2　试验设计

1.2.2.1　烤烟新品种（品系）引进与筛选试验

选择当地具有代表性的烟田，选择、引进 8 个优良烤烟品种（品系），分别为 LG125、YK1304、NX0914、FJ312、F31－2、湘烟 6 号、YK1085、HY2，以当地主栽品种云烟 87 为对照，在 2014 年 11 月 23 日育苗，移栽期为 2015 年 1 月 22 日，每个品种种植 1 亩，设 3 个重复，田间管理按当地的生产技术标准进行，烟叶采烤按照烟叶成熟标准和密集烘烤工艺进行操作。

1.2.2.2　筛选品种（品系）大田生产示范验证试验

选择当地具有代表性的烟田，选择筛选出两个优良烤烟品系 FJ312、F31－2，以当地主栽品种云烟 87 为对照，在 2015 年 11 月 22 日育苗，移栽期为 2015 年 2 月 4 日，每个品种种植 3 亩，田间管理按当地的生产技术标准进行，烟叶采烤按照烟叶成熟标准和密集烘烤工艺进行操作。

1.2.3　测定指标与方法

1.2.3.1　农艺性状测定指标与方法

农艺性状的测定：分别在烟株移栽后的 45 d、60 d、75 d、90 d 以《中华人民共和国烟草行业标准烟草农艺性状调查方法》为标准，调查烟株株高、有效叶片数、茎围、最大叶长、最大叶宽、最大叶面积、节距等指标。

1.2.3.2　抗病性调查

根据《烟草病虫害分级及调查方法》（GB/T23222—2008）标准，在各病害发生高峰期调查一次，并计算发病率、病情指数（简称"病指"）。发病率＝发病株数/总调查株数；病情指数＝（各级病株数×各级代表值）/（调查总株数×最高级代表值）。根据病害严重度及对照品种的发病情况按最后确定的病指，一般将病害分为四级：抗病病指在 25 以下；中抗病指为 25 ～ 50；中感病指为 50 ～ 75；易感病指在 75 以上。

1.2.3.3　成熟期干物质积累量的测定

分别在烟草大田生长的成熟期（上部叶定长宽）取样测定烟株干物质积累量，每个小区选择 3 株，将不同部位茎、叶分开，在 105 ℃下杀青 15 min，在 75 ℃下烘干，测定其质量。

1.2.3.4　烤后烟叶常规化学成分的测定

烤后烟叶按照国家烤烟分级标准（GB2635—1992）进行分级，分别取上橘二（B2F）、中橘三（C3F）、下橘二（X2F）3 个等级的烤后烟叶进行常规化学成分的测定。每个处理的每个等级取 0.5 kg，置于 45 ℃的烘箱中烘干 24 h 后粉碎，并过孔径为 0.25 mm 的目筛，用于测定烤后烟叶的可溶性糖、还原糖、淀粉、烟碱、总氮、钾等指标。

参照邹琦（2003）的蒽酮比色法测可溶性总糖和淀粉含量；参照邹琦（2003）的 3，5 - 二硝基水杨酸比色法测定烟株还原糖含量；参照李合生（2000）的凯氏定氮法测烟株全氮含量；参照王瑞新（2003）的紫外分光光度法测烟株烟碱含量；参照王瑞新（2003）的原子吸收法测烟株全钾含量。

1.2.3.5 烤烟大田生育期记录与植物学性状测定

记录烤烟整个生长周期不同生育时期，以《烟草农艺性状调查方法》（YC/T142—1998）为标准，测定烤烟的植物学性状。

1.2.3.6 经济指标

分区计产，烟叶烤后经济性状按国家烤烟分级标准（GB2635—1992）进行分级，各级烟叶价格参照当地烟叶收购价格，进行产量、产值计算，同时测定中上等烟比例。

1.2.3.7 烤后烟叶外观质量评价

烤后烟叶按照国家烤烟分级标准（GB2635—1992）进行分级，分别取上橘二（B2F）、中橘三（C3F）、下橘二（X2F）3 个等级的烤后烟叶，按照行业标准（见表 1 - 2）对烟叶的外观品质进行鉴定。

表 1 - 2 烟叶外观质量指标以及评分赋值标准

颜色	分数	成熟度	分数	叶片结构	分数	身份	分数	色度	分数	油分	分数
橘黄	7～10	成熟	7～10	疏松	8～10	中等	7～10	浓	8～10	多	8～10
柠檬黄	6～9	完熟	6～9	尚疏松	5～8	稍薄	4～7	强	6～8	有	5～8
红棕	3～7	尚熟	4～7	稍密	3～5	稍厚	4～7	中	4～6	稍有	3～5
微带青	3～6	欠熟	0～4	紧密	0～3	薄	0～4	弱	2～4	少	0～3
青黄	1～4	假熟	3～5			厚	0～4	淡	0～2		
杂色	0～3										

1.2.3.8 烤后烟叶感官质量评价

烤后烟叶按照国家烤烟分级标准（GB2635—1992）进行分级，分别取上橘二（B2F）、中橘三（C3F）、下橘二（X2F）3 个等级的烤后烟叶，按照

《GB5606.4—2005》标准（见表1-3），由贵州中烟工业有限公司组织评吸专家对烟叶进行评吸，据评吸的结果分别从香气质、香气量、余味、劲头、刺激性、杂气、燃烧性、灰色等方面对其打分，根据总分的高低来确定烟叶评吸质量的优劣。

表1-3 烟叶感官质量指标以及评分赋值标准

指标	标度值	香气质	香气量	浓度	刺激性	杂气	劲头	余味	燃烧性	灰色
说明	9	很好	充足	很浓	很小	很轻	很大	很好	很好	白
	8	好	足	浓	小	轻	大	好	好	
	7	较好	较足	较浓	较小	较轻	较大	较好	较好	
	6	稍好	尚足	稍浓	稍小	尚轻	稍大	稍好	稍好	灰白
	5	中	中	中	中	中	中	中	中	
	4	稍差	稍有	稍淡	稍大	稍重	稍小	稍差	稍差	
	3	较差	较淡	较淡	较大	较重	较小	较差	较差	黑
	2	差	平淡	淡	大	重	小	差	差	
	1	很差	很平淡	很淡	很大	很重	很小	很差	很差	

1.2.3.9 模糊综合评价法

模糊综合评价法是一种基于模糊数学的综合评价方法。该综合评价法根据模糊数学的隶属度理论把定性评价转化为定量评价，即用模糊数学对受到多种因素制约的事物或对象做出一个总体的评价。它具有结果清晰、系统性强的特点，能较好地解决模糊、难以量化的问题，适合各种非确定性问题的解决。

根据隶属函数的定义，求得各性状的隶属度，构成模糊转换矩阵 R，计算出模糊综合评判结果。用下列公式计算等权、加权综合评判集 B_1、B_2。

$$i = (1, 2, 3, \cdots, m; j = 1, 2, 3, \cdots, n) \tag{1-1}$$

$$B_1 = \frac{1}{n}R \tag{1-2}$$

$$B_2 = W_j \times R \tag{1-3}$$

式中，W_j 为权重系数；n 为评价指标数；m 为待评样本数。

1.2.4 数据处理与分析

数据处理与统计分析采用 SPSS 20.0 和 Excel 2010 等软件，按邓肯式新复极差法进行多重比较。

1.3 结果与讨论

1.3.1 不同烤烟品种（品系）引进与筛选比较分析

1.3.1.1 不同烤烟品种（品系）大田农艺性状比较分析

表 1-4 为不同品种（品系）移栽 60 d 后的农艺性状。从表中可以看出，不同的品种在移栽 60 d 后的农艺性状表现具有差异，移栽 60 d 后，NX0914、F31-2 叶片数较多，达到 20.80 片，显著高于对照的云烟 87，最少的 LG125 只有 16 片；中部叶叶长以 FJ312 最长，为 60.74 cm，而 LG125 最短，为 52.26 cm，FJ312 的叶宽最宽，为 29.47 cm，而 HY2 较窄；湘烟 6 号的株高最高为 83.04 cm，最矮的 HY2 株高只有 59.71 cm，除 HY2、FJ312 外所有引进的品种（品系）株高均高于云烟 87；各品种的茎围存在差异，最粗的湘烟 6 号为 6.92 cm，除湘烟 6 号、LG125 与 F31-2 外，其余品种（品系）茎围均小于云烟 87。从田间长势来看，F31-2、FJ312、YK1304 在移栽 60 d 后的烟草植株的表现较好，并且田间长势与对照云烟 87 相比，优于对照云烟 87；HY2 的烟株表现较差，其余品种（品系）田间长势与云烟 87 相当。

表 1-5 为不同品种（品系）移栽 75 d 后的农艺性状。从表中可以看出，移栽 75 d 后各品种（品系）的农艺性状存在一定差异。叶片数方面，F31-2 叶片数较多，为 22.43 片，均与其他品种差异显著，最少的 FJ312 只有 18.01 片；F31-2 株高最高，达到了 118.88 cm，HY2 最矮，只有 94.63 cm；中部叶的叶长以 F31-2 最长，为 71.93 cm，LG125 较短，为 65.06 cm，中部叶叶宽以 FJ312 最宽，为 32.95 cm，而 HY2 较窄，为 22.38 cm；各品种的茎围存在差异，最粗的 LG125 为 10.27 cm，YK1304、NX0914、HY2 品系的茎围均显著小于云烟 87。

表 1-6 为不同品种在移栽 90 d 后的农艺性状统计情况。从表中可以看出，移栽 90 d 后各品种（品系）的农艺性状存在显著性差异，其中 LG125、F31-2 叶片数较多，分别有 19.67 片和 22 片；F31-2 打顶株最高，达到了 118.71 cm，HY2 最矮，只有 86.06 cm；最大茎围为 FJ31-2，达到了 10.63 cm，最小的为云烟 87，只有 9.00 cm；中部叶的叶长以 F31-2 最长，为 78.61 cm，HY2 最短，为 68.83 cm；中部叶宽以 F31-2 最宽，为 33.83 cm，而 HY2 较短，为 21.13 cm。从目前长势来看，F31-2、FJ312 与 YK1085 在移栽 90 d 后的烟草植株田间长势与云烟 87 相当，HY2 的烟草植株表现相对较差。

表1-4　不同烤烟品种（品系）移栽后60 d农艺性状的比较

品种（品系）	株高（cm）	茎围（cm）	叶片数	上叶宽（cm）	上叶长（cm）	中叶宽（cm）	中叶长（cm）	下叶宽（cm）	下叶长（cm）
LG125	72.38±1.08c	6.87±0.04a	16.00±0.31e	16.75±0.79c	43.02±1.72c	24.15±0.36d	52.26±1.09d	29.06±0.71b	61.56±0.79b
YK1304	82.12±1.43a	6.34±0.15d	18.60±0.24c	21.02±1.10a	51.92±1.15a	25.58±0.45db	59.60±0.56ab	29.91±0.47b	63.48±1.15ab
NX0914	75.87±0.70b	6.53±0.03c	20.80±0.37a	15.28±0.42c	49.22±0.47ab	21.41±0.54c	57.26±1.15bc	26.58±0.45c	61.56±0.82b
F31-2	76.25±0.76b	6.71±0.03b	20.80±0.37a	19.21±0.29b	49.87±0.40ab	24.51±0.25cd	58.25±0.35ab	29.95±0.18b	63.37±0.36ab
FJ312	71.45±0.89c	6.49±0.08c	17.40±0.24d	19.25±0.35b	50.21±0.78ab	29.47±0.36a	60.74±1.09a	33.12±0.47a	64.24±0.52a
湘烟6号	83.04±0.80a	6.92±0.03a	18.60±0.51c	16.82±0.11c	51.27±0.64ab	25.34±0.24bc	59.15±0.71ab	29.11±0.28b	61.90±0.72b
YK1085	73.01±0.66c	6.50±0.06c	17.80±0.37d	16.05±0.57c	47.59±0.31b	26.48±0.41b	55.55±0.91c	30.22±0.78b	58.01±0.38c
HY2	59.71±0.74d	6.49±0.02c	20.60±0.24a	15.32±0.37c	47.65±0.31b	19.99±0.33f	53.11±0.24d	26.13±0.50c	55.64±0.56d
云烟87	71.33±0.89a	6.70±0.84b	19.67±0.67b	17.03±0.45c	48.65±0.28b	23.54±0.62d	57.33±0.34bc	28.89±0.65b	60.34±1.32b

注：表中数据分析采用邓肯式新复极差法，同列不同数据中具有相同字母的数据间差异未达到5%显著水平，具有不同字母的数据间差异达到5%显著水平。下同。

表1-5　不同烤烟品种（品系）移栽后75 d农艺性状的比较

品种（品系）	株高（cm）	茎围（cm）	叶片数	上叶宽（cm）	上叶长（cm）	中叶宽（cm）	中叶长（cm）	下叶宽（cm）	下叶长（cm）
LG125	117.54±0.80ab	10.27±0.25a	20.46±0.24bcd	22.72±1.11ab	59.65±2.16a	29.10±0.83c	65.06±1.07d	33.10±0.47a	63.33±1.48c
YK1304	115.95±1.07bc	8.61±0.17d	20.30±0.52cd	19.16±0.40de	62.15±0.70bc	28.28±0.75cd	67.31±0.27c	29.76±0.29c	60.99±0.33d
NX0914	106.25±0.94bc	8.61±0.36d	21.41±0.31ab	18.17±0.63e	63.00±0.43b	29.20±0.25c	70.94±1.23ab	21.21±0.16e	61.55±0.73d
F31-2	118.88±0.89a	9.59±0.28b	22.43±0.63a	23.88±0.39a	63.00±0.67b	30.86±0.24b	71.93±0.76a	26.75±0.33d	69.62±0.35a
FJ312	114.25±0.29d	9.29±0.29bc	18.01±0.28d	22.21±1.48ab	60.39±1.37bc	32.95±0.09a	70.78±1.13ab	27.70±0.33d	66.03±0.49b
湘烟6	116.95±0.60b	9.19±0.15c	19.67±0.31de	21.10±0.91bc	66.94±0.73a	26.12±0.55de	71.40±0.86a	31.02±0.92b	61.97±0.87cd
YK1085	116.69±0.62cd	9.36±0.14b	18.83±0.55ef	22.40±0.77cd	63.44±0.66bc	29.98±0.14e	71.37±0.40cd	28.49±0.92c	65.88±0.69cd
HY2	94.63±0.22e	8.83±0.21d	20.80±0.47bc	15.98±0.06f	67.27±1.06a	22.38±0.93f	69.17±0.89b	26.79±0.26d	66.07±0.78b
云烟87	116.32±1.25bc	9.11±0.35c	20.63±0.42bcd	19.11±0.54de	63.14±b	29.01±0.42c	68.13±1.35c	27.80±0.45d	63.45±1.42c

表1-6 不同烤烟品种（品系）移栽90 d不同品种农艺性状

品种	打顶株高（cm）	茎围（cm）	叶片数	上叶宽（cm）	上叶长（cm）	中叶宽（cm）	中叶长（cm）	下叶宽（cm）	下叶长（cm）
LG125	105.85±0.34d	10.02±0.15a	19.67±0.33b	23.55±0.51b	75.63±0.40c	29.58±0.31c	74.01±0.36c	24.29±0.31c	70.16±0.54b
YK1304	102.10±0.87e	9.62±0.23abc	17.67±0.33cd	21.25±0.60cd	69.89±0.11b	27.02±0.50d	69.92±0.50e	22.74±0.35d	73.87±0.53a
NX0914	94.62±0.51f	9.20±0.24cd	17.67±0.33cd	20.59±0.39d	64.59±0.76d	25.66±0.33b	75.59±0.52b	25.10±0.45bc	64.90±0.37d
F31-2	118.71±0.51a	10.63±0.24a	22.00±0.33a	26.06±0.39a	68.15±0.76c	33.83±0.33a	78.61±0.52a	29.11±0.45b	70.29±0.34b
FJ312	103.56±0.34e	9.76±0.17abc	17.33±0.33d	25.87±0.44a	71.42±0.61b	31.73±0.39b	73.08±0.31b	30.69±0.36a	67.77±0.30c
湘烟6号	107.75±0.41cd	9.77±0.12bcd	17.67±0.33cd	21.77±0.70cd	70.19±0.24b	27.79±0.40d	73.34±0.80c	24.68±0.20c	67.07±0.23c
YK1085	110.52±0.87b	9.84±0.21cd	18.67±0.33c	22.47±0.33bc	70.35±0.64b	24.91±0.49e	71.84±0.32d	27.26±0.39c	68.15±0.4c
HY2	86.06±0.37g	9.12±0.12e	18.33±0.33cd	17.87±0.45e	66.16±0.13d	21.13±0.43f	68.83±0.04e	25.94±0.43b	64.14±0.40d
云烟87	103.67±2.33e	9.00±0.28e	18.01±0.45cd	20.05±1.02d	69.74±0.85b	24.33±1.67a	69.33±1.76b	27.84±1.01c	68.41±0.78c

表1-7 不同烤烟品种（品系）主要生育进程及生育期的比较

品种	播种	出苗	移栽	现蕾期	打顶期	采收期			大田生育期（d）
						下部叶	中部叶	上部叶	
LG125	11月22日	12月11日	2月4日	4月10日	4月13日	5月4日	5月16日	5月27日	118
YK1304	11月22日	12月11日	2月4日	4月11日	4月13日	5月4日	5月16日	5月27日	118
NX0914	11月22日	12月13日	2月4日	4月12日	4月14日	5月4日	5月16日	5月27日	118
F31-2	11月22日	12月13日	2月4日	4月11日	4月13日	5月10日	5月22日	5月27日	123
FJ312	11月22日	12月13日	2月4日	4月10日	4月13日	5月10日	5月22日	5月27日	123
湘烟6号	11月22日	12月11日	2月4日	4月11日	4月13日	5月10日	5月22日	5月27日	118
YK1085	11月22日	12月13日	2月4日	4月10日	4月13日	5月10日	5月22日	5月27日	123
HY2	11月22日	12月11日	2月4日	4月11日	4月13日	5月10日	5月22日	5月27日	123
云烟87	11月22日	12月11日	2月4日	4月10日	4月13日	5月4日	5月16日	5月27日	118

1.3.1.2　不同烤烟品种（品系）生育期及植物学性状比较

由表1-7可知，各品种在11月22日播种，出苗正常，出苗时间不一致，其中LG125、YK1304、湘烟6号、HY2、云烟87出苗较早（12月11日出苗），其余品种（品系）晚了2 d。现蕾期出现的时间不一致，LG125、FJ312、YK1085、云烟87现蕾期较早，在4月10日就进入现蕾期，NX0914则相对较晚，在4月12日现蕾，其余品种均在4月11日现蕾。除NX0914在4月14日打顶外，其他7个品种（品系）与云烟87均在4月13日打顶。大田生育期F31-2、F312、YK1085、HY2达到了123 d，其余品种（品系）只有118 d。

从表1-8可以看出，NX0914、HY2的株型为筒形，其余品种（品系）为塔形，所有的品种（品系）的叶形为长圆形。茎叶角度各品种（品系）间差异较大，LG125、HY2茎叶角度为小，FJ312、湘烟6号茎叶角度达到了大，其余品种（品系）茎叶角度均为中。主脉粗细级别均为中，成熟特性除HY2分层落黄不明显外，其余品种田间均为分层落黄。田间整齐度方面，HY2为不整齐，LG125、NX0914、湘烟6号为较整齐，其余品种（品系）表现均为整齐。

表1-8　不同烤烟品种（品系）植物学性状

品种	株型	叶形	茎叶角度	主脉粗细	田间整齐度	成熟特性
LG125	塔形	长圆形	小	中	较整齐	分层落黄
YK1304	塔形	长圆形	中	中	整齐	分层落黄
NX0914	筒形	长圆形	中	中	较整齐	分层落黄
F31-2	塔形	长圆形	中	中	整齐	分层落黄
FJ312	塔形	长圆形	大	中	整齐	分层落黄
湘烟6号	塔形	长圆形	大	中	较整齐	分层落黄
YK1085	塔形	长圆形	中	中	整齐	分层落黄
HY2	筒形	长圆形	小	中	不整齐	不明显
云烟87	塔形	长圆形	中	中	整齐	分层落黄

1.3.1.3　不同烤烟品种（品系）田间发病率调查分析

从表1-9可以看出，不同的烤烟品种（品系）田间发病率存在差异，不同品种在梅县地区的花叶病发病情况，LG125、NX0914、湘烟6号、HY2的发病率分别为73.43%、51.05%、73.26%、76.47%，病情指数为39.32、23.68、38.21、41.02，表现出较弱的花叶病抗病性。F31-2、FJ312、YK1085的发病率分别为2.31%、1.56%、2.42%，病情指数为0.76、0.57、0.68，均低于对照品种云烟87表现出较强的花叶病抗病性。气候斑发病情况方面，湘烟6号与HY2的植株发病率分别为40.70%和56.86%，病情指数为20.03、27.21，气候斑的发病情况比较严重，LG125、YK1304、F31－2、FJ312的发病率分别为10.49%、12.82%、11.54%、10.16%，气候斑的发病情况较轻，与对照品种云烟87无显著差异。不同品种的青枯病发病情况中，YK1304、FJ312、YK1085三个品种（品系）的发病率是8个品种（品系）中比较高的，分别为24.36%、27.34%、29.84%，病情指数为6.89、9.41、10.01，发病情况较严重。NX0914、F31－2、湘烟6号的发病率相对较低，均低于6%，分别为2.80%、5.38%、2.33%，LG125与HY2没有出现青枯病的现象，发病率为0，除YK1304、FJ312、YK1085外，其余品种（品系）的发病率与病情指数均低于对照云烟87。从发病率来看，FJ312与F31－2的花叶病与气候斑抗病性较好，青枯病发病比较严重，LG125花叶病比较严重，气候斑与青枯病发病率较低。FJ312的整体抗病能力比云烟87好，抗病能力较强，其余品种（品系）的整体抗病能力均不如云烟87。

表1－9　不同烤烟品种（品系）田间发病率

品种	花叶病		气候斑		青枯病	
	发病率（%）	病情指数	发病率（%）	病情指数	发病率（%）	病情指数
LG125	73.43a	39.32a	10.49d	2.12d	0.00d	0c
YK1304	34.62c	11.75d	12.82d	2.51d	24.36b	6.89b
NX0914	51.05b	23.68b	25.87c	6.24c	2.80d	0.61d
F31－2	2.31d	0.76d	11.54d	2.41d	5.38cd	1.23c
FJ312	1.56d	0.57d	10.16d	2.03d	27.34a	9.41a
湘烟6号	73.26a	38.21a	40.70b	20.03b	2.33d	0.56c
YK1085	2.42d	0.68d	21.77c	5.21c	29.84a	10.01a
HY2	76.47a	41.02a	56.86a	27.21a	0.00d	0c
云烟87	3.44c	0.96d	13.45d	2.32d	8.52c	4.43b

1.3.1.4　不同品种（品系）成熟期干物质积累量的比较

图1－1为成熟期不同品种（品系）成熟期干物质积累量（包含茎），从图中可以看出，不同烤烟品种（品系）成熟期干物质积累量存在差异，其中F31－2成熟期干物质积累量最多，为234.5 g，并且显著高于云烟87，FJ312、YK1085成熟期干物质积累量为215.8 g，与云烟87差异不显著，其余品种（品系）成熟期干物质积累量均低于对照云烟87，与农艺性状的表现一致；不同烤烟品种（品系）

成熟期干物质积累量均表现为中部干物质积累量 > 下部干物质积累量 > 上部干物质积累量。

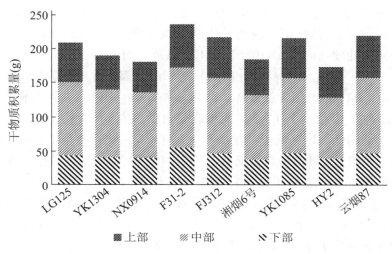

图 1 – 1　不同烤烟品种（品系）成熟期干物质积累量

1.3.1.5　不同烤烟品种（品系）烤后烟叶常规化学成分分析

由表 1 – 10 可知，LG125、HY2、湘烟 6 号下部叶总糖含量显著高于其他品种（品系），而云烟 87 相对于其他品种（品系）总糖含量较低且差异显著。湘烟 6 号还原糖含量最高，为 20.22%，FJ312、F31 – 2、云烟 87 以及 YK1304 的还原糖含量相对偏低。淀粉含量最大值为 YK1085，F31 – 2 淀粉含量最低。各品种（品系）间烟碱含量最高的是 LG125，为 2.61%，最低的是 F31 – 2，为 1.74%，其他品种（品系）的烟碱含量均在 1.9% 到 2.5% 之间。下部叶钾的含量除了 NX0914 与 HY2 以外，其他都在 2% 以上，其中 YK1085 的钾含量达到 3.34%，显著高于其他品种（品系）。FJ312、F31 – 2 的总氮含量明显低于其他品种（品系），与最大的 YK1085 相差 0.61 ~ 0.66 个百分点。从糖碱比和氮碱比可知，下部叶化学成分协调性较好的是 LG125，其次是云烟 87、YK1304、FJ312。

由表 1 – 11 可知，不同品种（品系）烤烟中部叶的总糖含量处于 21% ~ 25% 之间，还原糖含量处于 16% ~ 20% 之间，且各品种（品系）总糖含量 LG125 最高，与其余品种差异显著，还原糖含量 NX0914 最高，与 LG125、湘烟 6 号、YK1085 差异不显著。中部叶的淀粉含量只有 F31 – 2、云烟 87 在 5% 以上，其他品种均在 4% ~ 5% 之间，含量偏高。所有品种（品系）中部烟的烟碱含量相对于上部叶有所下降，品种（品系）之间烟碱含量差异显著，其中 F31 – 2 的烟碱含量偏低，只有 1.88%，而 LG125、YK1304、湘烟 6 号以及

YK1085 的中部叶烟碱含量则偏高，会使烟叶吃味刺激性大。就钾离子含量来说，除 NX0914、HY2 外，其他品种（品系）的钾离子含量均高于 2%，各品种（品系）间差异性显著。中部叶的总氮含量在 2.14% ～ 2.76% 之间，以 YK1304 含量最高。从中部叶的糖碱比和氮碱比来看，各品种（品系）中部叶化学成分协调性较好的是 YK1085、LG125 以及云烟 87。

由表 1 - 12 可知，不同品种（品系）烤烟的上部叶常规化学指标存在明显性差异。其中，HY2 的总糖含量最高，为 25.20%，与 YK1085 差异不显著，但显著高于其他品种（品系），F31 - 2 的总糖含量最低，为 20.41%。F31 - 2、云烟 87 的还原糖含量偏低，显著低于其他品种（品系）。在淀粉含量上，8 个品种（品系）以及对照的上部叶淀粉含量偏高，NX0914 淀粉含量最高，超过 5%，与其他品种差异显著。各个品种（品系）上部叶的烟碱含量均在 3% 以下，F31 - 2、FJ312 的烟碱含量显著低于其他品种（品系）。一般来说，优质烟叶的钾含量最低应该达到 2% 以上，但试验品种（品系）LG125、NX0914、HY2、湘烟 6 号上部叶的钾含量均小于 2%，最大的为 YK1085，达到了 2.83%，其次为 FJ312，品种（品系）间差异显著。所有品种（品系）的总氮含量均在适宜范围。在糖碱比方面，F31 - 2、FJ312、YK1085、HY2、湘烟 6 号处于合适范围内，LG125、YK1304、NX0914 的糖碱比偏低。而氮碱比方面，NX0914、F31 - 2、FJ312、YK1085、HY2、湘烟 6 号比较协调，其他品种的氮碱比均偏高。就上部叶而言，各品种（品系）中化学成分协调性较好的是 YK1085 以及对照云烟 87。

1.3.1.6　不同烤烟品种（品系）烤后烟叶的经济性状比较分析

从表 1 - 13 可以看出，不同烤烟品种（品系）经济性状存在着差异，产量最高的 F31 - 2 为 2262.7 kg/hm²，比产量最小的 HY2 高了 613.6 kg/hm²，并且 F31 - 2 的产量与其他品种（品系）达到了显著差异，除 FJ312 与 F31 - 2 外，所有的品种（品系）产量均低于对照云烟 87。产值最高的是 F31 - 2，达到了 56360.3 元/hm²；最低的是 HY2，为 37315.5 元/hm²。在产量与产值上，F31 - 2 与 FJ312 均优于对照品种云烟 87，并且差异显著。上等烟比例最高的是 F31 - 2，为 54.52%；最低的是 HY2，为 34.21%。F31 - 2 与 FJ312 的上等烟比例高于云烟 87，但是差异不显著，云烟 87 的上等烟比例要高于除 F31 - 2、FJ312 外的其余品种（品系），并且差异显著。上中等烟比例最高的是 F31 - 2，达到了 95.21%，最低的是 HY2，只有 80.21%，其中 FJ312 的上中等烟比例与 F31 - 2 无显著差异，但均显著高于对照云烟 87。均价方面，F31 - 2 与 YK1085 高于云烟 87，其余所有品种（品系）均低于对照云烟 87。综合各方面的经济性状指标，在 9 个不同的品种（品系）中，F31 - 2 在产量、产值、上中等烟比例方面均优于其余 7 个品种（品系）与对照云烟 87。

表1-10 不同烤烟品种（品系）烤后烟叶 X2F 常规化学成分

品种	还原糖（%）	总糖（%）	淀粉（%）	钾（%）	烟碱（%）	总氮（%）	氮碱比	糖碱比
LG125	19.73±0.46a	24.86±0.49a	4.82±0.01c	2.14±0.05e	2.61±0.04a	2.36±0.04c	0.90±0.01d	9.51±0.11cd
YK1304	17.20±0.24cd	21.91±0.13c	4.60±0.03d	3.05±0.05b	2.42±0.04b	2.45±0.04bc	1.01±0.03c	9.08±0.14d
NX0914	17.82±0.35bc	21.64±0.02cd	4.60±0.21d	1.79±0.02h	2.27±0.03c	2.36±0.01c	1.04±0.02bc	9.56±0.14cd
F31-2	16.84±0.41d	21.54±0.14cd	4.34±0.02e	2.72±0.04d	1.74±0.02f	2.08±0.04d	1.19±0.02a	12.39±0.15a
FJ312	17.40±0.27bcd	21.32±0.31d	4.92±0.03c	2.97±0.04c	1.97±0.04e	2.03±0.03d	1.03±0.01bc	10.81±0.09b
湘烟6号	20.22±0.45a	23.86±0.25b	5.30±0.04b	2.88±0.06c	2.16±0.11d	2.35±0.07c	1.09±0.08bc	10.82±0.27b
YK1085	18.06±0.51b	22.05±0.40c	5.59±0.06a	3.34±0.01a	2.26±0.02cd	2.69±0.03a	1.19±0.01a	9.75±0.18c
HY2	18.06±0.50b	24.10±0.26b	4.78±0.17cd	1.98±0.04f	2.28±0.06c	2.50±0.12b	1.10±0.08b	10.59±0.34b
云烟87	17.09±1.41cd	19.93±0.29e	4.66±0.22d	2.69±0.09d	2.29±0.14c	2.58±0.09b	1.12±0.81b	8.68±0.76e

表1-11 不同烤烟品种（品系）烤后烟叶 C3F 常规化学成分

品种	还原糖（%）	总糖（%）	淀粉（%）	钾（%）	烟碱（%）	总氮（%）	氮碱比	糖碱比
LG125	18.73±0.22a	24.88±0.18a	4.50±0.04e	2.00±0.04d	2.69±0.04a	2.49±0.03cd	0.92±0.01b	9.24±0.08d
YK1304	17.63±0.33bc	23.44±0.56bc	4.74±0.02d	2.54±0.05c	2.72±0.04a	2.41±0.05e	0.88±0.03a	8.62±0.25e
NX0914	19.83±0.46a	22.46±0.23def	4.70±0.05d	1.70±0.04f	2.61±0.04b	2.42±0.04de	0.93±0.03b	8.61±0.11e
F31-2	17.46±0.25c	21.49±0.25f	5.56±0.05a	2.49±0.03c	1.88±0.04f	2.15±0.02f	1.14±0.01f	11.43±0.09a
FJ312	18.36±0.44b	22.65±0.22de	4.52±0.04e	2.72±0.02b	2.11±0.03e	2.14±0.05f	1.11±0.01c	10.73±0.10b
湘烟6号	18.89±0.24a	24.05±0.22d	4.72±0.22d	2.67±0.05b	2.60±0.03b	2.53±0.03c	0.97±0.01d	9.25±0.07c
YK1085	19.19±0.36a	22.80±0.17cd	4.93±0.01b	3.16±0.09a	2.62±0.05ab	2.76±0.05a	1.05±0.01c	8.70±0.17e
HY2	17.09±0.19c	22.13±0.43ef	4.87±0.24c	1.93±0.01e	2.45±0.02c	2.68±0.04b	1.09±0.01d	9.03±0.23d
云烟87	18.73±0.51bc	21.39±1.36f	5.34±0.16ab	2.73±0.12a	2.73±0.12a	2.61±0.08b	1.03±0.77a	8.46±0.09e

表1-12 不同烤烟品种（品系）烤后烟叶 B2F 常规化学成分

品种	还原糖（%）	总糖（%）	淀粉（%）	钾（%）	烟碱（%）	总氮（%）	氮碱比	糖碱比
LG125	17.89±0.16b	23.78±0.23bc	4.62±0.02c	1.79±0.03e	2.83±0.02a	2.59±0.03ab	1.10±0.01a	8.46±0.06e
YK1304	16.51±0.21c	23.93±0.13b	4.02±0.02g	2.36±0.02c	2.80±0.04ab	2.54±0.03b	1.12±0.01a	8.39±0.09e
NX0914	18.93±0.12a	23.13±0.20cd	5.14±0.03a	1.65±0.03f	2.72±0.05c	2.58±0.05ab	1.05±0.01b	8.40±0.01e
F31-2	15.70±0.25d	20.41±0.07f	4.48±0.03d	2.28±0.03c	2.06±0.07e	2.11±0.04c	0.97±0.02d	10.31±0.17a
FJ312	18.50±0.05ab	22.77±0.22d	4.62±0.03c	2.46±0.02b	2.16±0.06e	2.10±0.08c	1.04±0.01bc	10.36±0.23a
湘烟6号	16.65±0.25c	23.78±0.19bc	4.38±0.03e	1.90±0.03d	2.75±0.03b	2.54±0.03b	0.99±0.02d	9.68±0.18b
YK1085	16.77±0.23c	24.73±0.25a	4.99±0.03b	2.83±0.03a	2.75±0.04b	2.66±0.09a	1.04±0.01b	8.98±0.11d
HY2	19.03±0.28a	25.20±0.29a	4.16±0.03f	1.84±0.01f	2.67±0.02d	2.66±0.02a	1.02±0.01c	9.41±0.06c
云烟87	15.56±0.71d	21.35±0.11e	4.23±0.29b	2.24±0.05c	2.74±0.05b	2.79±0.04a	1.05±0.07b	8.00±0.17d

表1-13 不同品种（品系）经济性状

品种	均价 （元/kg）	产量 （kg/hm²）	产值 （元/hm²）	上等烟比例 （%）	上中等烟比例 （%）
LG125	23.88±0.12e	1989.9±18.4c	47 527.68±247d	49.10±1.3c	93.50±0.8b
YK1304	24.40±0.11c	1783.1±12.2e	43 515.2±162f	47.38±0.7c	92.30±1.1bc
NX0914	24.26±0.14d	1882.8±11.6d	45 680.5±86e	48.21±1.0c	92.30±1.0bc
F31-2	24.91±0.09a	2262.7±43.6a	56 360.3±453a	54.52±0.9a	95.21±1.5a
FJ312	24.74±0.13b	2152.2±16.0b	53 254.32±21b	53.21±1.3a	94.32±0.9a
湘烟6号	22.05±0.10g	1888.9±17.9e	41 673.6±262g	43.52±0.6d	85.35±2.0d
YK1085	24.88±0.14a	2015.6±11.6c	50 150.4±147c	51.34±1.2b	92.32±0.6bc
HY2	22.63±0.08f	1649.1±12.8f	37 315.5±125h	34.21±0.7e	80.21±1.2e
云烟87	24.76±0.11b	2079.5±22.02b	51 478.1±129.7c	53.20±0.15a	92.24±0.13b

1.3.1.7 不同烤烟品种（品系）模糊综合评价

模糊综合评价法是一种基于模糊数学的综合评价方法，该综合评价法根据模糊数学的隶属度理论把定性评价转化为定量评价，即用模糊数学对受到多种因素制约的事物或对象做出一个总体的评价。本研究利用模糊数学方法进行烤烟品种（品系）多性状的综合评判，包括与烤烟品种（品系）种性优劣相关的植物学性状、经济性状、抗病性和品质（内在化学成分）等10个性状。

由于用于综合评价的性状原始数据量纲不同，不能直接进行比较，需根据育种目标对数据进行转换。在考察的10个性状中，产量、均价、中上等烟比例、叶片数、株高越大越好，为正向指标。品种烟草花叶病和青枯病病指越大，品种抗病性越差，是负向指标，其数值按"1-实际病情指数"进行转换。烟叶总糖含量、烟碱含量要求适中，优质中部叶最适总糖含量为25%，各品种校正值为（25-∣X_i-25∣）/25；中部叶最适烟碱含量为2.5%，各品种校正值为25（2.5-∣X_i-2.5∣）/2.5。根据育种目标，将各性状指标赋予不同的权重系数W_j［$W_j \in$（0，1），$\Sigma W_j = 1$］，转换后的各品种主要性状见表1-14。

把表1-14数据代入公式（1-1），求出各品种（品系）各性状的隶属度，构成模糊转换矩阵R（表1-15）。利用公式（1-2）、公式（1-3）求得等权、加权综合评判集B_1、B_2，将其排序列于表1-16中。

表 1-14　不同烤烟品种（品系）主要性状隶属度

序列	品种（品系）	产量	均价	中上等烟比例	中部总糖含量	中部烟碱含量	花叶病抗性	青枯病抗性	气候斑抗性	株高	叶片数
X1	LG125	1989.9	23.88	93.50	0.9952	0.924	0.6068	1	0.9788	105.85	19.67
X2	YK1304	1783.1	24.40	92.30	0.9376	0.912	0.8825	0.9311	0.9749	102.10	17.67
X3	NX0914	1882.8	24.26	92.30	0.8084	0.956	0.7632	0.9939	0.9376	94.62	17.67
X4	F31-2	2262.7	24.91	95.21	0.8596	0.752	0.9924	0.9877	0.9759	118.71	22.00
X5	FJ312	2152.2	24.74	94.32	0.906	0.844	0.9943	0.9059	0.9797	103.56	17.33
X6	湘烟6号	1888.9	22.05	85.35	0.962	0.96	0.6179	0.9944	0.7997	107.75	17.67
X7	YK1085	2015.	24.88	92.32	0.912	0.952	0.9932	0.8999	0.9479	110.52	18.67
X8	HY2	1649.1	22.63	80.21	0.8852	0.98	0.5898	1	0.7279	86.06	18.33
X9	云烟87	2079.5	24.76	92.24	0.8556	0.988	0.8613	0.9557	0.9768	103.67	18.00
Wj		0.15	0.1	0.15	0.05	0.1	0.15	0.1	0.1	0.05	0.05

表 1-15　模糊转换 R 矩阵

品种（品系）	产量	均价	中上等烟比例	中部总糖含量	中部烟碱含量	花叶病抗性	青枯病抗性	气候斑抗性	株高	叶片数	产量
LG125	0.5554	0.6399	0.8860	1.0000	0.7288	0.0420	1.0000	0.9964	0.6061	0.5404	0.5554
YK1304	0.2184	0.8217	0.8060	0.6916	0.6780	0.7236	0.3117	0.9809	0.4913	0.0785	0.2184
NX0914	0.3809	0.7727	0.8060	0.0000	0.8644	0.4287	0.9391	0.8328	0.2622	0.0785	0.3809
F31-2	1.0000	1.0000	1.0000	0.2741	0.0000	0.9953	0.8771	0.9849	1.0000	1.0785	1.0000
FJ312	0.8199	0.9406	0.9407	0.5225	0.3898	1.0000	0.0599	1.0000	0.5360	0.0000	0.8199
湘烟6号	0.3908	0.0000	0.3427	0.8223	0.8814	0.0695	0.9441	0.2851	0.6643	0.0785	0.3908
YK1085	0.5963	0.9895	0.8073	0.5546	0.8475	0.9973	0.0000	0.8737	0.7492	0.3095	0.5963
HY2	0.0000	0.2028	0.0000	0.4111	0.9661	0.0000	1.0000	0.0000	0.0000	0.2309	0.0000
云烟87	0.7014	0.9476	0.8020	0.2527	1.0000	0.6712	0.5574	0.9885	0.5394	0.1547	0.7014

表 1-16 烤烟品种（品系）模糊综合评价结果

品种（品系）	等权评判集 B_1	位序	加权评判集 B_2	位序
LG125	0.6995	2	0.6664	5
YK1304	0.5802	6	0.6045	6
NX0914	0.5365	7	0.6003	7
F31-2	0.8210	1	0.8531	1
FJ312	0.6209	5	0.7060	4
湘烟 6 号	0.4479	8	0.4098	8
YK1085	0.6725	3	0.7119	3
HY2	0.2811	9	0.2490	9
云烟 87	0.6615	4	0.7229	2

表 1-16 为各烤烟品种（品系）主要性状模糊综合评价结果，从各品种（品系）主要性状的综合评判结果来看，在等权重情况下，引进的烤烟新品种（品系）中，F31-2 表现最好，LG125 和 YK1085 次之，HY2 表现最差，9 个烤烟品种（品系）的优劣排序结果为 F31-2 > LG125 > YK1085 > 云烟 87 > FJ312 > YK1304 > NX0914 > 湘烟 6 号 > HY2。加权重的模糊评判结果和等权重的模糊评判存在差异，在加权重模糊综合评价结果中，F31-2 表现最好，云烟 87 与 YK1085 次之。在等权重模糊综合评价中，位序第 2 的 LG125，在加权重后位序排第 5，等权重表现第 4 的云烟 87 在加权重下仅次于 F31-2，FJ312 在加权重后位序上前一位，其余品种（品系）的评判位次完全相同，加权重综合评判下，品种（品系）优劣排序结果：F31-2 > 云烟 87 > YK1085 > FJ312 > LG125 > YK1304 > NX0914 > 湘烟 6 号 > HY2。

1.3.2 优良烤烟品种（品系）的大田推广示范验证

1.3.2.1 不同烤烟品种（品系）大田农艺性状比较分析

表 1-17 为不同品种（品系）移栽 45 d、60 d、75 d、90 d 后的农艺性状。从表中可以看出，F31-2、YK1085 和云烟 87 在移栽 45 d 后的农艺性状表现具有明显差异，其中 F31-2 叶片数最多，平均达到 13.33 片，显著高于对照云烟 87（其叶片数为 11.67）；F31-2 与 YK1085 最大叶面积分别为 753.9 cm² 、

649.4 cm^2，均显著大于云烟87，比云烟87的最大叶面积大了25.5%、8.1%；F31-2的株高最高，为39.67 cm，最矮的云烟87株高只有32.41 cm，同时F31-2与YK1085的株高均显著高于对照云烟87；各品种的茎围存在差异，F31-2最粗，茎围为6.01 cm，YK1085的茎围为5.98 cm，云烟87的茎围显著低于引进品系；节距方面，F31-2与YK1085均显著大于对照云烟87。

烤烟移栽60 d后，此时正处于旺长期，烟株迅速拔高，茎迅速生长加粗，叶片数迅速增加。由表1-17可知，F31-2、YK1085和云烟87在移栽60 d后的农艺性状指标表现出显著性差异。F31-2在叶片数、株高、茎围、最大叶面积、最大叶长方面均显著高于对照云烟87与YK1085，节距与云烟87间差异不显著；YK1085的株高、最大叶宽、最大叶面积显著高于对照云烟87，但叶片数显著少于云烟87，茎围和节距与云烟87之间差异不显著。

烤烟移栽75 d左右，已经进入现蕾期。由表1-17可知，此时期各品种（品系）的株高差异不大，且都已达到100 cm以上。茎围最大的是F31-2，并与其他两个品种呈显著性差异，其次是YK1085。叶片数方面，由于还未打顶，所以此时期F31-2的叶片数多达22片，最少是YK1085，为19.50片。从最大叶面积来看，叶面积最大的为F31-2，其次为YK1085。

移栽后90 d，即打顶后，F31-2各农艺性状指标均要显著大于YK1085和云烟87；YK1085与云烟87相比，株高和叶片数要显著大于云烟87，但茎围要显著小于云烟87，其他指标与云烟87差异不显著。在此期，综合田间农艺性状指标来看，F31-2在田间具有明显的生长优势，表现较好。

1.3.2.2 不同烤烟品种（品系）田间发病率调查分析

从表1-18可以看出，不同的烤烟品种（品系）田间发病率存在差异，不同品种在梅县地区的花叶病发病情况，最严重的是云烟87，发病率为19.44%，病情指数为5.86，花叶病抗病性比较差；F31-2、YK1085发病率差异不显著，分别为3.16%、2.98%，病情指数为0.86、0.67，均显著低于对照品种云烟87，表现出较强的花叶病抗病性。气候斑发病情况方面，云烟87植株发病率为18.26%，病情指数为3.41，气候斑的发病情况比引进的YK1085与F31-2严重，YK1085与F31-2发病率分别为9.37%、10.46%，均显著低于对照品种云烟87。不同品种的青枯病发病情况存在差异，其中花叶病发病率低的YK1085的青枯病发病率为12.84%，指数为3.12，均显著要高于云烟87与F31-2；云烟87与F31-2的青枯病发病率与病情指数差异较小。

表1-17　不同烤烟品种（品系）大田生育期农艺性状

移栽天数（d）	品种（品系）	株高（cm）	茎围（cm）	叶片数	最大叶宽（cm）	最大叶长（cm）	最大叶面积（cm²）	节距（cm）
45	F31-2	39.67±0.36a	6.01±0.11a	13.33±0.47a	24.67±0.21a	48.16±0.86a	753.9±6.84a	2.78±0.06a
	YK1085	37.64±0.42b	5.98±0.06a	11.33±0.36b	22.03±0.16b	46.46±0.51b	649.4±4.12b	2.66±0.04b
	云烟87	32.41±0.57c	5.87±0.05b	11.67±0.56b	21.01±0.26c	45.06±0.43c	600.7±2.14c	2.49±0.03c
60	F31-2	77.52±0.63a	6.74±0.08a	20.67±0.57a	30.86±0.26b	64.25±0.66a	1258.1±6.21a	3.69±0.04a
	YK1085	72.67±0.89b	6.52±0.10b	18.00±0.58c	31.22±0.43a	59.17±0.28c	1172.1±3.89b	3.67±0.05a
	云烟87	69.89±0.43c	6.54±0.07b	18.67±0.66b	29.21±0.31c	61.35±0.71b	1137.0±4.42c	3.66±0.04a
75	F31-2	117.63±0.86a	9.49±0.10a	22.00±0.34a	31.62±0.29a	72.41±0.56a	1452.8±5.16a	5.21±0.05a
	YK1085	116.79±0.46ab	9.27±0.09b	19.50±0.63c	30.12±0.31b	71.21±0.41b	1360.9±6.74b	5.18±0.03a
	云烟87	115.45±0.78b	9.14±0.07c	20.64±0.46b	29.97±0.41b	69.32±0.38c	1318.2±3.12c	4.97±0.03b
90	F31-2	119.21±1.23a	10.74±0.11a	21.33±0.71a	33.76±0.46a	77.69±1.02a	1664.2±9.47a	5.53±0.06a
	YK1085	111.12±0.67b	9.92±0.09c	18.67±0.36b	30.63±0.31b	71.76±0.84b	1394.6±6.79b	5.52±0.06b
	云烟87	106.76±1.02c	10.34±0.08b	18.00±0.43c	30.96±0.41b	71.52±0.67b	1404.9±7.14b	5.12±0.07b

注：表中数据分析采用邓肯式新复极差法，同列不同数据中具有相同字母的数据间差异未达到5%显著水平，具有不同字母的数据间差异达到5%显著水平。下同。

表1-18　不同烤烟品种（品系）田间抗病性调查分析

品种	花叶病		气候斑		青枯病	
	发病率（%）	病情指数	发病率（%）	病情指数	发病率（%）	病情指数
F31-2	3.16b	0.86b	10.46b	2.91b	6.92b	1.59b
YK1085	2.98b	0.67c	9.37c	2.36c	12.84a	3.12a
云烟87	19.44a	5.86a	18.26a	3.41a	7.01b	1.63b

1.3.2.3　不同烤烟品种（品系）烤后烟叶常规化学成分分析

由表1-19可知，不同品种下部叶的常规化学成分含量存在显著差异，但是大部分指标都在最适宜范围内。下部叶总糖含量与还原糖含量最高的是F31-2，分别为24.86%、19.73%，超出了最适宜范围，YK1085与云烟87总糖含量与还原糖含量在最适宜范围内；云烟87淀粉含量为5.59%，高于最适宜范围5%，YK1085与F31-2的淀粉含量为4.34%、4.82%，均在最适宜范围。所有品种（品系）的钾含量均高于2%，其中云烟87的钾含量最高，达到了3.34%；F31-2的烟碱含量为1.89%，低于2%，烟碱含量略低，YK1085与云烟87的烟碱含量分别为2.24%、2.26%，无显著差异，均在适宜范围内；F31-2的糖碱比为13.15，显著高于YK1085与云烟87。云烟87氮碱比最高，为1.10，而YK1085最低，只有0.92。

不同烤烟品种（品系）中部叶的常规化学成分也存在明显差异。就还原糖而言，各品种（品系）的还原糖含量均在适宜范围内，在C3F等级中，还原糖含量最大的是云烟87，为18.06%，高于F31-2与YK1085，各品种（品系）总糖含量的大小趋势和还原糖含量相近，均表现为云烟87＞YK1085＞F31-2，所有品种（品系）的还原糖含量均在合适范围内；淀粉含量最高的是YK1085，为4.92%，低于5%；与下部叶一样，烟碱含量最低的仍为F31-2，最高的为YK1085，品种（品系）间烟碱含量差异显著。3个品种（品系）中部叶的钾含量比下部叶低，含量最高的是云烟87，为2.78%，差异显著。从总氮含量来看，总氮含量最小的是云烟87，为2.10%，显著低于另外两个品种（品系）。YK1085与云烟87的糖碱比都处于8～10之间，说明化学成分协调性较好，F31-2糖碱比为10.40，糖碱比偏高。

上部叶还原糖含量与总糖含量最高的是YK1085，分别为22.86%、20.22%，云烟87含量最低，分别为19.93%、17.09%，所有品种（品系）总糖与还原糖含量均在最合适范围内。YK1085上部叶淀粉含量过高，为5.30%，高于最合适标准 5% ；云烟 87 与 F31－2 的淀粉含量均低于 5% ，含量适宜。F31－2 与云烟 87 的烟碱含量分别为 2.27% 、2.49% ，烟碱含量偏低。F31－2 钾含量为 1.79% ，明显偏低；云烟 87 与 YK1085 钾含量均高于 2% ，属于适宜范围。3 个品种（品系）上部叶的糖碱比都处于 8 ～ 10 之间，说明 3 个品种（品系）上部叶的化学成分协调性较好。

1.3.2.4 不同烤烟品种的经济性状分析

由表 1－20 可知，不同的烤烟品种（品系）之间，烤后烟叶的经济性状存在显著差异。就产量和产值而言，F31－2 的产量与产值最高，分别为 2242.7 kg/hm²、55888.1 元/hm²，产量与产值比对照云烟 87 分别高了 7.3% 与 7.1% ；YK1085 的产量、产值也显著高于云烟 87 。均价最高的是 YK1085，每千克 25.56 元，显著高于云烟 87，F31－2 与云烟 87 均价无显著差异。F31－2 的上等烟比例最低，只有 51.52% ，低于云烟 87；YK1085 的上等烟比例与云烟 87 无显著差异；上中等烟比例最低的是云烟 87，为 90.24% ，显著低于 F31－2 与 YK1085。

1.3.2.5 不同烤烟品种（品系）烤后烟叶的感官质量评价与外观质量评价

烟叶的感官质量指标主要有香气质、香气量、浓度、劲头、杂气、刺激性、余味、燃烧性等，是烟叶综合质量的一个重要方面。烟叶感官评吸是烟叶质量和工业可用性评价的主要依据，其好坏直接影响到卷烟产品的质量。由表 1－21 可知，各品种（品系）的评吸总分在 60 ～ 63 之间，其中，云烟 87 的上部叶与中部叶的评吸总分基本上高于 YK1085 与 F31－2，而 YK1085 的上部叶、中部叶、下部叶的评吸总分高于 F31－2。就上部叶来说，YK1085 的香气质与香气量、吃味评分均高于云烟 87、F31－2，表现为劲头适中，浓度浓，香气质好，香气量较充足，杂气微有，刺激性稍小，余味尚干净、尚舒适；而 F31－2 和云烟 87 的评吸质量有一定的差异，表现为劲头较大，浓度较浓，香气质较好，香气量较足，杂气略显，有刺激性，吃味微不舒适，燃烧性好，灰色灰白，口感稍细腻柔和，与云烟 87 比较，口感与香气方面较差。从下部叶来看，YK1085 的烟气特征比云烟 87 和 F31－2 强，云烟 87 下部叶与 YK1085 的香气质都表现得较好，但云烟 87 和 F31－2 的香气量低于 YK1085；在吸味特征上，云烟 87 的刺激性低于其他两个品种（品系），而余味方面，3 个品种（品系）都表现为略干净、略舒适。从中部叶来看，3 个品种（品系）的各项指标基本一致，表现为劲头中等，浓度适中，香气质有，香气量尚充足，杂气微有，刺激性稍小，余味尚干净、尚舒适。

表 1-19 不同烤烟品种（品系）烤后烟叶常规化学成分

等级	品种	还原糖（%）	总糖（%）	淀粉（%）	钾（%）	烟碱（%）	总氮（%）	氮碱比	糖碱比
X2F	F31-2	19.73±0.46a	24.86±0.49a	4.82±0.01b	2.14±0.05c	1.89±0.04b	2.02±0.04c	1.06±0.01b	13.15±0.11a
	YK1085	16.84±0.41c	21.54±0.14c	4.34±0.02c	2.72±0.04b	2.24±0.02a	2.08±0.04b	0.92±0.02c	9.62±0.15b
	云烟87	18.06±0.51b	22.05±0.40b	5.59±0.06a	3.34±0.01a	2.26±0.02a	2.49±0.03a	1.10±0.01a	9.75±0.18b
C3F	F31-2	17.20±0.24b	21.01±0.13ab	4.60±0.03c	2.05±0.05c	2.02±0.04c	2.15±0.04c	1.06±0.03a	10.4±0.14a
	YK1085	17.40±0.27b	21.32±0.31b	4.92±0.03a	2.37±0.04a	2.47±0.04a	2.31±0.03a	0.93±0.01b	8.63±0.09c
	云烟87	18.06±0.50a	22.10±0.26a	4.78±0.17b	2.78±0.04b	2.28±0.06b	2.10±0.12b	0.92±0.08b	9.69±0.34b
B2F	F31-2	17.82±0.35b	21.64±0.02b	4.60±0.21b	1.79±0.02c	2.27±0.03c	2.36±0.01c	1.03±0.02b	9.53±0.14a
	YK1085	20.22±0.45a	22.86±0.25a	5.30±0.04a	2.24±0.06a	2.66±0.11a	2.93±0.07a	1.10±0.08a	7.60±0.27c
	云烟87	17.09±0.41c	19.93±0.29c	4.66±0.22b	2.31±0.09b	2.49±0.14b	2.38±0.09b	0.95±0.81c	8.00±0.76b

表 1-20 不同烤烟品种（品系）经济性状

品种	产量（kg/hm²）	产值（元/hm²）	均价（元/kg）	上等烟比例（%）	上中等烟比例（%）
F31-2	2242.7±23.86a	55 888.1±323.1a	24.92±0.15b	51.52±0.9b	93.21±1.5a
YK1085	2115.6±13.26b	54 074.7±177.4b	25.56±0.13a	53.34±1.2a	92.32±0.6a
云烟87	2089.5±20.22c	52 195.7±239.5c	24.98±0.21b	53.20±0.15a	90.24±0.13b

表 1-21 不同烤烟品种（品系）评吸结果

品种（品系）	等级	香气质	香气量	吃味	杂气	刺激性	劲头	燃烧性	灰色	总分	细腻度	柔和度	浓度
YK1085	X2F	8.0	8.2	8.9	7.5	7.8	8.0	8.0	5.0	61.4	较细腻	尚柔和	中 -
	C3F	8.4	8.5	9.2	8.0	7.7	8.0	8.0	5.0	62.8	细腻	柔和	适中
	B2F	8.3	8.4	9.2	7.8	7.5	8.0	8.0	5.0	62.2	较细腻	较柔和	较浓
F31-2	X2F	7.6	7.6	8.6	7.4	7.9	8.0	8.0	5.0	60.1	尚细腻	尚柔和	中 -
	C3F	8.2	8.0	9.1	7.7	7.8	8.0	8.0	5.0	61.8	较细腻	较柔和	适中
	B2F	8.0	8.0	8.8	7.7	7.7	7.0	8.0	5.0	60.2	较细腻	尚柔和	较浓
云烟 87	X2F	8.0	8.0	8.8	7.7	7.7	7.0	8.0	5.0	60.2	较细腻	尚柔和	较浓
	C3F	8.3	8.3	9.3	8.0	8.0	8.0	8.0	5.0	62.9	细腻	柔和	适中
	B2F	8.2	8.3	9.1	7.8	7.8	8.0	8.0	5.0	62.2	较细腻	较柔和	中 +

表 1-22 不同烤烟品种（品系）原烟外观质量评价

品种（品系）	等级	颜色		成熟度		结构		身份		油份		色度		总分
		分数	档次	分数	档次	分数	档次	分数	档次	分数	档次	分数	档次	
YK1085	B2F	8.5	橘黄	9.0	成熟	6.5	尚疏松	6.5	稍厚	6.5	有	6.5	强	43.5
	C3F	8.0	橘黄	8.5	成熟	8.0	疏松	7.5	中等	6.0	有	6.0	中	44
	X2F	8.0	柠檬黄	8.5	成熟	8.0	疏松	6.5	稍薄	6.5	有	6.0	中	43.5
F31-2	B2F	8.0	橘黄	8.5	成熟	5.5	稍密	7.0	中等	6.0	有	5.5	中	40.5
	C3F	8.0	橘黄	8.5	成熟	7.5	尚疏松	7.0	中等	6.0	有	5.5	中	42.5
	X2F	7.5	柠檬黄	8.0	成熟	7.5	尚疏松	6.0	稍薄	5.5	稍有	5.5	中	40
云烟 87	B2F	8.5	橘黄	8.5	成熟	6.5	尚疏松	6.5	稍厚	6.0	有	6.5	强	42.5
	C3F	8.0	橘黄	8.5	成熟	8.0	疏松	7.0	中等	6.5	有	6.5	强	44.5
	X2F	7.5	柠檬黄	8.0	成熟	8.5	疏松	6.5	稍薄	5.5	稍有	6.5	强	42.5

烟叶的外观质量即烟叶外在的特征特性，是烟叶分级的主要依据。烟叶的外观特征和烟叶质量有密切的关系，一般认为优质烟叶的外观特征是烟叶成熟度好，叶组织疏松，叶片厚薄适中，颜色橘黄，油分足，色度浓。从表 1 - 22 可以看出，不同烤烟品种（品系）原烟外观质量评价总分，上部叶表现为：YK1085 > 云烟 87 > F31 - 2，中部叶表现为：云烟 87 > YK1085 > F31 - 2，下部叶表现为：YK1085 > 云烟 87 > F31 - 2。从颜色上看，各品种（品系）的上部叶和中部叶都表现为橘黄，而下部叶都表现为柠檬黄。所有品种（品系）各部位烟叶的成熟度都表现为成熟。而从结构上看，YK1085 和云烟 87 的上部叶表现为尚疏松，中下部叶表现为疏松，F31 - 2 的中下部叶表现为尚疏松，上部叶结构稍密；YK1085 和云烟 87 的上部叶身份稍厚、油分有，中部叶中等、油分有，下部叶身份稍薄，云烟 87 下部叶油分稍有，而 YK1085 表现为有。F31 - 2 中部叶与上部叶身份中等，油分有，下部叶身份稍薄、油分稍有；色度云烟 87 上中下部位的烟叶色度强，YK1085 的上部叶色度强，中下部叶色度适中，F31 - 2 的上中下部位烟叶色度适中。

1.4　结论与讨论

1.4.1　讨论

1.4.1.1　不同烤烟品种（品系）农艺性状比较

农艺性状是烤烟大田长势最直接的表现，也是考量烤烟品种是否适合当地生态环境的一个重要因素，优异的农艺性状是获得优质烟叶与高产的保证。不同烤烟品种，由于遗传背景的差异，在不同的生态环境中，农艺性状的差异是十分明显的。左成凤（2011）在对贵州黔西南州烤烟农艺性状的研究中认为，在引进的 6 个品种中，兴烟 1 号株高最高，为 151.9 cm，K326 最矮，仅为 99.4 cm，其余品种的株高较接近；兴烟 1 号的茎围最大，为 12.6 cm，贵烟 201 的茎围最小，仅为 9.7 cm；云烟 87、南江 3 号、K326 与韭菜坪 2 号较接近。云烟 87 于 2002 年引入广东，2004 年在广东大面积种植，罗战勇等（2006）在 2003 年至 2005 年对云烟 87 农艺性状的调查结果显示，云烟 87 打顶株高 104 cm，茎围 11.3 cm，节距 5.2 cm，中部叶长 85.3 cm、宽 31.5 cm，上部叶长 69.8 cm、宽 20.7 cm。在本研究中，通过两年的试验认为，云烟 87 的平均株高 104 cm，平均茎围 8.69 cm，最大叶长 79 cm，最大叶宽 29 cm，从中可以看出，种植 10 年后，云烟 87 的优良特性出现了退化。崔志燕（2015）在对陕南地区烤烟良种生态的适应性调查中发现，毕纳 1 号和秦烟 96 株高较高，贵烟 1 号和 K326 较低，其余品种处于中间水平。有效叶数品种间差异较大，毕纳 1 号叶数最多，为 24.2 片，6517 次之，为 21.3 片，其他品种均在 18.7 ～ 20.8 片之间。秦烟 201 和 YN110 茎围较大，秦烟 96、毕纳 1 号、安烟 1 号、湘烟 3 号、6517、贵烟 1 号和 K326 次之，云烟 87 较小。节距表现为秦烟 96 最大，其余品种无显著差异。在本研究中，F31 – 2 与 FJ312、YK1085 的农艺性状综合表现最好，株高达到了 100 ～ 110 cm，有效叶片数 18 片以上，叶面积大、茎围粗。

1.4.1.2　不同烤烟品种（品系）经济性状比较

烟草是一种特殊的经济作物，我国绝大多数的烟区经济发展欠发达，烟叶是当地农民的主要经济来源，烟叶的经济性状是烟叶品种是否适宜在烟区推广种植的重要指标（陈前锋等，2010）。李亚培（2015）在研究环境条件对烤烟新品系经济性状及品质的影响时发现，HB030 的品种效应显著，连续 2 年在 4 个区试点的平均产值均显著高于对照云烟 87；尤其是在兴山或保康的产值表现较突出，适应性、稳定性显著好于对照云烟 87；HB078 连续 2 年平均产值好于对照云烟 87，适应性、稳定性较好。查文菊（2016）在同一生态环境下对不同烤烟品种经济性状的研究中，在曲靖市富源县生态环境下，CF228 产量最高，贵烟 13 号上等烟比例最高，均显著高于其他品种；CF228 上中等烟比例最高，与贵烟 13 号之间的差异无显著性，显著高于其他品种；贵烟 13 号均价最高，产值以 CF228 最高，K326 产值最低，均显著低于其他品种；单叶重以 CF228 和 HB030 最重，YN119 最轻。孙计平（2011）在对河南烤烟区品种的经济性状与环境互作分析中得出，各参试烤烟品种产量和产值在不同试验地点的方差具有同质性，各品种的产量和产值因环境不同而存在较大变异，在地点间、品种间、品种×地点间，经济性状的差异显著，品种基因型与环境的互作较大。在本研究中，F31 – 2 与 FJ312 在产量与产值上优于云烟 87，上等烟比例与中上等烟比例高于云烟 87，F31 – 2 与 FJ312 的经济性状具有一定的优越性，YK1085 中上等烟比例高，但是产量、产值低于云烟 87。

1.4.1.3　不同烤烟品种（品系）抗病性分析

作为一种田间作物，烟草的生长受到很多外部条件的限制。烤烟的主要病害如青枯病、花叶病、气候性斑点病、黑胫病等，对烟草的生长和烤后烟叶品质有十分重要的影响（王瑞平等，2010；台莲梅等，2014）。烟草普通花叶病是世界各产烟区的主要烟草病害之一，20 世纪 40—60 年代主要在美国、西欧等烟区流行，直至 70 年代以后，此病在我国的发生日益普遍而严重，曾引起多次大区域流行；花叶病是没有治疗措施的，烟草一旦感染普通花叶病，对烟草的产量与品质有十分大的影响，会降低烟草的产量，同时提高气候性斑点病的发病率（汪代斌等，2011）。烟草气候性斑点病在我国发病较晚，20 世纪 80 年代全面推广外引品种后才在我国普遍发生，但该病对烟草质量与产量的影响比花叶病还严重（孙恢鸿等，1999），1987 年广西大规模爆发气候性斑点病，富川、钟山等烟区所种植的 G－28 全部受害，1991 年广东南雄全县种植 8 万多亩的外引品种 K326 几乎全部发病，每株病叶 6 ～ 8 片（陈锦云，1997）。细菌性青枯病是烟草生产上的重大病害，是由青枯雷尔氏菌引起的一种土传细菌性病害，该病在我国广东、福建、广西、湖南、四川、贵州、湖北等南方烟区普遍发生，严重威胁烟草生产，是烟草病害中发生最普遍、最严重的一种病害（孔凡玉，2003），发病症状是整株烟草枯萎，一旦发病全株死亡，对烟草的产量和质量影响极大，是烟草的一大毁灭性病害（邱昆鹏等，2015）。在本研究中，FJ312 与 YK1085、F31－2 对花叶病表现出高抗病性，花叶病的发病率与病情指数均低于云烟 87，但是 FJ312 与 YK1085 的青枯病发病率较高，远远高于云烟 87，对烟叶的产量与质量有一定的影响，其余品种（品系）的花叶病发病情况严重，高于对照品种云烟 87，LG125 与 HY2 青枯病发病率为 0，HY2 与湘烟 6 号的气候斑发病率较高，主要烟草病害抗病性整体较好的是 F31－2 与 FJ312。

1.4.1.4 不同烤烟品种（品系）烤后烟叶的质量特征与品质

烤烟的化学成分、外观质量和感官质量是评价烟叶质量的重要指标。其中烟叶化学成分是决定烟叶质量的内在因素，直接影响着烤烟的外观质量和评吸质量（周昆，2008）。一般认为，在一定的幅度内，烤烟含糖量高则品质好，而优质烟叶的烟碱含量为 1.5% ～ 3.5%，优质烟叶的总氮含量同样为 1.5% ～ 3.5%；优质烟叶的糖碱比为 8 ～ 10，而优质烟叶的氮碱比为 1 左右。烟草是适应性较广的作物之一，影响烟叶品质的因素也较多。研究表明，气候、土壤等自然生态条件以及烤烟品种对烟叶产质量的影响很大（肖金香等，2003；彭新辉，2009）。首先，生态条件是决定烟叶品质最重要的影响因素，不同的品种对环境的敏感程度各有差异，生态条件的变化对其产质量都有很大的影响（周冀衡等，2006）。品种是烟叶产质量的遗传基础，优良的品种是烟叶生产的重要条件，是获得优质烟叶的内在因素，不同烤烟品种（品系）对生态环境的适应性不同，在不同的生态条件下其农艺、植物学性状及抗逆性等都有一定差异（周金仙，2007）。本研究第一年的研究结果表明，FJ312 与 F31－2 烟碱含量偏低，协调性差，而 LG125 则表现为糖类物质含量较高，化学协调性较差，NX0914 与 HY2 钾含量偏低，YK1085、YK1304 与湘烟 6 号化学成分比较协调。

1.4.2 结论

1.4.2.1 不同烤烟品种（品系）的引进与筛选

在引进的 9 个品种（品系）中，FJ312 在移栽 60 d 后的烟株长势较好，并且优于对照云烟 87，HY2 的烟株长势较差，其余品种（品系）田间长势与云烟

87相当。F31－2、FJ312与YK1085在移栽75 d后的长势与云烟87相当，其余品种长势均不如对照云烟87。F31－2、FJ312与YK1085在移栽90 d后的烟株田间长势与云烟87相当，其余品种（品系）田间长势均比云烟87差。整个生育期长势方面，F31－2、FJ312、YK1085的表现比云烟87好。

从病害发生方面来看，F31－2的大田花叶病、青枯病、气候斑的发病率很低，表现出很好的病害抗病性，并且花叶病、青枯病、气候斑的发病率均低于对照云烟87，FJ312的青枯病比较严重。其余品种病害发病率均较高，不太适应梅州的生态环境。

在常规化学成分上，F31－2与FJ312的烟碱含量偏低，NX0914的钾离子含量偏低，YK1085的钾含量较高，达到3%以上。整体上，中下部叶化学成分协调性较好的是LG125、YK1085，与对照云烟87差异不显著，其余品种（品系）的常规化学成分协调性与云烟87相比，常规化学成分不协调。

在经济性状方面，F31－2与FJ312的产量与产值高于对照云烟87，HY2产量为1649.1 kg/hm^2，F31－2的上等烟比例与中上等烟比例最高，除F31－2与FJ312外，其余品种（品系）的产量、产值均显著低于云烟87。

利用综合模糊评价法，筛选出YK1085与F31－2两个品种能够很好地适应梅州的生态环境，参加下一年的大田示范验证。

1.4.2.2　优良烤烟品种（品系）的大田推广示范验证

在农艺性状方面，F31－2的农艺性状综合表现较好，株高较高，茎围较粗，叶面积大，叶片数多，干物质积累量多；YK1085的综合农艺性状与云烟87表现相当，而在经济性状方面，F31－2与YK1085的产量、产值均优于对照云烟87。抗病性方面，YK1085与F31－2均对花叶病表现出高抗病性，气候斑与花叶病发病率远远低于云烟87，但是YK1085的青枯病发病率比云烟87高，F31－2与云烟87在青枯病方面无显著差异。

在烤后烟叶的品质上，YK1085比云烟87与F31－2的化学成分含量更适宜，协调性较好。外观质量方面，YK1085的外观评分高于云烟87与F31－2，表现为中上部颜色橘黄，成熟度好，烟叶结构疏松，身份适宜，色度较强，油分有。评吸质量方面，F31－2的评吸结果评分低于云烟87，表现为香气量有，香气质一般，有杂气，有刺激性，而YK1085烟气特征较好，且香气特征和吸味特征更明显，微有刺激性与杂气。

选育适合当地生态环境的烤烟品种（品系），不仅仅需要考虑其经济性状，还应该考虑烟叶品质上的提高。通过筛选试验和验证种植试验，认为YK1085适合在梅州生态环境条件下种植。

参 考 文 献

[1] 蔡联合，白森，胡建斌，等. 广西中烟正安基地适宜烤烟品种筛选试验 [J]. 南方农业学报，2014 (02)：189 - 193.

[2] 曹景林，程君奇，李亚培，等. 从品种角度试论提高中国烤烟质量的途径 [J]. 中国农学通报，2015 (22)：75 - 87.

[3] 曹仕明，李进平，吴自友，等. 不同生态环境与烤烟质量特征的关系 [J]. 贵州农业科学，2010 (10)：42 - 45.

[4] 蔡长春，冯吉，周永碧. 中国烟草品种资源的研究现状与展望 [J]. 湖北农业科学，2012 (13)：2666 - 2670.

[5] 查宏波，等. 应用 AMMI 模型评价烤烟品种产量适宜性 [J]. 中国烟草学报，2012 (02)：17 - 20.

[6] 查文菊，肖桢林，李天华，等. 同一生态环境下不同品种烤烟经济性状和外观质量比较 [J]. 安徽农业科学，2016 (05)：52 - 54.

[7] 陈前锋，田明慧，彭芳芳，等. 7 个烤烟品种烟叶质量和经济性状及上部叶的比较研究 [J]. 湖南农业科学，2010 (15)：14 - 17.

[8] 崔志燕，黄金辉，郭小宝，等. 陕南地区烤烟良种生态适应性研究 [J]. 江西农业学报，2015 (09)：59 - 62.

[9] 逢涛，宋春满，方敦煌，等. 红花大金元烤烟品种化学品质组成的特征分析 [J]. 浙江农业学报，2010 (01)：30 - 35.

[10] 高维常，瞿永生，袁有波，等. 不同烤烟品种烟碱与钾含量变化及分类比较 [J]. 江苏农业科学，2011 (05)：106 - 108.

[11] 过伟民，张艳玲，刘伟，等. 烤烟品种间理化特征的差异及其与感官质量的关系 [J]. 烟草科技，2016 (05)：23 - 29.

[12] 韩定国，易克，王翔，等. 昆明不同亚气候带烤烟感官评吸质量与糖类及其相关指标的关系 [J]. 湖南农业大学学报（自然科学版），2011 (02)：131 - 134.

[13] 胡海洲，秦兴成，张忠锋，等. 恩施州特色烤烟新品种筛选 [J]. 中国烟草科学，2011 (S1)：25 - 29.

[14] 胡建军，周冀衡，李文伟，等. 烤烟香味成分与其感官质量的典型相关分析 [J]. 烟草科技，2007 (03)：9 - 15.

[15] 胡战军，马林，罗华元，等. 红云红河集团对 5 个国内烤烟新品种的筛选试验初报 [J]. 昆明学院学报，2009 (06)：43 - 45.

[16] 黄中艳，王树会，朱勇，等. 气象条件对云南烤烟 4 项化学成分含量的影响 [J]. 湖南农业大学学报（自然科学版），2009 (01)：48 - 52.

[17] 金磊，晋艳，周冀衡，等. 烟草早花机理及控制的研究进展 [J]. 中国烟草学报，2008 (01)：58 - 62.

［18］金云峰，王莎莎，张建波，等. 生长温度对烤烟生物碱含量及烟碱代谢相关酶基因表达的影响［J］. 热带作物学报，2016（03）：555－567.

［19］孔凡玉. 烟草青枯病的综合防治［J］. 烟草科技，2003（04）：42－68.

［20］李雪君，郭芳阳，李耀宇，等. 浓香型风格烤烟品种的筛选研究［J］. 河南农业科学，2010（11）：45－49.

［21］李雪君，平文丽，李耀宇，等. 河南省烤烟品种利用现状及发展方向探讨［J］. 河南农业科学，2015（08）：42－45.

［22］李亚培，曹景林，程君奇，等. 生态与品种互作对烤烟新品系经济性状的影响［J］. 中国农学通报，2014（01）：193－199.

［23］李雨，翟欣，胡钟胜，等. 基于气候条件与烟叶质量的烤烟适宜种植品种选用［J］. 中国烟草科学，2015（03）：19－23.

［24］梁水养，李静锋，赵艳玲，等. 日照时数对靖西烤烟产量的影响分析［J］. 广西农学报，2011（02）：17－18.

［25］刘东东，刘培玉，王新发，等. 不同土壤类型烤烟的质量评价［J］. 安徽农业科学，2009（35）：17479－17480.

［26］刘浩，周冀衡，张毅，等. 不同土壤类型前茬作物对烤烟化学成分和品质的影响［J］. 湖南农业大学学报（自然科学版），2015（05）：491－495.

［27］刘开平，李淑娥，杨居健. 3个烤烟品种在白河烟区的适应性研究［J］. 安徽农业科学，2014（31）：10883－10887.

［28］刘丽，文俊，林锐锋，等. 浓香型烟叶特征及影响因素研究进展［J］. 安徽农业科学，2010（18）：9504－9506.

［29］罗碧瑜，陈映强，贺汉清，等. 梅州近50年气候变化特征及未来变化趋势［J］. 气象科技，2008（03）：289－292.

［30］罗战勇，郑荣豪，李淑玲，等. 烤烟新品种云烟87在广东的种植表现及栽培技术［J］. 广东农业科学，2006（12）：28－29.

［31］牛莉莉. 我国主产烟区烤烟烟叶口感特性状况及与化学成分的关系分析［D］. 郑州：河南农业大学，2014（7）：77.

［32］彭新辉，易建华，周清明. 气候对烤烟内在质量的影响研究进展［J］. 中国烟草科学，2009（01）：68－72.

［33］邱昆鹏，陈晓红，李乃会，等. 3种药剂对烟草青枯病的防治效果［J］. 安徽农业科学，2018（17）：78＋81.

［34］邵丽，晋艳，杨宇虹，等. 生态条件对不同烤烟品种烟叶产质量的影响［J］. 烟草科技，2002（10）：40－45.

［35］孙恢鸿，李清标，朱桂宁，等. 烟草气候斑病的发生及防治研究［J］. 中国烟草科学，1999（04）：39－43.

［36］孙计平，李雪君，吴照辉，等. 经济性状与环境互作分析［J］. 安徽农业科学，2011（19）：1451－11453.

［37］王浩雅，王理珉，孙力，等. 云南不同烤烟品种叶片物理特性的差异分析［J］. 河南

农业科学，2012（03）：47 - 50.

［38］台莲梅，靳学慧，张亚玲. 黑龙江烟草病害种类鉴定及发生情况［J］. 贵州农业科学，2014（10）：124 - 126.

［39］田劲松，罗会斌，王兴荣，等. 铜仁地区特色烟叶生产品种筛选［J］. 作物研究，2011（05）：465 - 467.

［40］汪代斌，辛静，王晗，等. 烟草花叶病发生规律及生物源抗病毒研究进展［J］. 北农业科学，2011（11）：74 - 2176 + 2186.

［41］王瑞平，李荣芳，贺坚，等. 烟草花叶病的发生规律与综合防治［J］. 甘肃农业，2010（02）：84.

［42］吴志婷. 浅析中国烟草产业发展现状［J］. 现代经济信息，2009（20）：340 - 342.

［43］吴正举. 翠碧一号烤烟品种通过现场验证［J］. 中国烟草，1991（03）：42.

［44］肖金香，刘正和，王燕，等. 气候生态因素对烤烟产量与品质的影响及植烟措施研究［J］. 中国生态农业学报，2003（04）：163 - 165.

［45］徐安传，胡巍耀，李佛琳，等. 中国烤烟种植品种现状分析与展望［J］. 云南农业大学学报（自然科学），2011（S2）：104 - 109.

［46］尹文有，谢敬明. 红河州中低海拔日照时数对烟叶品质的影响［J］. 气象，2006（05）：116 - 120.

［47］张林，祖朝龙，徐经年，等. 品种与土壤类型互作对烤烟主要性状和品质的影响［J］. 安徽农业科学，2008（09）：3725 - 3726.

［48］张维祥，余善惠，廖松发. 大埔县烤烟新品种比较试验［J］. 广东农业科学，2003（05）：13 - 15.

［49］钟楚，张明达，胡雪琼，等. 温度变化对烟草光合作用光响应特征的影响［J］. 生态学杂志，2012（02）：337 - 341.

［50］周冀衡. 对"全国部分替代进口烟叶工作"的研究思考［C］. 中国烟草学会2006年学术年会论文集. 2007.

［51］周金仙. 不同生态条件下烟草品种产量与品质的变化［J］. 烟草科技，2005（09）：32 - 35.

［52］周金仙. 云南烤烟主要推广优良品种生态适应性分析［J］. 中国农学通报，2005（03）：171 - 175.

［53］周立彬，周建云，刘国顺，等. 烤烟新品种南江3号在贵州烟区的生态适应性研究［J］. 江西农业学报，2011（07）：57 - 62.

［54］周训军，王静，杨玉文，等. 烟草青枯病研究进展［J］. 微生物学通报，2012（10）：1479 - 1486.

［55］周昆，周清明，胡晓兰. 烤烟香气物质研究进展［J］. 中国烟草科学，2008（02）：58 - 61.

［56］左成凤，韩佩良，刘仁祥. 6个烤烟品种在黔西南州的适应性［J］. 贵州农业科学，2011（10）：79 - 82.

［57］朱显灵，潘文杰，李章海，等. 气候、土壤和品种对烤烟鲜叶表面腺毛含量影响［J］.

农业科学与技术，2014（11）：1838 – 1843.

［58］ Chaoqiang Jiang, Zu Chaolong, Shen Jia, et al. Effects of selenium on the growth and photo-synthetic characteristics of flue-cured tobacco (Nicotiana tabacum L.) ［J］. Acta Societatis Botanicorum Poloniae, 2015, 84（1）：71 – 77.

［59］ Qing-Cheng Ren, Chen Xiu-Hua, Zhang Sheng-Jie, et al. Comparison of Drought Resistance Characteristics of Different Flue-cured Tobacco Varieties ［J］. Xibei Zhiwu Xuebao, 2009, 29（10）：2019 – 2025.

［60］ Apoloniusz Berbec, Trojak-Goluch Anna. Response to black root rot (Thielaviopsis basicola Ferr.) of several flue-cured tobacco (Nicotiana tabacum L.) genotypes in different testing environments ［J］. Plant Breeding and Seed Science, 2001, 45（2）：11 – 20.

［61］ Shu-Fang Song, Zhou Ji-Heng, Li Qiang, et al. Effects of interaction of genotypes with environments on major latently fragrant substances of flue-cured tobacco in Baoshan of Yunnan, Southwest China ［J］. Yingyong Shengtai Xuebao, 2014, 25（11）：3223 – 3228.

［62］ Ya-Nan Ma, Wang Ren-Gang, Wu Chun, et al. Developmental Analysis on Genetic Behavior of Quality Traits of Flue-cured Tobacco (Nicotiana tabacum) in Multiple Environments ［J］. International Journal of Agriculture and Biology, 2012, 14（3）：345 – 352.

第 2 章

不同移栽方式对烤烟生长发育、化学成分及产质量的影响

2.1 前言

2.1.1 立题依据

梅州种烟已有近 50 年的历史，是中国主要清香型烤烟产区之一，梅州具有独特的烟叶生产自然条件，无论光照、雨量、年均温、全年平均无霜日等自然条件都适宜烤烟生产（郑武平等，2011）。梅州市位于广东省东北部，地理位置为北纬 23°23′～24°56′，东经 115°18′～116°56′之间，地处江西、广东、福建3 省交界处，地形地貌复杂，立体气候突出（郑武平等，2011）。受"两头低温"区域性气候的影响（Sinsabaugh, et al., 2008；Turner, 2010），梅州烟区植烟季节前期气温较低，后期高温多雨，若烟叶播栽期过早，烟株长时间处在低温寡照条件下，易发生低温危害，影响烟株的正常生长，降低烟叶产质量；若播栽期过迟，后期高温多雨易引起烟株病害的发生，不利于优质烟叶的形成，并且由于采收时间的推延，影响了后季作物（水稻等）的适时种植；移栽方式的不适宜则不利于烟株前期的生长及早生快发。烤烟的适应性虽然较强，但也一定要在适宜气候条件下才能生长，不同的气温、降水量、日照时数等因素都会对烤烟的品质产生影响，尤其会对烘烤后烟叶的化学成分及香气味产生影响，这将直接影响烤烟的品质（戴冕，2000；彭新辉等，2009）。

为了解决烤烟移栽期受低温冷害的影响，目前我国主要采用了井窖式移栽和覆膜移栽等措施来保证烤烟生长前期的温湿度。烤烟井窖式移栽是指在垄体上制作适宜规格的井窖，将适龄烟苗移植于井窖内的移栽方式。采用这种方式移栽，将烟苗深栽于井窖内，使烟苗处于相对保温、保湿与育苗大棚条件类似的环境中，有利于适时早移和烟苗深栽（罗会斌，2012；张炜等，2014；孔银亮，2011；陈代明等，2012；李喜旺等，2013；韩治建等，2014）。近年来，覆膜移栽技术不断进步，如何通过移栽方式的改进促进烤烟前期生长发育成为各

产区的研究重点。徐盈等（2014）的研究结果显示，小苗膜下移栽处理促进根系生长和提高烟株根系活力，有利于烟株伸根期对营养元素的吸收，尤其是对氮和钾元素的吸收，促进烟株的生长。贵州黄平县烟叶产区植烟前期烟株长期受移栽期低温、倒春寒和霜等不利天气的影响，易出现早花现象，影响烟叶产质量，通过膜下方锥孔小苗移栽措施能有效提高烟株生长环境，包括土壤温度和土壤含水量，以及烟株空气温度和湿度，减少低温对烤烟的危害，促进烟株早生快发，提高了烟叶的产质量（王定斌等，2014）。膜下深栽措施对烟株干物质积累量、根系的生长、叶片物理特性均有明显的提高，能有效改善下部叶身份（李文卿等，2013）。因此以提高梅州产区烟叶质量和解决生产实际问题为研究目标，重点针对梅州产区植烟季节前期低温危害和后期高温多雨特点，研究梅州烟叶产区适宜的移栽方式，对提升梅州产区烟叶种植水平，提高烟叶质量具有重要的理论和现实意义。

2.1.2　国内外研究现状

木漾等（2014）在研究烤烟膜下小苗移栽比较试验时发现，烤烟膜下小苗移栽技术能充分利用光、温、气、水、肥、土等自然优势与烟膜覆盖效应，解决了春季低温和干旱无雨问题，是烤烟大田移栽的有效方法，也是促进烟株早发快长、早成熟、早采收，提高烤烟产质量的有效措施。赵芳等（2016）研究温度是影响烟草生长的主要因素之一，烟草地上部适宜生长的温度是 $8 \sim 38\,^{\circ}\mathrm{C}$，最适宜温度为 $25 \sim 28\,^{\circ}\mathrm{C}$；根的生长温度为 $7 \sim 43\,^{\circ}\mathrm{C}$，$28 \sim 31\,^{\circ}\mathrm{C}$ 为最适宜生长温度。李迪（1999）在对烟草膜下小苗的配套技术及应用效果实验中发现，膜下移栽能提高土壤温度，促进烟株早发，能保墒防旱，使土壤水分利用率得以提高。孔银亮等（2011）研究发现膜下小苗移栽方式具有良好的防病作用，并且能提高烤烟的产量。在烟叶生长前期（即蚜虫迁飞高峰期），将烟苗覆盖于膜下生长，有效躲避了蚜虫对烟草的传毒机会，在病害发生较重年份，膜下移栽的病毒病发病率减少32%，病情指数减少18.35，相对防效达76.84%。膜下小苗移栽方式可以改善烟苗生长的环境温度，有效促进烟株的生长发育，显著提高烟叶的产量与产值，单产提高22.3%，上等烟比例提高12.17%，千克烟均价提高10.7%，收益提高35.3%。韩晓飞（2013）在膜下移栽对烤烟生长发育及品质的影响研究中，膜下小苗移栽方式能改善烟叶的外观和内在质量。由于膜下小苗移栽前期，膜内微环境温度适宜，烟叶生长加快，成熟期提前，整个生育期烟株充分利用了外界环境光照与温度条件，烟株干物质积累量充实，烟叶外观质量得到改善，化学成分更加协调。

在烟株生长的各个时期中，对烟叶品质的影响最为显著的是成熟期的温度状况，一般把叶片成熟期的日平均温度 >20 ℃的持续日数超过 70 d，作为获得优质烟叶的重要标准（刘国顺，2003）。烟草是喜光作物，只有在充足的光照条件下才有利于光合作用，提高产量和品质。Borges 和 Muguti 的研究表明，烟叶中钾、总氮、烟碱含量随着光照时间的延长而出现降低趋势，可能是由于烟叶中干物质被稀释的原因（Borges, et al., 2014；Muguti, 2007）。水分对烤烟十分重要，烤烟植株高大、叶面积系数大，蒸腾作用强烈，需要有较多的水分供应，同时水分还影响肥料在土壤中的有效性和矿物质在植株体内的运输。优质烟草的需水规律是前期少、中期多、后期适度少。烟草生长虽然需水较多但怕涝，田间长时间积水，烟草表现为发黄、凋萎，阻断了土壤颗粒与外界的气体交换，根际供氧不足，将导致烟株萎蔫甚至死亡（Johnson, et al., 2008）。Parkunan 等（2009）研究发现，土壤干旱也会使根系生长的分支减慢，而且在水缺乏的情况下，烟株的上部叶夺走了大部分水分和养分，使下部叶过早衰老和变黄，形成假熟，这样的叶片较小，组织粗糙，较难烘烤，烤后叶片易带青色或发暗，并影响烟叶化学成分的协调性。

2.1.3　不同移栽方式对烤烟的影响

2.1.3.1　不同移栽方式对烤烟生育期农艺性状与干物质积累量的影响

不同的栽培方式影响烤烟的形态特征与农艺性状。烤烟生育期的形态特征和农艺性状与烤烟的质量有着十分紧密的联系，能够直接影响烤烟的化学成分和质量（Ma, et al., 2012）。刘广玉等（2012）研究发现从移栽到平顶期，小苗膜下栽培处理不同时期株高、有效叶数、最大叶面积等农艺性状与对照处理差异显著，由此可见，膜下栽培处理较对照能有效促进烟株栽后早生快发，提高烟株株高，增加有效叶数及最大叶面积。杨举田（2008）在对小苗膜下移栽技术研究时发现，膜下移栽处理的烟株长势一直较常规移栽旺盛，干物质积累量也多，到生长后期膜下移栽干物质积累量同比常规移栽不盖膜多。这说明膜下移栽显著提高了烤烟干物质量的积累，有利于烤烟生长和营养吸收。从前人的研究还是可以看出不同的移栽方式对烤烟的生长是有影响的。

2.1.3.2　不同移栽方式对烤烟生育期病害发生情况的影响

烟草病害种类很多，据 Moldoveanu 等（2015）报道，烟草病害共 114 种，其中侵染性病害 67 种，非侵染性病害 37 种。烤烟主要病害如青枯病、黑胫病、普通花叶病、气候性斑点病等是影响其生长和烤后烟品质的主要因素。宋国华（2013）在研究河南烟区烤烟膜下移栽避蚜防病保护栽培技术与应用时发现，在豫中烟区特定的气候和生态环境下，采用烤烟膜下移栽栽培技术能够使烟株躲避烟蚜危害，减轻烟草病害发病率，促进烟株生长发育，增加产量和产值。王锡金（2014）在对山东潍坊市烤烟小苗膜下移栽技术应用进行研究时发现，小苗膜下移栽缩短了育苗期，特别是减少了剪叶带来的传播病菌的风险，同时降低了育苗成本。小苗膜下移栽的大田发病率显著低于常规移栽，显示出该种移栽方式能够增强植株的抗逆性与抗病性，特别是病毒的发生率显著降低，表明增强了植株的营养抗病性。陈荣华（2009）在对烟草青枯病防治技术优化与应用探讨的报道中，根据烟苗素质和气候条件，采取膜下移栽的方式，由于膜下移栽前期可以保水、保温，促进烟苗早生快发，同时加强肥水管理，可以使烟叶提早成熟，提早采收，达到避开病害发生高峰期的目的。近年来各烟区对小苗膜下移栽技术进行了大量的探索实践，在降低育苗风险、防旱保墒、提高移栽成活率、促进烟株早生快发、抗病驱虫等方面取得了良好的效果。

2.1.3.3 不同移栽方式对烤烟烤后化学品质的影响

烟叶化学成分是影响烟叶内在质量的物质基础，烟叶中总糖、还原糖、总氮、总碱、氯、钾等化学成分因为对烟叶质量有重要影响而成为烟草行业日常的检测指标（杜文等，2007）。周黎（2015）在云南红河州开展了不同苗龄膜下小苗移栽与常规移栽的对比试验，发现膜下移栽处理上部、中部、下部叶主要化学成分含量相对适宜，比例相对协调，总糖、还原糖、K_2O 及氯含量与常规栽培烟叶差异不大，上部叶烟碱和总氮含量与常规栽培烟叶差异明显，膜下小苗移栽一定程度上能改善上部叶烟碱含量过高的问题。汪代斌（2012）在研究不同移栽方式对 K326 的影响时发现，膜下移栽方式降低了 K326 的烟碱含量，提高了钾含量、还原糖含量和总糖含量，对氯含量产生一定影响，但规律不明显，对两种不同移栽方式 K326 品质研究的分析表明，除糖含量较高、氯含量低于优质烟标准外，其他指标总体上都处于优质烟标准范围内。夏景华（2014）研究了膜下不同移栽方式对陇川早春烤烟的影响，发现膜下移栽与常规膜上移栽处理相比，总糖含量降低，全钾含量降低，蛋白质含量上升，总氮含量与烟碱含量升高，施木克值降低，糖碱比降低，膜下移栽烟叶与常规膜上移栽相比香气增加，吃味改善，燃烧性略减弱。前人研究表明，不同移栽方式对烤烟的化学成分与内在品质是有影响的。

2.1.3.4 不同移栽方式对烤烟产量与产值的影响

中国是世界烤烟生产第一大国，常年烤烟种植面积 100 万 hm^2，烤烟年产量达 200 万吨，烟草是我国重要的经济作物，烤烟种植给农户带来了丰厚的收入（王彦亭等，2010）。改革开放以来，随着各省区工业化、城镇化以及农村经济发展的不平衡，生产要素（如劳动力和土地等）的相对价格和比较利益表现出明显的区域性差异（伍山林，2000）。与此相伴随的是，具有投入大、风险高、用工多、强度大、周期长、环节多、技术密集等特点的烤烟生产格局发生了重大变化，农户种烟积极性降低（邓蒙芝，2015），因此烤烟的产量与产值将影响移栽方式的推广应用。布云红（2013）研究发现，膜下小苗移栽对烤烟生长发育的影响，与常规大苗膜上移栽处理相比，小苗膜下移栽处理可提高烤烟产量 $75 \sim 255 \ kg/hm^2$，提高产值 $2175 \sim 4305$ 元$/hm^2$，提高均价 0.15 元$/kg$，但中上等烟比例平均降低 1.41 个百分点，方差分析结果显示，各处理间的单位面积产量、单位面积产值、均价、中上等烟比例均没有显著差异。杨明（2015）在烤烟小苗膜下移栽与常规漂浮苗膜上移栽效果的对比研究中发现，鲜重、干重和分部位交售均价小苗膜下移栽都高于常规漂浮苗膜上移栽，从 2 个示范区内各选取均匀分布的 5 户烟农交售后取得的经济性状结果看，产量、产值、上等烟比例和均价小苗膜下移栽都高于常规漂浮苗膜上移栽，小苗膜下移栽与常规漂浮苗膜上移栽相比，产量高 $109.3 \ kg/hm^2$、产值高 4964 元$/hm^2$、上等烟比例高 2.5 个百分点。李秋英（2014）关于膜上烟和膜下烟移栽对烤烟生长发育及烟叶品质的影响认为，各处理烤后烟叶在产量、产值、均价、上等烟比例、上中等烟比例上的差异都没有达到显著水平，但相对而言，产量、产值较高的为膜下移栽，均价、上中等烟比例、上等烟比例较高的为膜下移栽方式，在单叶重方面，其他处理间的差异都达到了显著水平，综合分析，膜下移栽的经济效益较好。

2.1.4 研究目的与意义

为确定梅州烟区适宜的移栽方式，解决移栽方式不合理引起的生物量积累少、化学成分协调性及产质量较差等现象，选取平远、五华 2 个代表性烟区，采取不同移栽措施，研究各因素对烤烟前期的生长发育、干物质积累量、烟叶化学成分和产质量影响，确定梅州烟区适宜的移栽方法，促使烤烟生长发育与成熟采收能在适宜的气象环境下，避免前期低温冻害和后期高温逼熟等对烟叶生产的影响，生产出产质量高和化学成分协调的优质烤烟。研究结果对指导当地烟叶生产，抵御低温危害，生产出化学成分协调和产质量高的优质烟叶有重要的现实和理论意义。

2.2 试验材料与方法

2.2.1 试验材料

田间试验于 2015 年在广东省梅州市平远县仁居镇井下村和五华县双头镇龙水村进行（表 2-1、表 2-2），以当地移栽方式为对照，进行小苗移栽、井窖式膜下移栽和井窖式膜上移栽。选择地面平整、肥力中等的水田进行试验，前茬作物为水稻。

表2-1　井下村试验地土壤基本理化性质

pH	有机质（%）	全氮（%）	全磷（%）	全钾（%）	碱解氮（mg/g）	速效磷（mg/kg）	速效钾（mg/kg）
5.05	2.98	0.25	0.68	2.12	35.45	23.32	108.12

表2-2　龙水村试验地土壤基本理化性质

pH	有机质（%）	全氮（%）	全磷（%）	全钾（%）	碱解氮（mg/g）	速效磷（mg/kg）	速效钾（mg/kg）
6.72	2.52	0.24	0.74	2.35	41.38	31.49	154.24

2.2.2　试验设计与取样方法

在代表性的烟田，选择当地主栽品种云烟87，试验设4个处理，分别为T1（CK）：以当地移栽方式，在烟苗8～9叶期进行移栽；T2：以当地移栽方式，在烟苗3～4叶期进行移栽；T3：井窖式膜下移栽方式，在烟苗3～4叶期进行移栽，整畦后，先用移栽器按50 cm株距打穴，穴宽10 cm，深15 cm，移栽后盖地膜，待烟株顶膜时掏出烟苗；T4：井窖式膜上移栽方式，在烟苗3～4叶期进行移栽，整畦后，先盖地膜，移栽时用移栽器按50 cm株距打穴，穴宽10 cm，深15 cm，移栽烟苗入穴后，烟苗深度与膜下烟相同。共4个处理，每个处理重复3次，随机排列，共12个小区，每个小区种植90株，共用实验地1亩左右。田间管理按当地的生产技术标准进行，烟叶采烤按照烟叶成熟标准和密集烘烤工艺进行操作。

2.2.3　取样与检测方法

2.2.3.1　农艺性状调查与测量

（1）农艺性状测定

分别于团棵期、旺长期、成熟期测量株高、茎围、叶片数、最大叶片长和宽及叶面积、节距，每个小区各选取5株长势一致并能代表小区特征烟株测定农艺性状。农艺性状调查按《YC/T 142-1998》（1998）标准执行。于烟株移栽后21 d观测烟株不定根数量和主根长度。

（2）经济性状调查

经济性状测定则需每个小区选取30株，每个小区采收时做好标记，烘烤时，分开挂竿烘烤，按照当地生产习惯进行烘烤，烟叶分级则依照国标分级和测产，最终计算产量、产值、上等烟比例、中上等烟比例等经济指标。

2.2.3.2 烟株干物质积累量的测定

分别在烟草大田生长的团棵期、旺长期、成熟期（上部叶长宽）取样测定烟株干物质积累量，选取 5 株具有代表性的烤烟进行测定，将烟株根、茎、叶分开，及圆顶期烟株上部、中部及下部叶分开，在 105 ℃下杀青 15 min，在 75 ℃下烘干，然后分别计算各部位干物质积累量。

2.2.3.3 常规化学指标测定

（1）还原糖含量的测定

通过比色法测定烟叶还原糖含量，主要参考王瑞新（2003）的操作规范，具体过程为：准确称取烟叶样品 0.100 g，移入离心管中，准确称取 8 mL 80% 乙醇，80 ℃水浴浸提 30 min，室温静置至冷却，于 4000 r/min 离心 5 min 收集上清液，剩余待测样再加入 80% 乙醇 8 mL，重复两次提取，将提取的上清液转移至 100 mL 容量瓶中并定容至 100 mL。取试管，分别加入 1 mL 提取液与 DNS 试剂 1.5 mL，摇匀，沸水浴 5 min，取出后立即浸入自来水冷却至常温，用蒸馏水定容至 25 mL，摇匀，对照则用蒸馏水作为空白对照，在紫外分光光度计 540 nm 波长处比色，测定待测液的吸光度，计算还原糖含量。

（2）可溶性总糖含量的测定

测定可溶性总糖主要采用蒽酮比色法，采用邹琦（2003）的方法，称取已磨好的上、中、下部位叶样品 0.1 g 各 3 份，分别加入 3 支试管。加蒸馏水 5 ～ 10 mL，加盖封口摇匀，沸水中静置 30 min，提取 2 次，沸水浴后静置至室温，移入离心机中离心 20 min，将离心后的样品过滤于 25 mL 容量瓶中，加蒸馏水定容至刻度。取试管依次吸取 0.2 mL 样品、1.8 mL 蒸馏水和 0.5 mL 蒽酮乙酸乙酯，最后再小心加入浓硫酸 5 mL，沸水浴 1 min，取出静置冷却至室温。于分光光度计 630 nm 比色，根据标准曲线，计算可溶性糖含量（%）。

（3）淀粉含量的测定

测定淀粉含量主要参照邹琦（2003）的方法，可溶性总糖测定过程中剩余的样品残渣移入 25 mL 试管，加入蒸馏水 10 ～ 15 mL，置入沸水中 15 min 进行提取，沸水浴后加入 1.75 mL 高氯酸，再次移入沸水中提取 15 min，取出静置冷却至室温，将沸水浴后的溶液通过滤纸过滤到 25 mL 容量瓶中，用蒸馏水定容，吸取 0.2 mL 提取液，加蒸馏水稀释到 2 mL，依次加入蒽酮乙酸乙酯和浓硫酸，剩下操作方法与可溶性糖的测定一致。

（4）烟碱含量的测定

烟碱含量测定主要参照王瑞新（2003）的方法。装好测定烟碱含量的蒸汽蒸馏装置，称取已杀青好的样品上、中和下部叶 0.5 g 置于 500 mL 凯氏瓶中，并且称取 NaCl 25 g、NaOH 3 g 和 25 mL 蒸馏水加入凯氏瓶中。将凯氏瓶连接于蒸汽蒸馏装置，连接处用装有 10 mL 1:4 盐酸溶液的三角瓶（250 mL）收集馏出液，当蒸馏液收集至 235～245 mL 时，将蒸馏液转移到 250 mL 容量瓶中，并且定容摇匀。吸取蒸馏液 1.5 mL 于试管中，加入 4.5 mL 蒸馏水至 6 mL，作为试验待测液；对照液用 0.05 mol/L 盐酸，在 259 nm、236 nm、282 nm 波长的紫外分光光度计测定待测液的吸光度，计算烟碱含量。

（5）总氮含量的测定

样品制作：将新鲜叶片在 105 ℃下杀青，80 ℃下烘干至恒重并过 40 目筛，以 $H_2SO_4 - H_2O_2$ 法消化，在 FOSS Kjeltec 2300 全自动凯氏定氮仪上测定叶片总氮含量。

（6）钾含量的测定

参考王瑞新（2003）的方法制作样品：取 3 个不同等级 B2F、C3F 与 X2F 烟叶在 50 ℃烘箱中烘干并磨成粉，置放于封口袋中避光保存；称取样品 0.1 g 置于 50 mL 三角瓶中，并加入 1 mol/L 乙酸铵 40 mL，使用塑料薄膜进行封口，适当摇匀置于 25 ℃和 120 转/min 振荡器上萃取 30 min，萃取后进行过滤，吸取 1 mL 过滤液加入 50 mL 容量瓶中，加入配置好的乙酸乙酯定容至 50 mL，摇匀，制作标准曲线，直接在火焰光度计上测定，记录检流计的读数，然后从标准曲线上查得待测液的钾浓度（mg/kg）。

2.3 结果分析

2.3.1 不同移栽方式对烤烟大田农艺性状的影响

2.3.1.1 不同移栽方式对烤烟团棵期农艺性状的影响

烤烟不同移栽方式团棵期农艺性状的调查结果如表 2 - 3 所示。平远烟区的井窖式膜下小苗移栽（T3）烟株，在各项农艺性状指标上（节距除外），均优于对照处理。常规小苗移栽（T2）的烟株在团棵期生长发育较差，各项指标均处于较低水平，其中株高在所有处理中最低，其他指标与对照处理无显著差异。而井窖式膜上小苗移栽（T4）的烟株在茎围和叶片数方面处于较高水平，显著高于对照处理，由于叶片数较多，因此其节距较小。

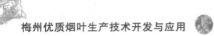
　　五华烟区的烟株不管是井窖式膜下小苗移栽（T3）还是井窖式膜上小苗移栽（T4），其团棵期的各项农艺性状指标与当地的移栽方式存在显著性差异，并且整体的农艺性状优于对照。其中，就株高来说，T3株高高于对照7.33 cm，T4株高高于对照5 cm，T2处理的烟株株高与对照差异不显著。此外，T3处理的烟株茎围、叶片数、叶面积显著高于T1和T2处理。因此，综合来看，在团棵期，井窖式膜下小苗移栽的移栽方式优于其他移栽方式。五华烟区的烟株在团棵期株高、茎围、叶片数和叶面积方面，均高于平远烟区，长势较好。

2.3.1.2　不同移栽方式对烤烟旺长期农艺性状的影响

　　在旺长期，烤烟不同移栽方式农艺性状的调查结果如表2－4所示。平远烟区的常规小苗移栽（T2）烟株，在各项农艺性状指标上（除节距外）显著低于井窖式移栽（T3、T4）的烟株，其中株高在所有处理中是最低的。井窖式覆膜移栽（T3、T4）的烟株，在旺长期的各项农艺性状表现上优于常规移栽烟株（T1、T2）。从株高方面来看，T3和T4处理的烟株在旺长期株高均超过了70 cm，而常规移栽的烟株低于70 cm；在茎围方面，T3处理的烟株在旺长期茎围达到了8.41 cm，而T2处理的烟株茎围仅有7.02 cm；T4处理的烟株叶片数达到了20.08片；在叶面积方面，T3处理的烟株叶面积达到了993.45 cm²，而T2处理的烟株叶面积仅为696.62 cm²。由于T4处理叶片数较多，导致其节距较短。

　　五华烟区的井窖式膜下小苗移栽（T3）烟株的株高高于其他移栽方式，且从团棵期到旺长期T3的株高增加了30.33 cm。从茎围上来看，T3处理的烟株茎围显著大于对照，与其他处理差异不显著。对于叶片数来说，最多是T3处理，为22片，其次为T4处理，有20.67片有效叶片，表明烤烟用井窖式移栽方式移栽后，在旺长期的叶片数显著多于其他移栽方式。同样，井窖式移栽方式的叶面积也显著大于对照。由于有效叶片数多，导致井窖式移栽（T3、T4）的节距缩短。综合来看，在旺长期T3、T4的农艺性状表现出一定的优异性。

　　在旺长期从两个烟区对比来看，平远烟区T4处理的烟株在叶面积方面优于五华烟区T4处理烟株；而在株高、茎围和叶片数方面，平远烟区的烟株则低于五华烟区。五华烟区T3处理的烟株在旺长期，其各项农艺性状除叶宽、节距外均优于平远烟区的T3处理烟株。而在常规移栽（T1、T2）处理的烟株方面，五华烟区的烟株各项农艺性状表现较好，长势较优。

表 2-3 烤烟不同移栽方式团棵期的农艺性状

地点	移栽方式	株高（cm）	茎围（cm）	叶片数	叶长（cm）	叶宽（cm）	叶面积（cm²）	节距（cm）
平远	T1（CK）	35.96±1.35b	6.27±0.21b	10.38±0.25b	33.00±1.45b	15.67±0.23b	328.11±10.25b	3.46±0.28a
	T2	31.43±1.03c	6.34±0.15b	10.25±0.15b	33.12±1.34b	15.78±0.18b	331.61±12.13b	3.06±0.17a
	T3	38.67±1.15a	7.23±0.18a	12.11±0.16a	36.00±1.73a	17.48±1.51a	399.28±15.23a	3.19±0.11a
	T4	34.89±2.09b	7.32±0.21a	12.36±0.34a	35.29±1.89ab	16.89±0.51ab	378.19±12.89ab	2.82±0.07b
五华	T1（CK）	38.67±1.45c	7.83±0.17b	12.33±0.33b	35.00±1.15ab	14.67±0.33b	325.78±11.69b	3.14±0.11a
	T2	37.67±1.21c	7.17±0.18b	12.33±0.33b	33.00±1.73b	13.67±1.76b	286.23±16.88b	3.06±0.17a
	T3	46.00±2.08a	8.67±0.19a	13.67±0.33a	39.33±2.33a	18.67±0.67a	465.91±11.61a	3.36±0.07a
	T4	43.67±2.33ab	7.5±0.29b	12.67±0.67ab	38.00±1.16ab	18.33±0.89a	441.95±12.32a	3.45±0.28a

注：列中数据比较采用邓肯式新复极差法，相同字母表示5%水平上不显著，不同字母表示差异显著。下同。

表 2-4 烤烟不同移栽方式旺长期的农艺性状

地点	移栽方式	株高（cm）	茎围（cm）	叶片数	叶长（cm）	叶宽（cm）	叶面积（cm²）	节距（cm）
平远	T1（CK）	68.10±1.48a	7.24±0.17b	18.00±0.36c	52.79±0.71b	21.86±1.23b	732.21±12.18c	3.78±0.11a
	T2	63.54±0.59b	7.02±0.21b	17.76±0.29c	51.28±0.27b	21.41±0.28b	696.62±10.15c	3.57±0.20a
	T3	71.12±2.18a	8.41±0.32a	19.12±0.28ab	58.27±1.03a	26.87±2.25a	993.45±14.13a	3.72±0.03a
	T4	70.33±0.67a	8.33±0.41a	20.08±0.48a	57.35±1.04a	26.03±1.18a	947.19±22.21ab	3.50±0.12a
五华	T1（CK）	71.33±0.89b	8.00±0.84b	19.67±0.67c	57.33±0.34a	23.54±0.62b	848.75±10.51b	3.63±0.11a
	T2	71.67±1.23b	8.50±0.29ab	19.00±0.57c	55.67±0.67a	23.00±1.73b	811.95±12.95b	3.77±0.06a
	T3	76.33±0.67b	9.33±0.54a	22.00±0.78a	61.67±2.84a	26.33±1.65a	1031.27±72.21a	3.47±0.13b
	T4	75.00±2.51a	8.67±0.33ab	20.67±0.33ab	56.33±1.31a	25.87±2.33a	906.06±40.13ab	3.63±0.18a

2.3.1.3 不同移栽方式对烤烟成熟期农艺性状的影响

在成熟期，烤烟不同移栽方式农艺性状的调查结果如表 2 - 5 所示。通过方差分析得出：从平远烟区的烟株株高、茎围、叶片数和叶面积方面来看，井窖式小苗移栽显著高于对照处理。T3、T4 处理的株高较高，分别达到了 96.01 cm 和 95.62 cm，而 T2 处理的株高仅为 88.93 cm。从茎围来看，T2 处理茎围显著低于其他处理，仅有 8.14 cm，T3 的茎围最大，达到了 9.17 cm。而 T2 处理的叶面积最小，仅为 1006.62 cm²，相比对照小了 6.05%，其他处理之间差异不显著，叶面积均在 1070 ～ 1090 cm² 之间。

在成熟期，五华烟区 T3 处理的株高显著高于其他 3 种移栽方式，表现为 T3 > T4 > T1 > T2，其中 T4、T2、T1 处理之间不存在显著性差异。T3 和 T4 处理的茎围显著大于对照，其中 T3 处理的烟株茎围比对照大了 1.83 cm。在成熟期，经过打顶以后，叶片数最多的为 T3 和 T4 处理，均为 20.67，其次是 T1 处理。T2 处理的叶长、叶宽显著低于其他处理，而 T1、T3 和 T4 处理的叶长、叶宽之间差异不显著，因此在叶面积上同样表现为 T2 处理叶面积最小，其他处理之间差异不显著。综合来看，在成熟期农艺性状表现较好的同样是井窖式移栽方式（T3、T4）。

从两个烟区对比来看，五华烟区的烟株在成熟期的农艺性状表现较好，其各处理株高均超过了 100 cm，T3 处理的烟株株高最高达到了 111.67 cm，而平远烟区烟株株高最高的 T3 处理，其株高仅为 96.01 cm。在茎围、叶片数和叶面积方面，五华烟区的烟株表现也优于平远烟区的烟株。

2.3.2 不同移栽方式对烤烟干物质积累量的影响

2.3.2.1 不同移栽方式对烤烟团棵期干物质积累量的影响

烤烟团棵期干物质积累量调查结果如表 2 - 6 所示。在团棵期，烤烟生长缓慢，干物质积累量较少。平远烟区的各处理烤烟的中上部干物质积累量差异不显著。T2 处理的下部叶干物质积累量显著低于 T3 和 T4 处理，仅为 9.37 g，与对照 T1 相比，低了 8.4%。总体来看，地上部干物质积累量方面，T3 处理显著高于 T1 和 T2 处理，为 38.04 g，而 T4 处理的地上部干物质积累量处于中等水平，为 36.14 g。

由表 2 - 6 可以看出，五华烟区地上部干物质积累量最多的是 T3，高于对照 T1 2.62 g。各处理的中上部干物质积累量、下部叶干物质积累量、下部茎干物质积累量的趋势与地上部干物质积累量的一致，都表现为处理 T2、T3、T4 高于对照，表明小苗移栽有助于提高烤烟团棵期的干物质积累量。

表2-5　烤烟不同移栽方式成熟期的农艺性状

地点	移栽方式	株高（cm）	茎围（cm）	叶片数	叶长（cm）	叶宽（cm）	叶面积（cm²）	节距（cm）
平远	T1（CK）	90.57±0.42b	8.96±1.45a	17.99±0.35b	73.13±1.15a	23.09±0.58a	1071.40±24.97a	5.03±0.09b
	T2	88.93±0.73b	8.14±1.02b	18.55±0.45b	68.44±1.26b	23.18±1.18a	1006.62±19.91b	4.79±0.11b
	T3	96.01±0.27a	9.17±0.87a	19.33±0.17a	74.12±0.61a	23.16±1.72a	1089.58±22.07a	4.96±0.20a
	T4	95.62±0.37a	9.03±0.87a	18.95±0.51a	73.18±0.28a	23.07±0.18a	1071.46±33.75a	5.04±0.21a
五华	T1（CK）	103.67±2.33b	9.00±0.28b	19.67±0.33b	74.33±0.88a	25.67±0.89a	1211.05±50.67a	5.27±0.13a
	T2	102.67±1.76b	8.67±0.43b	19.33±0.67b	69.33±1.76b	24.33±1.67b	1160.21±20.34b	5.31±0.24a
	T3	111.67±1.45a	10.83±0.17a	20.67±0.67a	74.33±1.45a	26.33±0.58a	1241.29±37.97a	5.41±0.11a
	T4	104.67±2.41b	10.00±0.29a	20.67±0.33a	77.67±0.68a	25.00±1.72a	1248.48±62.15a	5.06±0.41b

表2-6　不同移栽方式对烤烟团棵期干物质积累量的影响

地点	处理	中上部干物质积累量（g）	下部叶干物质积累量（g）	下部茎干物质积累量（g）	地上部干物质积累量（g）
平远	T1（CK）	22.12±0.37a	10.23±0.12ab	2.56±0.24ab	34.91±0.93b
	T2	21.23±0.38a	9.37±0.08b	2.45±0.31ab	33.05±1.01b
	T3	23.81±0.68a	11.41±0.42a	2.82±0.41a	38.04±0.68a
	T4	22.32±0.54a	11.03±0.15a	2.79±0.11a	36.14±0.74ab
五华	T1（CK）	23.48±1.27a	10.66±0.19b	2.79±0.43a	36.93±1.48a
	T2	24.01±0.97a	11.12±0.08ab	3.11±0.29a	38.23±1.31a
	T3	24.84±1.15a	11.74±0.38a	2.96±0.45a	39.55±1.22a
	T4	23.32±1.54a	11.77±0.45a	2.99±0.14a	38.07±1.74a

2.3.2.2　不同移栽方式对烤烟旺长期干物质积累量的影响

由表2-7可知，旺长期是干物质积累量的重要时期，50%～60%的干物质在这个时期形成。平远烟区同一处理的地上部干物质积累量表现为，T1：中部叶>下部叶>中部茎>下部茎>上部叶>上部茎；T2：中部叶>下部叶>中部茎>下部茎>上部叶>上部茎；T3：中部叶>中部茎>下部叶>下部茎>上部叶>上部茎；T4：中部叶>中部茎>下部叶>下部茎>上部叶>上部茎。由此可知，在旺长期，干物质积累量一般集中在中部，其次是下部，上部干物质积累量最少。不同处理之间，T3和T4处理的地上部干物质积累量显著高于T1、T2处理，地上部干物质积累量最高的T3处理，与对照T1相比提高了16.14%。

五华烟区同一处理的地上部干物质积累量表现为，T1：下部叶>中部叶>中部茎>下部茎>上部叶>上部茎；T2：中部叶>下部叶>中部茎>下部茎>上部茎>上部叶；T3：中部叶>下部叶>中部茎>下部茎>上部叶>上部茎；T4：中部叶>中部茎>下部叶>下部茎>上部叶>上部茎。不同处理间的地上部干物质积累量最多的为T3，其次为T4，这两个处理显著高于对照T1。而中部干物质积累量同样为T3、T4显著高于对照T1。综合来看，井窖式移栽在旺长期的干物质积累量优于当地常规的移栽方式。

2.3.2.3　不同移栽方式对烤烟成熟期干物质积累量的影响

烤烟进入成熟期，干物质积累量强度逐渐下降，但积累量仍保持增长的趋势。由表2-8可知，不同处理均表现为：中部叶干物质积累量>下部叶干物质积累量>上部叶干物质积累量，且各部位的叶干物质积累量高于茎的干物质积累量。

平远烟区T3处理烟株的地上部干物质积累量显著高于其他处理，与对照T1相比，提高了14.64%，而T2处理与对照T1差异不显著。在上部叶方面，T3处理与T1、T2处理差异显著；而T3处理的中部叶干物质积累量显著高于其他处理，与对照相比提高了 6.89 g；在上部茎干物质积累量、下部叶干物质积累量方面，各处理之间的差异不显著。

五华烟区的烟株与旺长期一样，T3 和 T4 的地上部干物质积累量显著高于对照 T1，其中 T3 为 195.89 g，高于对照 20.6 g，T4 为 182.60 g，高于对照 7.31 g。在成熟期，T3 各个部位的叶、茎干物质积累量都最多，其次是 T4。

综合来看，在成熟期，两个烟区的 T3、T4 处理的烟株干物质积累量优于其他处理。

2.3.3　不同移栽方式对烤后烟叶常规化学成分的影响

烟叶的化学成分是烟叶质量和品质的物质基础，对于烟叶的外观质量、吃味、品质特征等有重要的影响，优质烟叶的常规化学成分为：总糖 15% ～ 25%，还原糖 14% ～ 18%，淀粉 ≤5%，总氮 1.5% ～ 3.5%；烟碱含量：下部叶 1.5% 左右，中部叶 2.5% 左右，上部叶不超过 3.5%，糖碱比 8 ～ 10，钾离子含量 ≥2%。糖的含量是影响烟气醇和度和吃味的主要因素，含糖量过低时能引起刺呛，含糖量高则吃味平淡。相反的是，当烟碱的含量和总氮过低时劲头小，吃味平淡，过高时刺激性大。钾是评价烟叶质量的指标之一，一般来说，优质烟叶的钾含量最低应该达到 2%。

2.3.3.1　不同移栽方式对烤烟上部叶常规化学成分的影响

由表 2－9 可以看出，平远烟区不同移栽方式的上部叶化学成分含量存在显著性差异。从糖类的含量来看，各处理的糖类含量都处于适宜的范围内，且 4 个处理中，T2 的总糖含量显著高于对照；还原糖含量最多的是 T2，为 20.00%，最少的是 T3，为 16.51%；T2 和 T3 的淀粉含量偏高，会影响烟叶的吃味和燃烧性。各处理的烟碱含量适中，且不存在显著性差异。从钾含量来看，各处理的钾含量存在显著性差异且均低于 2%，最高的是 T4，为 1.89%。全氮含量也是影响烤烟品质的一个重要指标，4 个处理全氮含量并不存在显著性差异。糖碱比和氮碱比是评价烤烟内部化学成分协调性的指标，由表可知，4 个处理上部叶的糖碱比都偏低，会导致烟叶劲头小，吃味平淡；氮碱比各处理则处于合适的范围内。

五华烟区不同移栽方式的上部叶化学成分含量存在显著性差异，其中井窖式膜下移栽的上部叶化学成分含量高于对照。从糖类的含量来看，各处理的糖类含量都处于适宜的范围内，且 4 个处理中，T3 的总糖含量显著高于 T2 和对照；还原糖含量各处理间差异不大，最多的是 T2，为 17.62%，最少的是 T4，为 15.51%；T3 的淀粉含量偏高，会影响烟叶的吃味和燃烧性。各处理的烟碱含量适中，以 T3 的烟碱含量最高，为 3.15%，并与对照呈显著性差异。从钾含量来看，各处理的钾含量存在显著性差异且均低于 2%，最高的是 T3，为

1.98%。4 个处理中，T3 的全氮含量为 3.02%，显著高于其他 3 个处理。4 个处理上部叶的糖碱比都偏低；氮碱比各处理则处于合适的范围内。

2.3.3.2 不同移栽方式对烤烟中部叶常规化学成分的影响

由表 2 – 10 可知，平远烟区烤烟不同移栽方式的中部叶烤后化学成分存在显著性差异。就总糖来说，4 个处理的总糖含量都适中，其中小苗移栽的 T2、T3 的总糖含量都高于常规的移栽方式 T1，且以 T3 的总糖含量最高，为 24.32%。T2 的还原糖含量偏高，而其他 3 个处理的还原糖含量都在合适的范围内。淀粉含量除 T3 偏高以外，其他 3 个处理的淀粉含量均在合适范围内。钾含量除了 T4 为 2% 以外，其他 3 个处理的钾含量均低于 2%。4 个处理的全氮含量均在合适的范围内，其大小表现为：T3 > T4 > T1 > T2。4 个处理的糖碱比和氮碱比都在合适范围内，且不存在显著性差异。

五华烟区烤烟不同移栽方式的中部叶烤后化学成分存在显著性差异。就总糖来说，4 个处理的总糖含量都适中，其中小苗移栽的 T2、T3、T4 的总糖含量都高于常规移栽方式 T1，且以 T3 的总糖含量最高，为 24.69%。T4 的还原糖含量偏高，而其他 3 个处理的还原糖含量都在合适的范围内。淀粉含量除 T2 适中以外，其他 3 个处理的淀粉含量均偏高。T2 中部叶的烟碱含量显著低于其他 3 个处理。钾含量除了 T3 为 2.32% 以外，其他 3 个处理的钾含量均低于 2%。4 个处理的全氮含量均在合适的范围内，其大小表现为：T2 > T3 > T4 > T1。糖碱比最大的是 T2，为 9.80，其次为 T3，均显著高于对照。T2 的氮碱比偏大，T4 和对照的氮碱比较为适中。

2.3.3.3 不同移栽方式对烤烟下部叶常规化学成分的影响

从表 2 – 11 可以看出，平远烟区 T3 处理下部叶的总糖含量显著高于其他 3 个处理。4 个处理的还原糖含量均在合适范围内，其中 T4 显著高于对照，表现为：T4 > T3 > T2 > T1。与上部叶和中部叶一样，4 个处理的下部叶钾含量也低于 2%。下部叶烟碱含量都适中，最高的是 T4，为 1.98%，其次是 T1 和 T3，为 1.81%。4 个处理的全氮含量没有显著性差异。下部叶的糖碱比、氮碱比均较适中。

五华烟区的 T3 处理下部叶的总糖含量显著高于对照和 T2，T4 的下部叶总糖含量也与对照呈显著性差异。4 个处理的还原糖含量不存在显著性差异，表现为：T2 > T1 > T3 > T4，且都在合适的范围内。淀粉含量除对照适中以外，其他处理的淀粉含量均偏高。与上部叶和中部叶一样，4 个处理的下部叶钾含量也低于 2%。下部叶烟碱含量都适中，最高的是 T2，为 1.82%，其次是 T4，为 1.65%。4 个处理的全氮含量也没有显著性差异，表现为：T2 > T1 > T4 > T3。T1 由于烟碱含量低，全氮含量高，导致氮碱比偏高，其他处理的糖碱比和氮碱比均适中。除 T2 处理外，其他 3 个处理的糖碱比均明显偏高。

表 2-7　不同移栽方式对烤烟旺长期干物质积累量的影响

地点	处理	上部叶干物质积累量 (g)	上部茎干物质积累量 (g)	中部叶干物质积累量 (g)	中部茎干物质积累量 (g)	下部叶干物质积累量 (g)	下部茎干物质积累量 (g)	地上部干物质积累量 (g)
平远	T1 (CK)	11.45±0.24b	11.18±0.27c	22.83±0.27b	21.13±0.31c	22.13±0.23b	19.23±0.41a	107.95±1.21b
	T2	11.29±0.29b	10.81±0.29c	22.31±0.41b	−20.08±0.22c	21.67±0.33bc	18.89±0.42a	105.05±1.38b
	T3	14.86±0.32a	13.20±0.24a	29.32±0.23a	24.32±0.71a	23.42±0.21a	20.25±0.76a	125.37±1.31a
	T4	14.39±0.26a	12.75±0.24b	28.45±0.32a	23.18±0.21a	23.16±0.17a	20.51±1.01a	122.44±1.37a
五华	T1 (CK)	12.29±0.55bc	10.8±0.32c	24.23±0.53b	20.55±0.52bc	25.65±0.37a	19.80±0.48a	113.33±0.31b
	T2	11.25±0.28c	12.00±0.26ab	22.80±0.20c	20.03±0.80c	22.22±0.30c	19.06±0.63a	107.37±1.19c
	T3	15.03±0.24a	13.10±0.29a	29.17±0.19a	22.47±0.76ab	23.62±0.23b	19.23±0.86a	122.62±1.25a
	T4	13.39±0.52b	12.85±0.33b	28.51±0.58b	24.37±0.25a	22.26±0.14c	20.50±1.19a	121.87±1.27a

表 2-8　不同移栽方式对烤烟成熟期干物质积累量的影响

地点	处理	上部叶干物质积累量 (g)	上部茎干物质积累量 (g)	中部叶干物质积累量 (g)	中部茎干物质积累量 (g)	下部叶干物质积累量 (g)	下部茎干物质积累量 (g)	地上部干物质积累量 (g)
平远	T1 (CK)	32.18±1.03ab	15.38±0.62a	44.29±0.27c	22.74±1.01b	32.62±1.07a	23.26±0.31ab	170.47±2.32c
	T2	31.42±1.12b	15.02±0.27a	43.74±0.35c	22.02±1.04ab	30.34±1.12a	22.66±0.63b	165.20±2.28c
	T3	38.56±1.21a	16.37±0.37a	51.18±0.29a	27.84±0.84a	35.73±0.32a	25.74±0.94a	195.42±1.56a
	T4	35.76±1.37ab	16.24±0.22a	48.93±0.31b	25.53±0.93ab	33.79±0.93a	24.76±0.24ab	185.01±2.91b
五华	T1 (CK)	33.98±1.17ab	16.07±1.73a	45.55±0.48c	22.43±1.81b	33.02±1.78a	24.23±0.29ab	175.29±2.19c
	T2	30.83±1.42b	15.35±0.61a	46.54±0.64c	24.06±1.84ab	30.47±1.52a	22.96±0.69b	170.20±2.43c
	T3	39.05±1.99a	16.28±0.82a	51.45±0.69a	28.24±0.71a	34.98±0.82a	25.88±0.71a	195.89±0.71a
	T4	35.52±2.64ab	16.21±1.21a	48.61±0.54b	24.68±1.02ab	32.69±0.91a	24.88±0.34ab	182.60±2.39b

表 2-9 不同移栽方式对烤后 B2F 烟叶常规化学成分的影响

地点	处理	总糖（%）	还原糖（%）	淀粉（%）	烟碱（%）	钾（%）	全氮（%）	糖碱比	氮碱比
平远	T1（CK）	19.84±0.85b	18.07±0.14ab	5.84±0.38a	2.92±0.08a	1.62±0.09b	2.80±0.21a	6.81±0.48a	0.95±0.44a
	T2	21.98±0.16a	20.00±1.15a	6.19±0.09a	2.97±0.15a	1.69±0.04ab	2.61±0.04a	7.42±0.35a	0.88±0.04a
	T3	20.58±0.36ab	16.51±1.18b	6.52±0.15a	2.81±0.03a	1.71±0.09ab	2.69±0.15a	7.33±0.15a	0.96±0.06a
	T4	20.33±0.36ab	19.7±0.45a	4.56±0.25b	2.87±0.12a	1.89±0.06a	2.90±0.04a	7.09±0.24a	1.01±0.06a
五华	T1（CK）	18.66±0.89b	16.32±1.06a	5.45±0.42b	2.84±0.13b	1.51±0.04c	2.51±0.21b	6.59±0.42ab	0.88±0.08a
	T2	18.52±0.54b	17.62±0.60a	5.55±0.22b	2.95±0.10a	1.32±0.11d	2.49±0.24b	6.29±0.27b	0.84±0.08a
	T3	24.74±1.43a	17.58±0.51a	6.92±0.29a	3.15±0.07a	1.98±0.23a	3.02±0.03a	7.86±0.08a	0.96±0.05a
	T4	22.61±1.39a	15.51±1.21a	5.19±0.11b	2.91±0.08ab	1.82±0.06b	2.99±0.14ab	7.79±0.12a	1.03±0.06a

表 2-10 不同移栽方式对烤后 C3F 烟叶常规化学成分的影响

地点	处理	总糖（%）	还原糖（%）	淀粉（%）	烟碱（%）	钾（%）	全氮（%）	糖碱比	氮碱比
平远	T1（CK）	23.28±0.48a	17.58±0.55c	5.79±0.21a	2.68±0.14a	1.87±0.04a	2.67±0.02ab	8.72±0.48a	0.99±0.06a
	T2	23.72±0.12a	21.15±0.36a	5.13±0.21b	2.73±0.16a	1.86±0.05a	2.55±0.04b	8.72±0.33a	0.94±0.04a
	T3	24.32±0.21a	18.28±1.17b	6.08±0.21a	2.87±0.17a	1.96±0.04a	2.77±0.06a	8.53±0.48a	0.97±0.04a
	T4	21.79±0.69b	20.7±0.50ab	5.09±0.38b	2.92±0.04a	2.00±0.07a	2.74±0.05a	7.46±0.12a	0.94±0.03a
五华	T1（CK）	22.28±0.41b	16.57±0.88b	6.84±0.21b	2.71±0.04a	1.65±0.01c	2.52±0.09b	8.22±0.22b	0.93±0.05b
	T2	23.92±0.36ab	17.22±0.38b	5.78±0.12c	2.44±0.12c	1.54±0.04d	2.85±0.09a	9.80±0.08a	1.17±0.06a
	T3	24.69±0.52a	18.48±2.81ab	7.79±0.30a	2.65±0.06a	2.32±0.12a	2.74±0.14a	9.32±0.05a	1.03±0.08a
	T4	24.57±0.30a	20.28±0.17a	6.5±0.24bc	2.77±0.06a	1.88±0.21b	2.65±0.12a	8.87±0.23ab	0.95±0.09b

表2-11 不同移栽方式对烤后 X2F 烟叶常规化学成分的影响

地点	处理	总糖（%）	还原糖（%）	淀粉（%）	烟碱（%）	钾（%）	全氮（%）	糖碱比	氮碱比
平远	T1（CK）	18.59±0.47b	15.82±0.45b	5.12±0.11ab	1.81±0.09a	1.83±0.09a	2.68±0.02a	10.27±0.38b	0.95±0.03a
	T2	19.48±0.32b	16.83±1.04ab	5.11±0.26ab	1.75±0.11a	1.78±0.08a	2.70±0.05a	11.13±0.33ab	0.98±0.08a
	T3	21.77±0.24a	18.62±0.71ab	5.44±0.15a	1.81±0.09a	1.79±0.04a	2.77±0.07a	12.02±0.34a	0.98±0.03a
	T4	19.34±0.07b	19.38±1.03a	4.79±0.10b	1.98±0.05a	1.79±0.04a	2.77±0.06a	9.26±0.12b	0.93±0.06a
五华	T1（CK）	19.44±0.17b	18.05±0.29b	5.31±0.22a	1.17±0.03b	1.38±0.02c	2.54±0.08a	16.61±0.11b	1.69±0.05a
	T2	19.52±0.59b	18.85±0.91a	6.06±0.51a	1.82±0.08a	1.63±0.03b	2.55±0.40a	10.72±0.30d	0.91±0.02b
	T3	22.37±0.38a	17.81±0.55a	7.19±0.81a	1.25±0.06b	1.85±0.12a	2.32±0.09a	17.90±0.16a	1.04±0.06b
	T4	21.77±0.49a	16.59±1.45a	7.07±0.79a	1.65±0.05a	1.92±0.07a	2.51±0.11a	13.19±0.20c	0.94±0.05b

2.3.4 不同移栽方式对烤烟经济性状的影响

移栽方式是烟草生产的关键环节，关系着烟叶产量的高低和质量的好坏。不同移栽方式对烤烟经济性状的影响如表 2－12 所示。平远地区不同移栽方式处理之间的产量、产值、均价均存在显著性差异。从产量上来看，T3 处理的烤烟产量显著高于其他处理，与对照相比高了 7.3%；T2 和 T1 处理的产量之间无显著性差异，均在 2400～2500 kg/hm² 之间。在均价方面，各处理之间差异显著，其中 T3 处理的烤烟均价最高，与对照相比高了 0.9 元/kg，T2 处理的均价最低，比对照低了 2.25 元/kg。产值是烤烟产量和均价的综合体现，T3 处理的烤烟产量最高，均价最高，所以其产值在所有处理中也是最高的，其产值为 64 810.52 元/hm²，比对照高了 11.4%。而 T2 处理产量较低，均价又是所有处理中最低的，所以其产值也是最低的，仅为 51 333.72 元/hm²。不同移栽方式对烤烟等级结构的影响如表 2－13 所示，在上等烟比例方面，各处理之间差异不显著。T3 和 T4 处理的中上等烟比例显著高于 T2 和 T1 处理。而在上部烟比例方面，T3 处理显著高于其他处理，达到了 42.66%，其他处理的上部烟比例均低于 40%。T4 处理的中部烟比例显著高于其他处理，达到了 44.83%，T1 和 T2 处理的中部烟比例较低，为 35%～36%。

五华烟区不同移栽方式处理之间烤烟的产量、产值存在显著性差异。从产量上来看，产量由高到低的顺序为：T3＞T4＞T1＞T2，其中 T3 处理的产量比对照高了 9.03%，而 T2 处理的产量显著低于对照，比对照低了 2.15%。在均价方面，T3 和 T4 处理显著高于 T2 和 T1 处理，T4 处理的均价比对照高了 1.75 元/kg。产值综合体现了烤烟的产质量，各处理之间的烤烟产值差异显著，产值由高到低的顺序为：T3＞T4＞T1（CK）＞T2，T3 处理的产值比对照高了 9041.11 元/hm²。在上等烟比例方面，各处理之间差异显著，顺序为：T3＞T4＞T2＞T1（CK）。T2 处理的中上等烟比例显著低于 T4 处理，其他处理之间差异不显著。T3 处理上部烟比例显著高于其他处理，与对照相比高了 2.77%。T4 处理的中部烟比例显著高于其他处理，T1 处理的中部烟比例最低。从产量、产值和上等烟比例上来看，井窖式移栽方式优于当地常规移栽方式，且以井窖式膜下移栽方式为最佳。这可能是由于井窖式膜下移栽改善了烟株大田生育前期的生长环境，从而使得其产量和上等烟的比例提高。相对于常规方式的小苗移栽，井窖式膜上移栽也表现出一定的优越性，其产量、产值、上等烟比例仅次于井窖式膜下移栽。

表 2 - 12 烤烟不同移栽方式的经济性状

地点	处理	产量 (kg/hm²)	产值 (元/hm²)	均价 (元/kg)	上等烟比例 (%)	中上等烟比例 (%)	上部烟比例 (%)	中部烟比例 (%)
平远	T1 (CK)	2467.15 ± 30.55c	58175.74 ± 663.92c	23.58 ± 0.23b	51.35 ± 0.03a	87.77 ± 0.01b	39.14 ± 0.24b	35.53 ± 0.21c
	T2	2406.62 ± 19.79c	51333.72 ± 204.47d	21.33 ± 0.09c	46.18 ± 0.03a	85.81 ± 0.02b	37.42 ± 0.21b	35.83 ± 0.09c
	T3	2647.47 ± 19.49a	64810.52 ± 531.69a	24.48 ± 0.07a	52.34 ± 0.01a	93.24 ± 0.02a	42.66 ± 0.32a	37.53 ± 0.37b
	T4	2573.76 ± 21.38b	61821.25 ± 441.92b	24.02 ± 0.08b	52.91 ± 0.02a	93.49 ± 0.01a	37.94 ± 0.12b	44.83 ± 0.36a
五华	T1 (CK)	2512.51 ± 49.65b	57611.64 ± 67.32c	22.93 ± 0.12b	42.32 ± 0.09d	93.89 ± 0.18ab	39.94 ± 0.14b	35.86 ± 0.13d
	T2	2458.45 ± 53.67c	56988.98 ± 91.43d	23.18 ± 0.16b	46.53 ± 0.22c	92.84 ± 0.32b	39.61 ± 0.25b	37.13 ± 0.05c
	T3	2739.51 ± 32.98a	66652.75 ± 55.63a	24.33 ± 0.09a	53.98 ± 0.23a	94.88 ± 0.27ab	42.71 ± 0.08a	37.92 ± 0.14bc
	T4	2618.04 ± 75.97b	64612.97 ± 47.81b	24.68 ± 0.15a	50.42 ± 0.17b	95.79 ± 0.09a	39.12 ± 0.07b	45.97 ± 0.26a

表 2 - 13 不同移栽方式对烤烟等级结构的影响

地点	处理	B1F 上	B2F 上	C2F 上	C3F 上	B3F 中	B4F 中	C3L 中	C4F 中	X2F 中	X3F 下	X4F 下	B2K 下
平远	T1 (CK)	7.79%	15.87%	9.89%	17.80%	7.58%	5.43%	2.42%	5.42%	10.36%	5.21%	9.76%	2.47%
	T2	6.86%	14.12%	10.32%	14.88%	8.45%	5.16%	3.48%	7.15%	9.26%	6.13%	11.36%	2.83%
	T3	10.19%	14.14%	10.81%	17.20%	7.98%	7.74%	4.28%	5.24%	10.85%	4.81%	4.15%	2.61%
	T4	7.34%	15.94%	10.26%	19.37%	6.35%	6.68%	4.86%	10.34%	8.04%	4.31%	4.88%	1.63%
五华	T1 (CK)	7.07%	12.87%	8.49%	13.89%	11.58%	6.94%	4.43%	9.05%	11.36%	8.21%	4.63%	1.48%
	T2	7.13%	13.91%	10.13%	15.36%	10.29%	6.49%	4.48%	7.16%	10.51%	7.38%	5.37%	1.79%
	T3	10.15%	15.31%	10.83%	17.69%	7.97%	7.77%	4.29%	5.11%	10.85%	4.91%	3.61%	1.51%
	T4	7.04%	16.32%	8.61%	18.45%	7.35%	7.77%	2.73%	16.18%	9.03%	2.31%	3.57%	0.64%

2.4 讨论与结论

2.4.1 讨论

2.4.1.1 不同移栽方式对烤烟农艺性状的影响

　　烟株生长发育取决于遗传因素、栽培措施和生态环境。其中，遗传因素是影响烤烟生长发育的内在因素，而栽培措施和生态环境是改变其生长发育的外在条件。因此，遗传因素、栽培措施和生态环境是影响烤烟大田期前期生长发育的三大因素（林叶春等，2013）。烤烟的株高、茎围、叶片数、叶长、叶宽、叶面积和节距是烤烟的主要农艺性状，这些指标可以综合反映烤烟在各个生育期的生长发育情况。贾瑞兰等（2013）研究表明：在农艺性状上，井窖式膜下移栽与小苗膜下烟移栽方式对烤烟影响显著。与普通春烟移栽方式相比，井窖式移栽与膜下烟移栽期表现均较好，各农艺性状均优于常规膜上移栽方式。其中，井窖式移栽农艺性状最优，小苗膜下移栽次之。本试验研究表明，在烤烟团棵期，井窖式膜下小苗移栽与其他移栽方式相比，在农艺性状表现上呈现一定优势，随着生长发育的进行，这种前期优势为烤烟后期的生长发育提供了基础，使井窖式膜下移栽的烤烟在整个生育进程中，其烤烟长势均优于其他处理，这主要是由于井窖式膜下小苗移栽能有效解决移栽期问题，促进烟苗早发快长，避开了烟苗生长初期的恶劣环境，提高了烟苗成活率，并有效延长了大田生育期，促进了烟叶的生长发育。井窖式膜上小苗移栽较井窖式膜下小苗移栽，其农艺性状表现稍差，这与徐盈等（2014）的研究：相对于膜上移栽，膜下移栽对烤烟前期生长的促进作用更为明显，这可能是因为扩大了烤烟根系养分的有效吸收空间，有效改善了根层环境（增进地温、保湿等），其结果一致。常规小苗移栽的烤烟在整个大田生育期，农艺性状表现较差，这可能是由于小苗素质较弱，在没有盖膜的情况下，受到"倒春寒"气候的影响，烤烟根系发育较差，导致烤烟养分吸收效率降低，烤烟生长发育较差。

2.4.1.2 不同移栽方式对烤烟干物质积累量的影响

　　烟株生物积累量的多少直接影响到烤烟的产量，间接影响到烟叶品质，烤烟生物量积累规律为"S"形，还苗期阶段干物质积累量较少，烟株进入旺长阶段干物质积累量呈直线上升，烟株进入成熟期后积累量逐渐平缓（刘国顺等，2007）。李文卿等（2013）的研究结果表明：与膜上深栽比较，膜下移栽处理的根系、叶片和整株生物量，以及不同部位叶片平均单叶重明显上升；不同的移栽方式对烤烟各个生长部位生物量的积累量影响较大，到采收结束时，膜下移栽处理的下部叶、中部叶和上部叶平均单叶重分别比膜上移栽提高24.74%、10.2%和18.94%。本试验研究认为，在烤烟生长发育初期，各处理的地上部干物质积累量差异不显著，随着烤烟生长发育的进行，各处理间的地上部干物质积累量差异越来越显著，而到了成熟期，两个产区的地上部干物质积累量均呈现出"井窖式膜下小苗移栽＞井窖式膜上小苗移栽＞常规移栽"的趋势。本研究认为，在烤烟生长发育的初期，烤烟生长发育主要集中在根系的伸根和发育中，而不同的移栽方式，为根系提供了不同生长环境，井窖式膜下移栽为根系提供了一个增温保湿、保肥防涝并且抑制杂草生长的微环境，使根系发育良好，为之后的生长发育提供了良好的基础，使烤烟在之后的生育期中可以高效吸收土壤中的水和养分，更好地生长。

2.4.1.3　不同移栽方式对烤后烟叶常规化学成分的影响

烟叶品质包括外观质量和内在质量。内在质量主要指烟叶各化学成分含量、协调性和烟叶评吸质量，而烟叶化学成分受自身品质特性及外界环境影响，烟叶燃烧时热解呈酸性及碱性物质的平衡及协调是影响烤后烟叶吃味的主要因素，只有烟叶各种化学成分含量均适宜时，才能达到这种平衡及协调性。宁扬等（2009）研究认为，起槽型垄膜上移栽可提高中、下部叶总糖和还原糖含量，并能降低中部叶总氮、总植物碱、蛋白质的含量，同时也提高了烟叶的评吸质量，特别是以中部叶最为明显。王峥嵘等（2015）研究认为，井窖式移栽处理的平均烟碱含量比膜下小苗移栽的低，井窖式移栽处理的平均钾离子含量比膜下小苗移栽的高，井窖式移栽处理的平均糖碱比比膜下小苗移栽的高，井窖式移栽处理的其他化学成分与膜下小苗移栽的相当，说明井窖式移栽处理的烟叶化学成分不会比膜下小苗移栽的更差。本研究认为，在上部叶方面，井窖式膜下小苗移栽可提高上部叶总糖、淀粉、烟碱、钾含量；井窖式膜上小苗移栽可提高上部叶总糖、钾和全氮含量，降低淀粉含量；常规小苗移栽可提高总糖、烟碱含量。在中部叶方面，井窖式膜下小苗移栽可提高中部叶总糖、还原糖、淀粉、钾和全氮含量，对烟碱含量的影响不显著，糖碱比和氮碱比有所提高；井窖式膜上移栽会提高中部叶还原糖、钾和全氮含量，降低淀粉含量；而常规小苗移栽会提高中部叶还原糖含量，降低淀粉、烟碱和钾含量，提高糖碱比和氮碱比。在下部叶方面，井窖式膜下小苗移栽可提高下部叶总糖、淀粉和钾含量，糖碱比提高，氮碱比降低；井窖式膜上小苗移栽可提高下部叶总糖、还原糖、烟碱、钾含量，降低糖碱比和氮碱比；常规小苗移栽可提高下部叶烟碱和钾含量，降低糖碱比和氮碱比。

2.4.1.4　不同移栽方式对烤烟经济性状的影响

产量、产值、均价、上等烟比例和中上等烟比例是烟叶的主要经济性状，它们可以综合反映烟叶的质量和经济效益。韩晓飞等（2013）研究表明，膜下移栽处理的烤烟烟叶产量比传统的不覆膜和膜上移栽要高15%左右，说明膜下移栽的方式对产量的作用效果显著。其中，常规移栽不覆膜处理的产量最低。从产值看，以常规移栽不覆膜和膜上移栽处理的烟叶产值较低，显著低于膜下移栽处理，比膜下移栽平均少收入 4171.5 ～ 4249.5 元/hm^2。王峥嵘等（2015）研究认为，井窖式移栽方式在提高烟叶产量、产值上有促进作用，能够明显地提高烟叶产量，其产量优势明显优于常规膜上移栽和膜下小苗移栽；就井窖式而言，在一定时期、同时播种的情况下，井窖式移栽越早产量越高，但产值结果与产量结果的增长趋势不同。本研究表明，井窖式膜下小苗移栽对烤烟产量的提高最为明显，其次是井窖式膜上移栽，而常规小苗移栽的烤烟产量与常规移栽相比，产量有所下降，这主要是因为小苗素质较弱，加之受到低温冷害的影响，烤烟生长发育较差。在均价方面，井窖式覆膜小苗移栽两个处理的均价均显著高于常规移栽。而在五华烟区常规小苗移栽的烤烟均价显著低于常规移栽。产值是产量和均价的综合体现，各处理的产值由大到小的顺序为：井窖式膜下小苗移栽＞井窖式膜上小苗移栽＞常规移栽＞常规小苗移栽。在上等烟比例和中上等烟比例方面，井窖式覆膜移栽的两个处理表现较好。而在烟叶结构方面，井窖式膜下小苗移栽的上部烟比例较高，井窖式膜上小苗移栽的中部烟比例较高。

2.4.2　结论

从烤烟大田农艺性状来看，井窖式膜下小苗移栽在一定程度上提高了土壤温度、空气温度和土壤容积含水率，对烟田起到了保水保墒作用，促进了烟苗移栽后根系的生长发育，使烟株在大田生育期，其农艺性状与常规移栽的烤烟相比，呈现出一定的优势，其株高、茎围、叶片数和叶面积均显著高于常规移栽的烟株。其次是井窖式膜上小苗移栽，由于梅州地区春季气温较低，膜上移栽的保温效果没有膜下移栽效果好，因此其烟株的生长发育受到一定程度的低温冷害的影响，但是与常规移栽相比，增温保湿效果较好，所以其农艺性状表现同样显著优于常规移栽的烤烟，但比井窖式膜下小苗移栽稍差。而常规小苗移栽由于烟苗发育时间较短，素质较弱，加之受到低温冷害的影响，其烤烟生长发育情况比常规移栽要差。

农艺性状直观体现了烤烟在大田生育期的长势，这与烤烟的干物质积累量密切相关，根系的生长发育情况直接影响到烟株在大田生育期的物质积累，良好的烤烟根系生长环境对烤烟的物质积累有益。井窖式膜下小苗移栽的地上部分干物质积累量也显著高于其他处理，其次是井窖式膜上小苗移栽，最低的是常规小苗移栽。

就烤后烟叶的常规化学成分来看，在上部叶方面，井窖式膜下小苗移栽可提高上部叶总糖、淀粉、烟碱、钾含量；井窖式膜上小苗移栽可提高上部叶总糖、钾和全氮含量，淀粉含量较低；常规小苗移栽可提高总糖、烟碱含量。在中部叶方面，井窖式膜下小苗移栽可提高中部叶总糖、还原糖、淀粉、钾和全氮含量，糖碱比和氮碱比有所提高；井窖式膜上移栽会提高中部叶还原糖、钾和全氮含量，降低淀粉含量；常规小苗移栽会提高中部叶还原糖含量，降低淀粉、烟碱和钾含量，提高糖碱比和氮碱比。在下部叶方面，井窖式膜下小苗移栽可提高下部叶总糖、淀粉和钾含量，糖碱比提高，氮碱比降低；井窖式膜上小苗移栽可提高下部叶总糖、还原糖、烟碱、钾含量，糖碱比和氮碱比降低；常规小苗移栽可提高下部叶烟碱和钾含量，糖碱比和氮碱比降低。

不同移栽方式对烤烟的产量、均价、产值、上等烟比例、中上等烟比例、上部烟比例和中部烟比例等经济性状均有影响，其中井窖式膜下小苗移栽的产量最高，均价较高，所以其产值在所有处理中最高，其上等烟比例显著高于常规移栽，而在中上等烟比例方面，平远烟区的井窖式膜下小苗移栽处理显著高于其他处理，五华烟区的井窖式膜下小苗移栽处理与常规移栽差异不显著。井窖式膜上小苗移栽处理的产量和产值比井窖式膜下小苗移栽处理稍低，常规小苗移栽处理产量和产值均低于常规移栽。而在烟叶结构方面，井窖式膜下小苗移栽的上部烟比例较高，井窖式膜上小苗移栽的中部烟比例较高。

综上所述，不同移栽方式对烤烟的生长发育、物质积累、烤后烟叶常规化学成分及产质量的影响显著。其中井窖式膜下小苗移栽在各方面表现较好，烟株在大田的生长发育良好，干物质积累较高，烤后各部位烟叶化学成分协调，产质量与常规移栽相比，有明显的提高，可以考虑今后在梅州烟区实际烟叶生产中推广应用。

参 考 文 献

[1] 布云虹，张映翠，胡小东，等．膜下小苗移栽对烤烟生长发育的影响［J］．江西农业学报，2013（04）：157－160.

[2] 陈代明，曾宪立，沈铮．谈烤烟井窖式移栽的推广应用［J］．重庆与世界（学术版），2012（11）：67－68.

[3] 陈荣华，张祖清，肖先仪．烟草青枯病防治技术优化与应用探讨［J］．江西植保，2009（04）：169－173.

[4] 戴冕．我国主产烟区若干气象因素与烟叶化学成分关系的研究［J］．中国烟草学报，2000（01）：28－35.

[5] 杜文，谭新良，易建华，等．用烟叶化学成分进行烟叶质量评价［J］．中国烟草学报，2007（03）：25－31.

[6] 邓蒙芝．1978—2012年中国烤烟生产重心演变轨迹及其驱动机制研究［J］．中国农业资源与区划，2015（04）：113－119.

[7] 韩治建，牛瑜德，王婷．井窖式移栽对秦巴山地烤烟生长发育的影响［J］．吉林农业，2014（22）.

[8] 韩晓飞，谢德体，高明，等．膜下移栽对烤烟生长发育及品质的影响［J］．农机化研究，2013（07）：164－169.

[9] 贾瑞兰，孙昌友，王家民，等．不同移栽方式对烤烟田间长势的影响［J］．现代农业科技，2013（23）：16－17.

[10] 孔银亮．膜下小苗移栽对预防病毒病、烟草生长发育及经济性状的影响［J］．烟草科技，2011（09）：75－80.

[11] 罗会斌．烤烟井窖式移栽技术［J］．农技服务，2012（3）：344－344.

[12] 李喜旺，周为华，蒋卫，等．烤烟"井窖式"移栽技术推广总结［J］．安徽农业科学，2013（2）：545－546.

[13] 李迪，张林，左学玲，等．烤烟膜下小苗移栽的配套技术及应用效果［J］．河南农业科学，1999（10）：37－38.

[14] 李秋英，许东升，王鹏，等．膜上烟和膜下烟移栽对烤烟生长发育及烟叶品质的影响［J］．中国农学通报，2014（04）：170－174.

[15] 林叶春，廖成松，陈伟，等．烤烟大田前期生长发育影响因素研究进展［J］．湖南农业科学，2013（11）：15－17.

[16] 李文卿，陈顺辉，林晓路．不同覆膜移栽方式对烤烟生长发育的影响［J］．中国农学通报，2013（07）：138－142.

[17] 刘国顺．国内外烟叶质量差距分析和提高烟叶质量技术途径探讨［J］．中国烟草学报，2003，9（z1）：54－58.

[18] 刘国顺，乔新荣，王芳，等．光照强度对烤烟光合特性及其生长和品质的影响［J］．

西北植物学报，2007（09）：1833 - 1837.

[19] 木漾，杨志坚，和强，等. 不同移栽期烤烟膜下小苗移栽比较试验 [J]. 安徽农学通报，2014（07）：62 - 63.

[20] 宁扬，王允白，黄瑾，等. 不同起垄及移栽方式对烤烟产量与质量的影响 [J]. 安徽农业科学，2009（30）：14684 - 14686.

[21] 彭新辉，易建华，周清明. 气候对烤烟内在质量的影响研究进展 [J]. 中国烟草科学，2009（01）：68 - 72.

[22] 宋国华，陈玉国，王海涛，等. 烤烟膜下移栽避蚜防病保护栽培技术研究与应用 [J]. 河南农业科学，2013（08）：82 - 85.

[23] 王定斌，吴才源，杨如松，等. 不同移栽方式对烤烟生长及产质量的影响 [J]. 现代农业科技，2014（17）：47 - 49.

[24] 王锡金，解勇，宋岗，等. 烤烟小苗膜下移栽技术应用研究 [J]. 现代农业科技，2014（01）：38 - 39.

[25] 王彦亭，谢剑平，李志宏. 中国烟草种植区划 [M]. 北京：科学出版社，2010.

[26] 王瑞新. 烟草化学 [M]. 北京：中国农业出版社，2003：250 - 286.

[27] 汪代斌，魏跃伟，刘红恩，等. 不同移栽方式对 K326 生长发育和品质的影响 [J]. 江西农业学报，2012（12）：91 - 94.

[28] 伍山林. 中国粮食生产区域特征与成因研究——市场化改革以来的实证分析 [J]. 经济研究，2000（10）：38 - 45.

[29] 王峥嵘，刘毅，彭耀东，等. 不同移栽方式对烤烟质量的影响 [J]. 江西农业学报，2015（11）：31 - 34.

[30] 夏景华，瞿发文，寸待金. 膜下不同移栽方式对陇川早春烤烟的影响 [J]. 农民致富之友，2014（04）：50 - 52.

[31] 徐盈，许安定，吴树成，等. 不同覆膜及移栽方式对烤烟前期养分吸收与经济性状的影响 [J]. 河南农业科学，2014（03）：33 - 36.

[32] 杨举田. 烤烟小苗膜下移栽技术研究与应用 [D]. 北京：中国农业科学院，2008.

[33] 杨明，张志斌. 烤烟小苗膜下移栽与常规漂浮苗膜上移栽效果对比 [J]. 云南农业科技，2015（02）：8 - 10.

[34] 郑武平，王静，柴敏，等. 梅州烟草的土壤适种性研究 [J]. 中国农学通报，2011（03）：209 - 214.

[35] 张炜，屠乃美，王可，等. 烤烟井窖式小苗移栽技术研究进展 [J]. 作物研究，2014（1）：107 - 111.

[36] 赵芳，杨军章，石磊，等. 烤烟小苗膜下移栽膜内外温度关系研究 [J]. 中国农学通报，2016（10）：47 - 52.

[37] 周黎，潘元宏，付亚丽，等. 不同苗龄膜下移栽对烤烟生长发育及品质的影响 [J]. 西南农业学报，2015（04）：1612 - 1616.

[38] 邹琦. 植物生理学实验指导 [M]. 北京：中国农业出版社，2000.

[39] Borges A，Morejón R，Izquierdo A，et al. Nitrogen Fertilization for Optimizing the Quality and

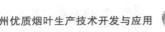

Yield of Shade Grown Cuban Cigar Tobacco: Required Nitrogen Amounts, Application Schedules, Adequate Leaf Nitrogen Levels, and Early Season Diagnostic Tests [J]. Beitrage Zur Tabakforschung International/ Contributions to Tobacco Research, 2014, 25 (1): 336.

[40] Muguti P. Nutrient Deficiency Effects on the Biometric Characteristics of Tobacco Seedlings in Float Tray Systems [J]. Journal of Plant Nutrition, 2007, 31 (5): 797 – 808.

[41] Ma Y N, Wang R G, Wu C, et al. Developmental analysis on genetic behavior of quality traits of flue-cured tobacco (Nicotiana tabacum) in multiple environments [J]. International Journal of Agriculture & Biology, 2012, 14 (3): 345 – 352.

[42] Moldoveanu S C, Zhu J, Scott W A. Evaluation of the Content of Free Amino Acids in Tobacco by a New Liquid Chromatography-Tandem Mass Spectrometry Technique [J]. Beiträge Zur Tabakforschung, 2015, 26 (7): 334 – 343.

[43] Parkunan V, Johnson C S, Eisenback J D. Biological and chemical induction of resistance to the Globodera tabacum solanacearum in oriental and flue-cured tobacco (Nicotiana tabacum L.) [J]. Journal of Nematology, 2009, 41 (3): 203 – 210.

[44] Sinsabaugh R L, Lauber C L, Weintraub M N, et al. Stoichiometry of soil enzyme activity at global scale. Ecol Lett [J]. Ecology Letters, 2008, 11 (11): 1252 – 1264.

[45] Turner B L. Variation in ph optima of hydrolytic enzyme activities in tropical rain forest soils [J]. Applied & Environmental Microbiology, 2010, 76 (19): 6485 – 6493.

第 3 章

播期和土壤改良剂对梅州烟区烤烟产量和品质形成的影响

3.1 前言

3.1.1 研究背景

我国是烟草生产大国，烤烟生产在农村经济中占有重要地位，随着烟草生产逐步走向稳定、协调发展，要求烤烟生产必须从数量效益型向质量效益型转变（何泽华，2005）。烟草因产地的自然环境条件、种植习惯、栽培管理、采收加工等的不同，其产品形态、气味及质量也会有所差异。目前世界上生产优质烤烟的国家主要集中在美国、巴西、津巴布韦和加拿大等（朱显灵等，2005）。虽然烤烟的产量和品质主要受品种遗传因素的影响，但其对环境条件的变化也十分敏感。环境条件的差异不仅影响烟草的形态特征和农艺性状，而且还直接影响烟叶的化学成分和质量，这就导致优质烟产区的分布存在很大的地域局限性（陆永恒，2007）。

众所周知，烤烟生长发育、产量和品质的形成是遗传因素、生态条件和栽培因素共同作用的结果（齐飞等，2011）。在遗传因素和栽培因素一致的条件下，生态环境条件如光、温、水、气、土壤养分等将是影响烤烟生长发育的重要因素。生产上因烟草的播期（或移栽期）不同，会使烟株在各个生长发育阶段所处的光照、温度和降雨量等气候条件也有较大的区别，进而影响烤烟的生长发育及其产量和品质（Patel，1989；Patel，1989）。有研究表明，烟苗移栽过早，会使烟株长时间处于低温、光照不足的条件下，影响烟株的正常生长，烟株提早进行花芽分化，从而出现早花现象，导致烟株叶片数减少，降低产量和品质；移栽过迟，烟苗前中期处于高温环境下，生长加快，干物质积累量少，叶片薄，烟叶不能正常成熟，降低品质（王贵等，1995；荐春晖，2012）；此外，移栽期选择不合适，还会增加病害发生概率（何余勇等，2011；卢钊等，2013）。由此可知，移栽期能够影响烤烟大田的生长发育及烟叶的外观表现和内在品质。

　　土壤是作物生长的基础，良好的土壤质量是生产优质作物的保障。土壤 pH 值是影响土壤肥力的主要因素之一，土壤酸化会明显影响土壤中有机质的合成和分解、营养元素的转化与释放、微量元素的有效性以及土壤保持养分的能力等，直接影响到土壤生产性能的高低（易杰祥，2006），从而影响到烟草对养分的吸收、烟株生长发育和生理代谢，进而影响烟叶产量和品质的形成（陈朝阳，2011）。虽然烟草生长对土壤 pH 值的适应范围较广，但从优质烟叶生产的角度来讲，当土壤 pH 值在 5.8～6.4 之间时，烟叶长势最好，除了能够促进烟叶生长，最佳 pH 值还能最大限度地减少根黑腐病和锰元素对烟叶的毒害（魏国胜，2011；尹永强，2008）。因此，对于土壤 pH 值较低的烟区，需要进行酸性土壤改良，消除 pH 值过低而造成烟叶品质和产量下降的不良影响。

　　通过调查，在广东梅州烟区烤烟的移栽期一般定在春节前后，在大埔、五华、蕉岭的移栽期主要为春节前（1 月至 2 月初）移栽，而在平远地区其移栽期并没有明确，有的烟农选择春节前移栽，有的选择春节后移栽（2 月中旬前后），移栽期对烤烟的产量和品质形成有很大关系，移栽过早或过晚都会对烤烟产质量形成影响，确定合适的移栽期对该地的烤烟有重要的生产意义。此外，在 2011 年广东烟区的测土配方施肥工作中发现，平远烟区的土壤以沙泥田为主，该烟区的氮磷含量比较丰富，有机质富足，但土壤酸化严重，pH 值位于 3.61～5.6 之间，87% 土壤 pH 值低于 5.0。针对平远烟区存在的移栽期不适和土壤酸化严重问题，本研究设置不同移栽期和土壤调节剂试验，通过分析移栽期及土壤调理剂与烤烟产量和品质形成之间的关系，明确当地优质高产烤烟生产中适宜的移栽期及土壤酸度，以提高平远烟区的烤烟产量和品质，提高当地农民的经济效益。

3.1.2　影响烤烟生长发育的主要气象因子

　　烟草具有很强的适应性，但在不同的生态环境条件下，由于受到气候条件和土壤质地类型的影响，对烤烟的生态发育、烟叶的产质量均有明显的影响（张国，2007）。在同一地区，由于移栽期的不同，烤烟生育期所处的环境条件，如温度、光照、降雨量的不同，均会对烤烟的生长发育和产质量产生影响。在烟苗叶数相同的情况下，当播期不同时，其对应的移栽期也会发生相应的改变。不同播期实质是影响了烤烟的生育天数，而生育天数不同会导致烟株在各个生长发育阶段所处的光、温和降雨等气候条件差异较大，进而影响烤烟的生长发育及其产量与品质（谭子迪等，2012）。合适的播栽期是获得优质烟叶的重要保证。然而，播期对烤烟生产所造成的影响，其主要原因是因为移栽期不同，烟株生育阶段温度、降雨量、光照等气象因子的改变引起的。如孔银亮等（1999）通过对豫中平原气候条件和不同移栽期试验资料的分析，提出豫中平原烟区最佳移栽期为5月5日前后。何金牛等（1998）和李慧（2002）在河南泌阳得到相同结果，并认为推迟或提前移栽，烟株均变矮，茎秆变细，叶数有所减少，叶面积小，尤以推迟移栽的茎秆最细、叶面积小、叶片薄，长势较弱。因此，确定移栽期要综合考虑到当地的气象因子。

3.1.2.1　温度

任何作物的生长都有温度的三基点：最高、最适、最低，烟草的生长也不例外。总体来说，烟草在10 ～ 35 ℃下都适合生长，生长的最适温度是25 ～ 28 ℃，在这个温度范围内烤烟生长迅速，但由于消耗过多的自身物质，并不能获得理想的烤烟产量和品质。一般认为大田期的温度以20 ～ 25 ℃为宜，既有利于烟株的生长发育，又能促进烟叶的产量和品质的提高（刘国顺，2003），烤烟生长的最低温度是10 ℃，过低时，烤烟的生长停止，在13 ～ 18 ℃时，将会影响烟株的营养生长，促进生殖生长，产生所谓的早花现象（闫克玉等，2008）。烟株移栽时气温到达18 ℃，并有稳定的上升，烟株才能又快又好地生长。在其成熟期温度必须在20 ℃以上，一般在24 ～ 25 ℃下持续30 d左右，能够获得品质优良的烟叶（赵秀英等，2008）。Larcher（1995）研究表明：烟株在不利的温度条件下生长较短的时间后，回到有利条件下，其光合作用可以恢复到以前的水平；但若将烟株长期置于极端温度条件下，即使后来再将烟株置于适宜条件下，烟株也会发生一些不可很快恢复的生理代谢紊乱，直接影响烟株的正常生长发育。

烟草为了完成整个生命周期，不仅需要一定的温度条件，而且还需要一定的积温标准。只有积温达到了该标准，烟草才能正常成熟落黄，获得稳产、优质的烟叶。洪其馄（1983）认为，在南方烟区，大田生育期间大于10 ℃活动积温为2000 ～ 2800 ℃，大于8 ℃的有效积温为1200 ～ 2000 ℃，大于10 ℃的有效积温为1000 ～ 1800 ℃时，可以生产出品质优良的烟叶，温度过低或过高均会对烟叶的品质产生影响。

3.1.2.2　降雨量

水分是烟株正常生长的重要生态因子和烟株的组成部分，烟株只有在适宜的降水条件下生命活动才能顺利进行。研究表明，在大田的生长过程中，移栽时，田间持水量在70% ～ 80%，有利于烟苗还苗成活。伸根期要适当控水，田间最大持水量保持在60%左右，促使烟株根系向深处生长。旺长期要有充足的水分，持水量为80%左右，满足烟草快速生长对水分的需求。成熟期要适当控水，为60% ～ 70%，防止水分过多造成的烟叶返青或底烘（刘国顺，2003）。

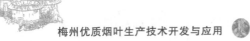

Pearse（1962）研究发现土壤水分缺乏对烟叶宽度影响比对长度影响大，容易导致烟叶呈狭长形；Clough 和 Mllthorpe（1975）研究发现，有良好灌溉的烟株新叶分化速度稳定，一旦稍有水分缺乏，则立即下降。如果在成熟期降水过多，会使叶片大而薄、颜色淡，缺乏弹性（闫克玉等，2008）。此外，还有大量研究表明，在烟草生长发育过程中，适时适量的灌水可以促进烟草生长，提高烟叶的产量和品质，干旱和水分过多都不利于优质烟叶的形成（周冀衡，1988）。因此，烟草要根据自身各个阶段的需水特点和当地降水规律，合理安排烟草的移栽时间。

3.1.2.3 光照

烟草是喜光作物，只有在充足的光照条件下烟叶才能产量高和品质好。光照不足时，细胞分裂慢，干物质积累量少，烟株生长缓慢，植株纤弱，成熟延迟，且叶片减少，烤后叶片薄，香气不足，内在品质差。杨兴有等（2007）研究发现，遮光条件下烟株干物质积累量降低，叶片组织结构变薄，烟叶落黄成熟时间延长；转化酶活性降低，但遮光解除后又开始上升；光照不足时，叶片厚度降低，烟碱、总氮和钾含量增加，总糖和还原糖含量降低，中性致香成分含量增加。黄中燕等（2007）研究表明，光照不足时，会使糖类减少，含氮化合物增加。在一般生产情况下，烟草在大田生育期的日照时数最好达到 500 ～ 700 h，日照百分率达到 40% 以上，采烤期日照时数达到 280 ～ 300 h，日照百分率达到 30% 以上，才能生产出优质烟叶。

3.1.3 播期（移栽期）对烤烟生长发育及品质的影响

烤烟生产过程中，对生长的环境条件要求是十分严格的，合适的移栽期是生产优质烟叶的保障。烤烟的移栽期不同，烤烟生长期间的气候条件也会不同，进而影响烤烟的生长发育和品质（訾天镇，1996；Ryu, et al., 1988）。如果移栽期提前，烤烟的大田生育期提前，烤烟在生长前期容易受到低温的影响，并且常会导致花期提前，叶片数量减少，降低烤烟的产量和品质；但如果移栽过晚，烟叶在成熟期间易受夏季气温升高、降雨量增多的影响，烟叶烘烤后易挂灰，使烤烟的品质降低。另外，移栽期提前或推迟均会加重病害的发生而造成烤烟生产的严重损失（荐春晖等，2012）。因此，烤烟幼苗移栽期过早或过迟都会使烟叶的产量和品质受到影响。

不同地区移栽期的不同，对烤烟的农艺性状有着不同的影响。有人认为，提前移栽有利于增加烤烟的株高、茎围、平均单叶重和平均叶面积，而推迟移栽，烤烟的茎围和有效叶数呈下降趋势（刘德玉等，2007；李新等，2009）。也有研究表明移栽期对烤烟的农艺性状没有太大的影响。

胡忠胜等（2012）在云南弥勒县虹溪镇研究不同移栽期对烤烟生长发育的影响时发现，在该地区提前移栽可以增加烤烟的叶面积指数、株高、茎围、节距，有利于烤烟接收更多的光照及干物质的形成。而黄泽生等（2009）在研究高山区不同播栽期对烤烟生长的影响时发现，随着移栽期的向后推移，团棵期株高、茎围呈明显递增趋势，烟株长势表现突出，移栽期安排在4月4日烟株打顶后以及顶叶成熟期，叶片数、最大叶面积的表现最为理想；4月4日移栽，烤后烟株单叶重较其他处理轻，说明移栽期推迟后，烟株在适宜的温度和水分条件下生长发育快，由于生长期缩短，营养物质积累较少但叶片数多，对产量造成的影响不大。徐茜等（2003）研究表明，在相同的播种期条件下，烟苗不同移栽期对烟株的田间农艺性状及产量影响不大，但对烤烟的品质、上等烟比例影响较大。适宜的烟苗移栽期使烟株的产值和品质达较高水平，若烟苗移栽期过早或过迟，会使烟叶的产值和品质受影响。

黄一兰等（2001）认为，烟苗移栽过早，烟株长时间处于低温、光照不足的条件下，会影响烟株正常的营养生长，烟株提早进行花芽分化而出现早花，烟株叶数减少，降低产量和品质；移栽过迟，烟苗前中期处于高温环境下，生长加快，干物质积累量少，叶片薄，烟叶不能正常成熟，降低品质。王克占（2009）对山东省烤烟移栽期的研究表明，5月17日为山东烟区烟苗的最佳移栽期，5月7日至27日之间为山东烟区的适宜移栽时间，移栽过早，烟苗容易遭受冻害和病虫害；移栽过晚，烟叶生长周期缩短，导致烟叶不能正常成熟，从而影响烟叶的产量和品质。李新等（2009）综合考虑当地光、温、水及霜冻条件，认为平顶山烟区烤烟的最佳移栽期为5月5日前后，这样才能满足烤烟整个生育期所需的光、热、水等气候条件，使烟株生长发育良好，从而达到优质适产的目的；与提前或推迟移栽期相比，烟株增高2.5～11.9 cm，叶片增加0.6～2.3片、单产提高1.4%～6.3%、上等烟比例增加4%～7.9%。因此，烤烟移栽期的确定应综合考虑当地的气候条件。

移栽期对烤烟内在质量的影响，是不同移栽期温度、光照、降水量等气象因子综合作用的结果。王彪等（2005）研究表明，日照时数和温度与水溶性总糖、还原糖均有较高的相关度。随着土壤中含水量的增加，烟叶中的总糖含量增加，总氮和烟碱含量降低（孙梅霞，2000）。此外，在一定温度范围内，随温度的升高，烟碱含量也增加（Raper，1971）。

夏凯等（2009）对湖南省不同生态区域烤烟品质变化的研究结果表明：烟叶烟碱积累与大田生育期内的降水量以及日照时数呈极显著正相关，与有效积温呈极显著负相关。这与戴冕（2000）的研究结果相同，总糖和还原糖含量与日照时数、降水量呈极显著正相关，与有效积温呈极显著负相关，与总氮恰好相反。

黄一兰等（2001）研究表明，同一部位烟叶随着移栽期的推迟，还原糖含量呈逐渐降低趋势，烟碱和总氮含量呈逐渐升高趋势。而陈永明等（2010）得到相反结果，随着移栽期的推迟，烟叶还原糖含量表现为上升的趋势，烟叶烟碱含量表现为下降的趋势。而出现这一结果的情况就是两者的气候条件不同造成的。齐飞（2011）对烤烟石油醚提取物研究时发现，石油醚含量最高的情况出现在中间时期移栽。因此，选择移栽期时不同的地方要根据自己的实际情况来安排。

3.1.4 土壤酸化及其改良对烤烟生长发育及产质量的影响

3.1.4.1 土壤酸化的危害

土壤是作物生长的基础，良好的土壤质量是生产优良作物的前提。土壤酸化会影响作物的正常生长。例如：大白菜对土壤的酸碱度有一定要求，在微酸性到弱碱性（pH6.5 ～ 8）都能正常生长；土壤酸碱度在 5.5 ～ 6.6 之间时，即酸性土壤、高湿、积水低洼地条件下会发生根肿病的危害（邵君波，2010）。土壤酸碱度对小麦生长也有影响，pH6 ～ 8 均可种植，但以 pH6.8 ～ 7 的中性土壤较宜（Prietzel，2008）。

烟草是喜微酸性植物，适宜种植的土壤 pH 值范围是 5.5 ～ 7.0，过酸或过碱都会对烟草的生长发育造成影响。在烟草根际 pH 值从 7.5 降至 4.5 时，烟草根系各时期的根体积、干重、根系活跃吸收面积和总吸收面积均呈下降趋势（徐晓燕，2004；杨宇虹，2004）。邵丽（2012）研究表明，在 pH 值 4.5 ～ 7.5 的范围内，随土壤 pH 值的下降，单叶重减轻，烟叶的烟碱含量增加，总糖和蛋白质含量减少。唐莉娜等（2003）研究酸性土壤对烟叶品质的测定结果表明，随土壤 pH 值的升高，烟碱含量升高，而总糖含量呈下降趋势。杜舰等（2009）研究结果表明，土壤 pH 值与烟叶外观质量、内在化学成分和评吸质量之间均存在着不同程度的关系。优良作物的生产必须保证作物种植土壤的酸碱度在其适宜的范围内，因此酸性土壤的改良对优质烟叶的生产具有重要意义。

施用土壤改良剂是在现代化工的基础上发展起来的有别于传统土壤改良方法的新方法，土壤改良剂能有效改善土壤理化性状和土壤养分状况，促进植物对水分和养分的吸收，并对土壤微生物产生积极影响，从而提高退化土壤的生产力（吴增芳，1976）。

3.1.4.2 土壤改良剂对土壤化学性状的影响

土壤酸度是判断土壤质量好坏的一个重要指标，土壤过酸、过碱都不利于作物的生长。在 pH 值过低时，土壤的重金属元素会析出，含量增加，对植物的生长产生毒害作物。研究表明，当土壤 pH 值过低时，土壤中的有效态 Al、Mn 的含量会明显增加，有效态 Al、Mn 的增加会对植物产生毒害作用。在施用改良剂后，发现其土壤 pH 值明显升高，有效态 Al、Mn 的含量也减少了。这是因为在 pH 值升高后，土壤中有效态的金属离子与其他物质结合，转变成了无效态的化合物，从而使其有效态含量降低，避免了它们对植物的毒害作用（邓爱珍等，2004；张玉秀等，2010；Eisazadeh，2012）。

（1）对土壤养分及土壤肥力的影响

土壤酸化会降低土壤中有效养分的含量，土壤肥力下降，通过施加土壤改良剂可使这一状况得到改善。在酸性土壤条件下，通过施用石灰调整 pH 值，提高土壤养分有效性后，不但可以显著提高烟叶的产质量，而且可以降低氮、磷、钾的用量（李春英，2001）。邢世和等（2004）研究表明，在烟田施用不同类型的土壤改良剂均能增加土壤中有效钙、镁及速效氮、磷的含量，对于提升土壤肥力有明显的作用。陈琼贤等（2005）研究的营养型土壤改良剂对玉米的增产效果和对土壤肥力的影响试验中发现，施用改良剂的玉米与不施用改良剂的相比，对 N、P_2O_5 和 K_2O 的吸收量均有所增加，施用改良剂后，养分吸收利用效率为：N 35.0%、P_2O_5 14.8% 和 K_2O 41.0%，分别比对照增加 60%（N）、5.8%（P_2O_5）和 5.1%（K_2O），表明施用改良剂可以提高养分吸收利用效率。郭和蓉等（2005）在营养型土壤改良剂的试验中也发现了类似的结果，并且还发现施用营养型土壤改良剂使东莞篁村和从化市柞村这两个地区的碱解氮含量分别提高 50.77% 和 37.5%，有效 P_2O_5 的含量分别提高 333% 和 233%，速效 K_2O 的含量分别提高 108% 和 74.8%。施用土壤改良剂可以减少土壤对 P、N 元素的吸附固定，降低土壤对 P、N 等元素的最大吸附容量，提高 P 等元素的平衡常数和缓冲指数，进而提高土壤有效养分含量（Souza et al，2006；Souza et al，2007）。

（2）土壤改良剂对土壤生物学特性的影响

土壤是活的有机体，土壤微生物参与土壤的物质循环和能量转化，土壤酶参与土壤许多重要的生物化学过程和物质循环，二者一起推动着土壤的代谢过程，是衡量土壤质量重要的生物学指标。

土壤 pH 值与土壤微生物量具有很好的相关性，不同土层的土壤微生物量会随着土壤 pH 值的提高而增加。施用改良剂可以改善土壤微生物环境，提高土壤微生物 C、N 量和呼吸速率及代谢熵。在酸性烟田土壤中施用适量石灰可增加土壤细菌、放线菌、好气性纤维素分解菌数量，提高脲酶、酸性磷酸酶、过氧化氢酶和纤维素酶活性（唐莉娜等，2003）。乔晓蓉等（2011）在研究不同改良剂对土壤微生物生态的影响实验中发现，土壤改良剂能够改变土壤的微生物生

态环境，使土壤中的微生物多样性和数量增加，同时，还发现土壤中生物酶的数量也发生变化。

（3）对烟草生长发育及产质量的影响

烟草是喜微酸性植物，适宜种植的土壤 pH 值范围是 5.5 ～ 7.0，过酸或过碱都会对烟草的生长发育造成影响。雷波等（2011）在研究不同改良剂对烤烟产量和品质的影响时发现，施用土壤改良剂能够改善作物的田间长势，提高烟叶中总糖和还原糖含量，改善烟叶两糖比和糖碱比，增加烤烟的产量和产值，这一结果与刘春英（2007）研究的基本一致，改良剂可以增加烤烟的产量和产值，同时也能改善烤烟的内在化学成分。徐茜等（2000）研究发现，适量施用石灰能明显促进烟株的生长发育，增加株高和有效叶片数，扩大叶面积，增加烤烟的钾含量和 B2F 烟叶还原糖含量，降低 B2F 烟叶烟碱含量，糖碱比更协调，显著增加烤烟产量和产值，提高烤烟中上等烟叶比例。在酸性土壤上施用土壤改良剂能使土壤的 pH 值升高，在 pH 值 4.5 ～ 7.5 的范围内，随 pH 值的升高，烟叶的烟碱含量下降，总糖和蛋白质含量增加，单叶重增加（寇洪萍，1999）。也有研究表明（胡军等，2010），在一定范围内随着 pH 值的增加，烟叶中烟碱的含量也增加。

生态环境条件是影响烤烟生长的重要生态因子，整个生育期对气候条件和土壤质量有着严格的要求。因此，要想生产出高产优质烟叶必须根据当地的气候条件和土壤背景来合理安排烤烟的种植。

3.1.5 主要研究内容、目的及意义

本章主要针对梅州平远地区播期和土壤酸化的问题，设置了不同播期和土壤改良剂用量的裂区试验，主要研究内容如下：土壤改良剂的不同用量对土壤酸碱度、土壤养分、土壤酶活性及土壤中微量元素含量的影响；播期和土壤改良剂用量对烤烟生长发育及产量形成的影响；播期和土壤改良剂对烤后烟叶品质的影响；分析梅州优质烟叶气候、土壤酸碱度、土壤养分、烤烟产量和品质间的关系，为梅州平远优质烟叶生产找到合适的播期和土壤改良剂用量。

3.2 材料与方法

3.2.1 供试材料与土壤背景

试验于 2012—2014 年在广东省梅州市平远烟区（经度：115°9′；纬度：24°8′）进行，以云烟 87 为供试品种，土壤改良剂是市场上购买的富泰威·天然有机钙粉（主要成分是 CaO≥45%，富含中微量元素，具体成分见表 3 – 1。

选择地面平整田块进行试验，前茬作物为水稻，土壤类型为沙泥田，2012 年 12 月 5 日土壤的基本理化性状为 pH 值 4.43，有机质 3.23%，全氮 0.18%，全磷 0.09%，全钾 2.89%，碱解氮 102.39 mg/kg，有效磷 24.53 mg/kg，有效钾 140.03 mg/kg；2013 年 12 月 9 日土壤基本理化性状为 pH 值 4.23，有机质 3.23%，全氮 0.18%，全磷 0.10%，全钾 2.73%，碱解氮 122.19 mg/kg，有效磷 27.33 mg/kg，有效钾 148.11 mg/kg。

表 3-1　土壤改良剂成分

名称	含量浓度（%）	名称	含量浓度（mg/kg）	名称	含量浓度（mg/kg）
粗灰粉（ASH）	98.7	硼（B）	630	铁（Fe）	400
钙（CaO）	45	锰（Mn）	259	铝（Al）	20
硅（SiO_2）	3.5	锌（Zn）	85	铜（Cu）	15.9
钠（Na）	0.76	钼（Mo）	11～30	铅（Pb）	8
镁（Mg）	0.65	碘（I）	0.53	硒（Se）	0.05
磷（P）	0.23	钾（K）	0.13	钴（Co）	0.4

3.2.2　试验点的气象资料

烤烟生长的最适宜温度是 25～28 ℃。一般认为旺长期最适宜温度为 20～28 ℃，成熟期最适宜温度为 20～25 ℃，大田期最适宜温度为 25～28 ℃。表 3-2 显示，在 2013 年 3 月中旬至 4 月中旬烤烟旺长期的日平均温度为 19.5 ℃，略低于烤烟生长的最适宜温度，4 月中旬到 5 月中旬成熟期的日平均温度在烤烟生长的最适温度范围内。而在 2014 年的 1—3 月中旬，温度明显偏低，低于烟株正常生长发育所需要的平均温度 18 ℃，容易引起烟叶出现早花，4 月中旬至5 月中旬成熟期的平均气温在烤烟生长发育的最适宜温度范围内。

烤烟移栽期，需要充足的水分供应，保证成活还苗。生根期要求的雨量偏少，一般需降水量 80～100 mm。旺长期需水量最多，需要 200～260 mm。烟叶成熟期主要生理活动是干物质的合成、积累和转化，所需的降水量较旺长期少，一般需要 120～160 mm。平远地区 2013 年的降雨量比较反常，在移栽前后的降雨量偏少，烤烟成熟期和采收期的降雨量偏多，降雨过多会使叶片大而薄、颜色淡、缺乏弹性。而 2014 年的降雨在移栽前后和成熟期适中，在旺长期降雨量偏少，这会影响烤烟的快速生长发育。

从烟叶品质和栽培角度出发，充足而不强烈的光照有利于优质烟叶的形成。一般认为烤烟大田期的日照时数需达到 500～700 h，其中移栽期到旺长期为 200～300 h，成熟期 280～400 h。就平远地区而言，在 2013 年由于在烤烟成熟期受阴雨天气的影响，日照严重不足，其中4月下旬到5月中旬的日照时数仅为22.2 h。在2014年烤烟的整个生育期内烤烟的光照时间明显不足，严重影响了烤烟的生长发育，致使烟叶的干物质积累量下降，产量降低。

表3-2 2013、2014年1月至6月份平远县气象资料

年份	月份	温度（℃）			降雨量（mm）			光照时数（h）		
		上旬	中旬	下旬	上旬	中旬	下旬	上旬	中旬	下旬
2013	1月	8.3	11.7	14.6	0.1	0	2.3	19.9	62.9	60.7
	2月	16.7	14.7	17.3	12.1	0.6	14.6	29.7	21.9	24.4
	3月	15.3	20.3	19.3	18.7	18.9	82.8	72	45.4	19.5
	4月	17.9	20.6	20.5	138.4	56.1	137.7	15.3	35.4	2.7
	5月	21.2	24.7	26.5	89.6	176.9	155.1	5.8	13.7	46.4
	6月	26.8	25.8	28.4	66.2	39.8	72.2	42.9	31.8	60.4
2014	1月	11	11.3	11.8	0.5	0	0	58	62.9	65
	2月	13.7	7.74	13.0	74.5	9.5	15.3	32.3	13.8	32.6
	3月	13.1	16.2	21.1	21.7	47.1	65.5	1.2	13.8	46.2
	4月	20.2	24.6	22.0	25.5	0.5	34.6	21.2	37.4	14.9
	5月	21.2	24.9	28.6	125.4	119.1	161.3	16.7	7.5	25.3
	6月	26.9	27.5	27.8	53.6	31.8	82.7	26.7	42	43.3

3.2.3 试验设计

2012—2013年试验设播期（sowing time，T）和土壤改良剂（soil amendment，S）2个因素，采用裂区设计。播期为主因素，设T1（2012年11月8日）、T2（11月18日）、T3（11月28日）、T4（12月8日）4个水平，均在烟苗叶龄为7叶1心时移栽，移栽日期分别为2013年2月2日、2月4日、2月16日、2月20日；土壤改良剂为副因素，设0、450、900 kg/hm² 3个水平，共计12处理，每个处理重复3次。每个小区种植烟苗165株（120 cm×50 cm），四周设保护行。移栽前于2012年1月25日施用土壤改良剂并进行土壤翻耕，翻耕深度为15 ～ 25 cm。每个小区均施用3750 kg/hm²农家肥鸡粪和750 kg/hm²烟草复合肥，其他管理同当地一般生产管理。

2013—2014年重复上一年试验，播期（T）为主因素，设定T1（2013年11月6日）、T2（11月16日）、T3（11月26日）、T4（12月6日）4个水平，均在烟苗叶龄为7叶1心时移栽，分别于2014年1月24日、2月8日、2月10日、2月19日移

栽；土壤改良剂（S）为副因素，设 0 kg/hm²、450 kg/hm²、900 kg/hm² 3 个水平，每个小区种植烟苗 165 株，四周设保护行，每个处理重复 3 次。移栽前于 2013 年 12 月 15 日施土壤改良剂并进行土壤翻耕，翻耕深度为 15 ～ 25 cm；每个小区均施基肥（农家肥鸡粪）3750 kg/hm² 和烟草复合肥 750 kg/hm²，其他管理同当地一般生产管理。

3.2.4　分析的内容与方法

3.2.4.1　土壤养分和土壤酶活性的测定

2012—2013 年的试验于施肥和施用土壤改良剂前、移栽前、烟叶采收后取 0 ～ 20 cm 土层土壤，各试验小区采用梅花取样法取土样 5 份，混匀，3 次重复。测定分析土壤的 pH 值，全氮，全磷，全钾，碱解氮，速效磷，速效钾，有机质，交换性 Ca、Mg、Fe、Mn、Zn、Cu 的含量。同时，于移栽前、大田生育中期、烟叶采收后取土壤分析土壤酶活性。

2013—2014 年于移栽前、栽后 60 d、采收后取样，方法与 2013 年相同，测定土壤养分指标。土壤养分的测定方法对照鲍士旦（2000）电位法测定土壤 pH 值；凯氏定氮仪测定土壤全氮；重铬酸钾氧化外加热法分析土壤有机质；NaOH 熔融 – 钼锑抗比色法分析土壤全磷；碱解扩散法分析碱解氮；酸性土壤速效磷的测定法分析土壤速效磷；NaOH 熔融 – 火焰光度计法测定土壤全钾；醋酸铵 – 火焰光度计法测定土壤速效钾。土壤中的 Fe、Mn、Cu、Zn、Ca、Mg 有效态含量用 DTPA 浸提 – 原子吸收分光光度计测定（鲁如坤，1999）。

土壤中过氧化氢酶活性采用高锰酸钾滴定法（王华芳和展海军，2009；杨兰芳等，2011），脲酶活性采用苯酚钠 – 次氯酸钠比色法（关松荫，2007；和文祥等，2003），土壤蔗糖酶活性采用 3，5 – 二硝基水杨酸比色法（陈红军等，2008；马忠明等，2012）。

3.2.4.2　农艺性状

分别在烟草大田生长的成熟期测烟株的株高、茎围、叶片数、叶面积（长、宽）、节距（打顶后株高、打顶后留叶数）等农艺性状指标。具体方法参照《中华人民共和国烟草行业标准烟草农艺性状调查方法》（YC/T142—2010）。

3.2.4.3　杀青烟叶化学成分测定

杀青烟叶的化学成分测定主要参照《中华人民共和国烟草行业标准烟草农艺性状调查方法》（YC/T142—2010）。选取植株自下往上数的第 6、12、18 片叶分别代表上、中、下部叶，上部叶在移栽后第 80 d，中部叶在移栽后第 77 d，每隔 7 d 进行一次，取样时间为上午 9 时。叶片用蒸馏水洗净，纱布拭干，去除主脉，一半用于硝酸还原酶、酸性蔗糖转化酶活性的测定，一半于 105 ℃的烘箱中杀青 30 min，后转入 80 ℃烘干 30 h，恒重后粉碎，过 60 目（孔径为 0.25 mm）筛，用于干物质含量、淀粉、可溶性糖、总氮、烟碱、钾等化学成分含量的测定。

3.2.4.4　烤后烟叶化学成分及微量元素的测定

烤后烟叶按照国家烤烟分级标准（GB2635—1992）进行分级，取 B2F（上橘二）、C3F（中橘三）、X2F（下橘二）3 个等级的烤后烟叶进行主要化学成分的测定。每处理各等级取 0.5 kg，置于 45 ℃烘箱中烘干 24 h 后粉碎，过 60 目（孔径为 0.25 mm）筛，用于烤后烟叶的淀粉、还原糖、可溶性糖、总氮、烟碱、钾以及钙、镁、铁、铜、锌、锰等主要化学成分含量的测定。

用蒽酮比色法测定可溶性总糖和淀粉（邹琦，2003）；3，5 - 二硝基水杨酸比色法测定还原糖（邹琦，2003）；凯氏定氮法测全氮（李合生，2000）；紫外分光光度法测定烟碱（王瑞新，2003）；原子吸收法测定全钾（王瑞新，2003）；原子吸收法测钙、镁、铁、铜、锌、锰（吴学兰，1991）。

3.2.4.5　产量和产值

分区计产，烟叶烤后经济性状按国家烤烟分级标准（GB2635—1992）进行分级，各级烟叶价格参照当地烟叶收购价格，进行产量、产值计算，同时测定中上等烟比例。

3.2.5　数据分析

采用 Excel 2010 和 SPSS 17.0 进行数据处理和统计分析，按 Duncan's 进行多重比较。

3.3　结果与分析

3.3.1　播期和土壤改良剂用量对土壤理化性状的影响

3.3.1.1　对土壤 pH 值的影响

土壤酸碱度与土壤养分的有效性密切相关（袁家富等，2011），土壤过酸将会影响烟株的生理生化代谢、生产发育和烟叶的产质量，通常被看作是否能够生产优质烟叶的条件之一（王欣等，2007）。本试验通过两年改良酸化土壤后（2012—2014 年），不同处理对土壤 pH 值的影响，其结果如图 3 - 1 所示。

由图 3 - 1 可知，不同年份之间，在同一生育时期的同一播期下，施用土壤改良剂后，与对照相比，均能显著提高土壤的 pH 值，且 pH 值随土壤改良剂用量的增加而增大。2014 年的土壤 pH 值总体上要高于 2013 年的土壤 pH 值，且 2013 年在烟叶采收后 T3 和 T4 的 pH 值小于 4，这可能是因为 2013 年烟叶生长后期的降雨量太多引起的，另一方面是可能存在土壤改良剂使用的累加效应，所以 2014 年的土壤 pH 值要高于 2013 年。由两年试验数据可知，施用土壤改良剂能够明显提高土壤的 pH 值。

　　由方差分析可知，播期和土壤改良剂用量对土壤 pH 值有显著性影响，同时两者交互作用对土壤 pH 值有显著性影响。播期对土壤 pH 值有显著性影响可能是因为土壤改良剂是同时施入的，移栽期不同，降雨量也会不相同，取土时间也不相同，所以在 2013 年会出现随着播期的推迟 pH 值逐渐上升，而在采收后其 pH 值则表现出相反的规律。

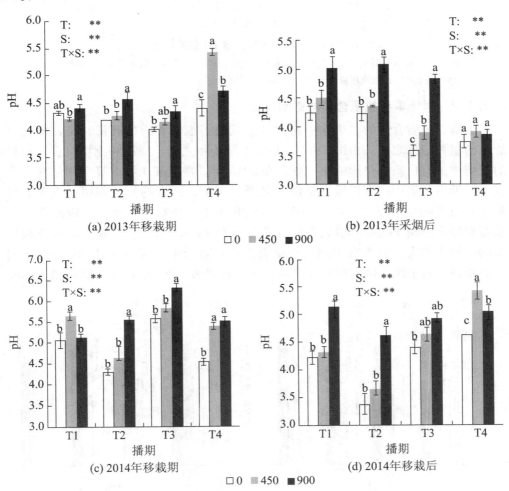

(a) 2013年移栽期

(b) 2013年采烟后

(c) 2014年移栽期

(d) 2014年移栽后

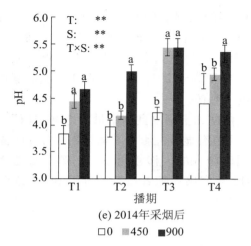

(e) 2014年采烟后

□ 0　■ 450　■ 900

图 3-1　不同处理对土壤 pH 值的影响

（注："＊"表示差异显著；"＊＊"表示差异极显著；"ns"表示差异不显著；图下方的 "□ 0　■ 450　■ 900"表示施用量，单位：kg/hm^2。下同）

3.3.1.2　对土壤有机质含量的影响

土壤有机质含量的多少在一定程度上反映了土壤肥力的高低，是评价土壤肥瘦的重要指标之一。由图 3-2 可知，不同年际之间，播期和土壤改良剂用量对土壤中的有机质含量影响不一致。在 2013 年，播期和土壤改良剂用量对整个生育时期内土壤中的有机质含量没有显著性影响，两者的交互作用对土壤有机质的含量影响也不显著（$P > 0.05$）。在 2014 年，与对照相比，施用改良剂对移栽期和采收期土壤中有机质含量有显著影响（$P < 0.01$），且随土壤改良剂用量的增加而增大，对生育中期的土壤有机质含量影响不显著（$P = 0.164$）；同一时期播期对土壤中的有机质含量均有显著性影响（$P < 0.01$）；播期和土壤改

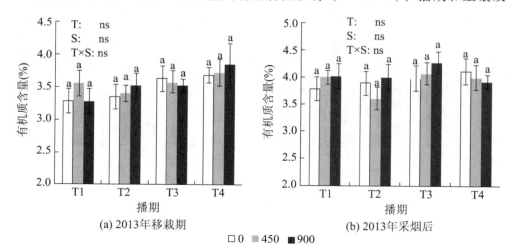

(a) 2013年移栽期　　　　　　　　　(b) 2013年采烟后

□ 0　■ 450　■ 900

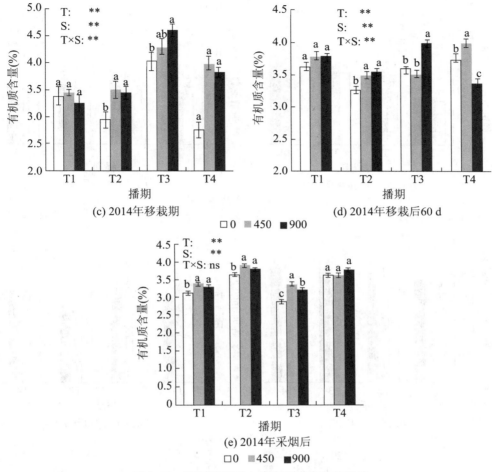

图 3 - 2　不同处理对土壤有机质含量的影响

良剂对移栽期和生育中期土壤中的有机质含量存在交互作用（$P < 0.01$），对采收后土壤中的有机质含量不存在交互作用。由以上分析可知，在连续两年使用土壤改良剂后，可以增加土壤中有机质的含量，改善土壤养分状况。

3.3.1.3　对土壤碱解氮含量的影响

碱解氮是衡量土壤氮素供应的重要指标，由图 3 - 3 可知连续两年施用土壤改良剂后对土壤中碱解氮含量的影响。施用土壤改良剂对土壤中碱解氮含量的影响在不同年际之间表现不一样。由图 3 - 3a、图 3 - 3b 可知，施用土壤改良剂可以增加土壤中碱解氮的含量，且随土壤改良剂用量的增加而增加；在移栽期可看出，随着播期的推迟，土壤中碱解氮的含量呈上升趋势，这是因为在 2012 年 12 月下旬和 2013 年 1 月上旬雨水较多，影响了农民机耕和施肥时间（肥料是在烤烟移栽前 15 d 施的），取土时间和施肥的间隔时间不一样，土壤表现出

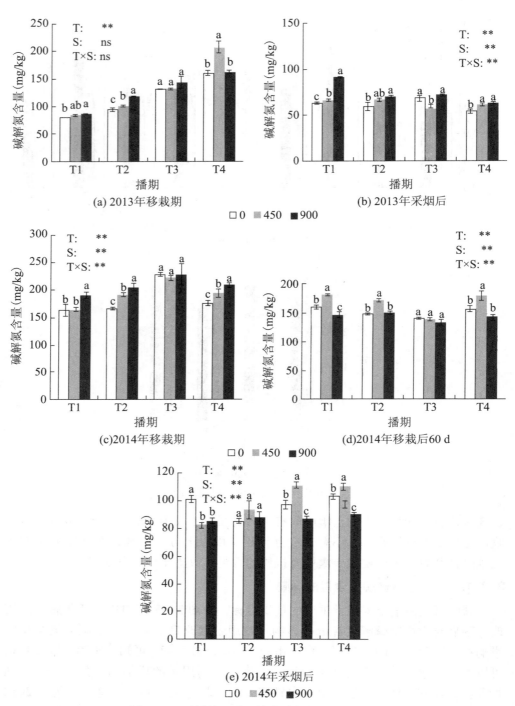

图 3-3　不同处理对土壤中碱解氮含量的影响

来的肥效也不一样，所以会出现这种状况。由图 3 - 3c、图 3 - 3d、图 3 - 3e 可知，施用土壤改良剂可以显著影响土壤中碱解氮的含量，在移栽期的表现与 2013 年表现出来的趋势基本一致（S60 > S30 > S0）*，而生育中期和采收后与上一年表现出来的趋势不一样，表现为 S30 > S0 > S60，这可能是因为 pH 值偏高影响了土壤中碱解氮的含量，也可能是烟株吸收了土壤中的有效态氮。

由方差分析可知，播期（$P < 0.01$）和土壤改良剂（$P < 0.01$）对土壤中的碱解氮含量（2013 年移栽期除外）有显著影响，两者的交互作用对土壤中的碱解氮含量（2013 年移栽期除外）影响显著（$P < 0.01$）。由两年的试验数据可知，施用适量土壤改良剂可以增加土壤中碱解氮的含量，且以土壤改良剂的用量为 450 kg/hm^2 时效果最好。

3.3.1.4 对土壤速效磷含量的影响

磷素在烟草的生理代谢中起重要作用，土壤磷素含量低时，烟草的根系发育缓慢，茎株矮小，化学协调成分差。土壤速效磷是土壤磷素有效性的标志，也是烟草所需磷素的直接来源。施用土壤改良剂对土壤中速效磷含量的影响如图 3 - 4 所示，由图可知，施用土壤改良剂对土壤中的速效磷含量有显著性影响。在 2013 年，与对照相比，在移栽期和采收后均表现为施用土壤改良剂可以增加土壤中速效磷的含量。2014 年与 2013 年则有所不同，在移栽后 60 d 和采烟后，总体趋势表现为 S30 > S0 > S60，土壤中 S60 的有效磷含量在前期高后期低，可能是因为烟草大量吸收了土壤中的速效磷；另一方面可能是因为土壤中有效磷在高 pH 值情况下，与土壤中的矿物质结合，生成了难溶性的铁盐等化合物。

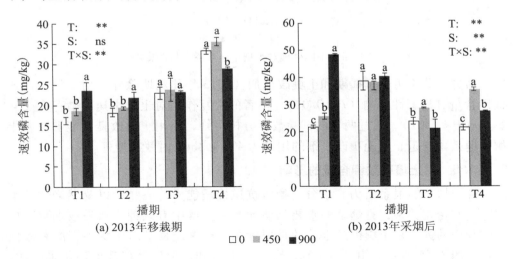

(a) 2013年移栽期　　(b) 2013年采烟后

□ 0　■ 450　■ 900

---

　* 注：S0 代表每公顷所用的土壤改良剂为 0 kg，S30 代表每公顷所用的土壤改良剂为 450 kg，S60 代表每公顷所用的土壤改良剂为 900 kg，下同。

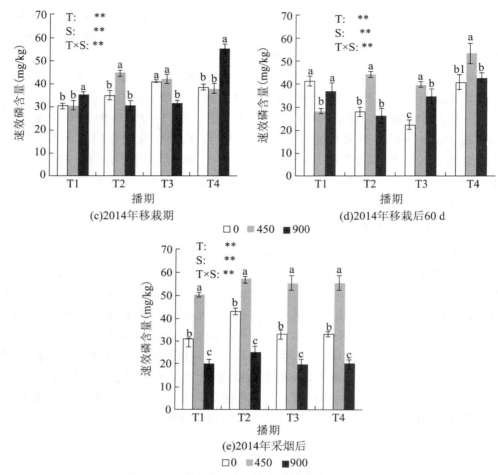

(c)2014年移栽期

(d)2014年移栽后60 d

□ 0　■ 450　■ 900

(e)2014年采烟后

□ 0　■ 450　■ 900

图 3 - 4　不同处理对土壤中速效磷含量的影响

由方差分析可知，播期和土壤改良剂（2013 年移栽期除外）对土壤中的速效磷含量有显著性影响（$P < 0.01$），两者的交互作用对土壤中速效磷存在交互影响（$P < 0.01$）。通过两年的试验数据分析可知，施用土壤改良剂能够改善土壤中速效磷含量，当土壤改良剂的用量为 450 kg/hm² 时效果最好。

3.3.1.5　对土壤有效钾含量的影响

钾与烟草的根系活力、水分平衡、抗逆抗病能力、成熟度以及燃烧性和香吃味均有密切关系，是烟草的重要品质元素。土壤中有效钾是指易被烟草直接吸收利用的钾，是土壤钾素丰缺的重要标志。土壤改良剂对土壤中钾的有效性影响如图 3 - 5 所示。由图 3 - 5a、图 3 - 5b 可知，无论是移栽前还是采收后，施用土壤改良剂的处理均能够增加土壤中有效钾的含量，且随土壤改良剂用量的增加而增大。在移栽期，土壤中的钾含量随着播期的推迟而逐渐上升，这可能是因为各个播期烤烟的移栽期不同，取土壤的时间也不同，才会出现这种情况。图3-5c、图3-5d、图3-5e和图3-5a、图3-5b的变化趋势基本一致，施用土壤改良剂总体上可以增加土壤中有效钾的含量。

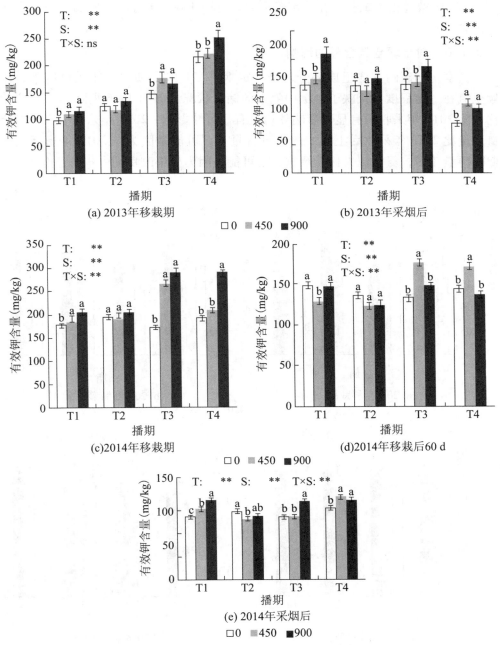

图3-5　不同处理对土壤中有效钾含量的影响

由方差分析可知，播期和土壤改良剂对土壤中的有效钾均有显著性影响，播期和两者的交互作用对其存在显著影响。综上所述，土壤改良剂能够增加土壤中有效钾的含量，可能是与土壤 pH 值升高，改善了土壤养分状况有关，冯娟（2014）曾做过相关试验，在一定范围内，升高土壤 pH 值可以增加土壤中有效钾的含量。

3.3.1.6　对土壤全氮含量的影响

氮素是烟碱的重要组成部分，是决定烟草产量和品质的一个关键因素，土壤全氮在一定程度上反映了土壤中氮素的储存状况。如图 3-6 所示，与对照相比，除 2014 年采收后有显著影响外均没有显著性影响。2014 年采收后土壤中全氮含量比 2013 年采收后土壤中的全氮含量高，可能是因为在 2013 年烤烟成熟期降雨量较多，氮素流失比较严重；也可能是因为土壤改良剂中本身还有氮素，

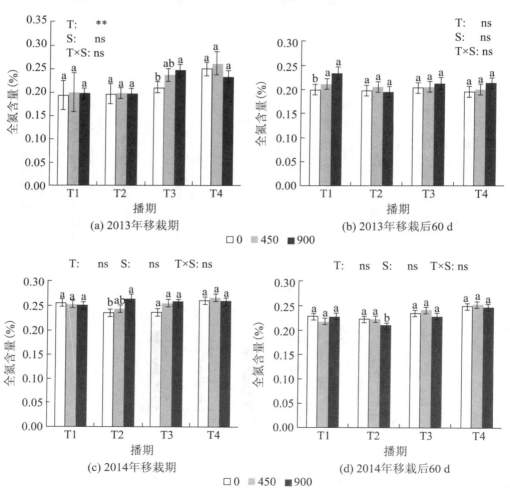

(a) 2013年移栽期　　　　　　　　　(b) 2013年移栽后60 d

□ 0　■ 450　■ 900

(c) 2014年移栽期　　　　　　　　　(d) 2014年移栽后60 d

□ 0　■ 450　■ 900

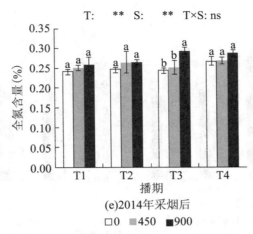

(e)2014年采烟后

图3-6　不同处理对土壤中全氮含量的影响

出现了氮素在土壤中的累加效应；还可能是烟株对氮素的积累量较低引起的，播期对土壤中的全氮含量没有显著性影响。通过两年的试验数据可知，施用土壤改良剂对土壤中全氮的含量影响基本不显著。

3.3.1.7　对土壤全磷含量的影响

土壤全磷含量的高低，受土壤母质、成土作用、耕作施肥的影响很大，全磷含量高时土壤中有效磷含量不一定会高，也会引起植物出现缺磷素的现象，因为土壤中的磷大部分是以难溶性化合物存在的。本研究分析了2014年土壤中全磷的含量，结果如图3-7所示，在整个生育时期内，施用土壤改良剂总体上可以增加土壤中的全磷的含量，在移栽期表现为S60 > S30 > S0，生育中期和采

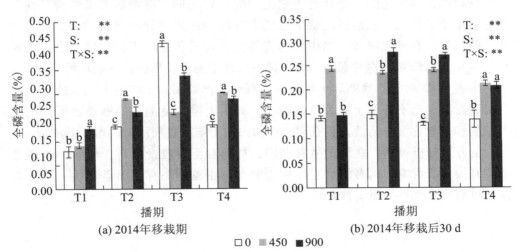

(a) 2014年移栽期

(b) 2014年移栽后30 d

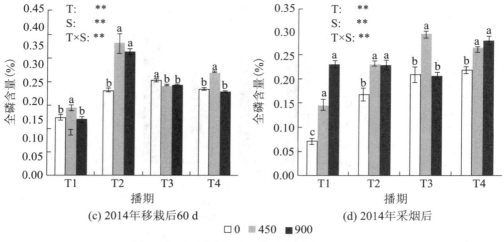

图 3 - 7　不同处理对土壤中全磷含量的影响

收后则表现为 S30 > S60 > S0。与对照相比，施用土壤改良剂能够增加土壤中的全磷含量，可能是因为土壤改良剂中含有大量的全磷。播期对土壤中的全磷含量存在显著影响，这是因为烤烟的移栽期不同，取土时间的确定与移栽期有密切关系，取土样时间不同，土壤改良剂在不同时间的表现效果也不同，所以会对土壤中的全磷存在影响。

3.3.2　播期和土壤改良剂对土壤酶活性的影响

3.3.2.1　对土壤中蔗糖酶和过氧化氢酶活性的影响

蔗糖酶又名转化酶，是评价土壤肥力的重要指标。对增加土壤中易溶性物质起着重要的作用，其活性反映了土壤中有机碳积累与分解转化的规律。过氧化氢酶广泛存在于土壤和生物中，其能够促进过氧化氢有害物质的分解，能减少过氧化氢物质对作物的毒害作用，进而为烤烟的生长提供良好的环境。

由表 3 - 3 可知，播期和土壤改良剂对土壤蔗糖酶和土壤过氧化氢酶活性均有显著影响。与不施用土壤改良剂相比，施用土壤改良剂后能够显著增加土壤蔗糖酶和过氧化氢酶活性，且在同一播期内随土壤改良剂用量的增加而增加。

由方差分析可知，在整个生育期内，播期和土壤改良剂对土壤中的这两种酶均有极显著影响。两者的交互作用也对土壤中蔗糖酶存在显著影响，对移栽前的过氧化氢酶存在显著性影响。

表3-3 不同处理蔗糖酶和过氧化氢酶活性比较

播期	改良剂	土壤蔗糖酶活性（mg/g）			土壤过氧化氢酶活性（0.1N KMnO₄／（20min·g））		
		移栽前	生育中期	采收后	移栽前	生育中期	采收后
T1	S0	6.67±0.33b	67.45±2.27b	39.33±1.02c	0.12b	0.16a	0.14a
	S30	9.26±1.08b	76.31±2.53b	43.75±1.34b	0.16a	0.18a	0.14a
	S60	16.49±3.22a	77.90±3.35a	83.25±1.27a	0.16a	0.18a	0.17a
T2	S0	13.86±0.89c	33.43±1.88c	30.46±1.43c	0.12b	0.16b	0.14a
	S30	19.90±0.59b	62.89±2.97b	70.17±2.61b	0.16a	0.18b	0.14a
	S60	27.51±0.90a	74.01±2.28a	49.85±4.05a	0.17a	0.23a	0.15a
T3	S0	52.05±4.30b	24.81±1.19b	33.65±1.60b	0.11b	0.11b	0.09c
	S30	77.69±2.93a	68.12±2.37a	34.80±1.49a	0.11b	0.13ab	0.12b
	S60	87.09±2.54a	68.37±1.04a	61.14±2.69a	0.15a	0.15a	0.16a
T4	S0	67.16±4.51b	61.45±1.85b	16.66±1.38c	0.13b	0.13b	0.12b
	S30	70.88±0.66a	62.75±3.45b	25.23±0.95b	0.20a	0.13b	0.12b
	S60	62.35±0.64a	70.83±1.54a	29.29±0.53a	0.18a	0.17a	0.13a
T		**	**	**	**	**	**
S		**	**	**	**	**	**
T×S		**	**	**	*	ns	ns

注：表中数据分析采用邓肯式新复极差法，在同一播期下，同列不同数据中具有相同字母的数据间差异未达到5%显著水平，具有不同字母的数据间差异达到5%显著水平。

3.3.2.2 对土壤中脲酶活性的影响

土壤中脲酶的活性与土壤中微生物数量、有机质含量、全氮含量密切相关，是土壤中氮素转化的关键酶，脲酶活性的大小可以很好地反映土壤的肥力。在本试验条件下，对土壤脲酶活性的影响如图3-8所示，在各个时期土壤中的脲酶含量在施用土壤改良剂后，总趋势表现为S60>S30>S0，说明施用土壤改良剂可以增加土壤中脲酶的活性，播期对土壤中的脲酶存在显著影响，这是由土壤的采样时间不同引起的。

由方差分析可知，土壤改良剂对土壤中脲酶的活性有极显著影响，播期对土壤中的脲酶活性影响极显著，播期和土壤改良剂的交互作用对脲酶的活性影响显著。

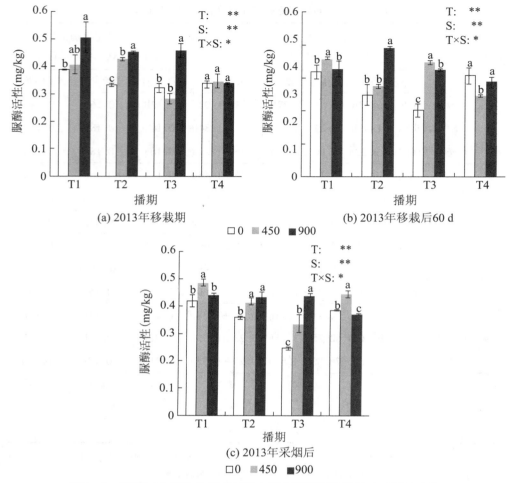

(a) 2013年移栽期

(b) 2013年移栽后60 d

□ 0　■ 450　■ 900

(c) 2013年采烟后

□ 0　■ 450　■ 900

图 3-8　播期和土壤改良剂用量对土壤中脲酶活性的影响（2013 年）

3.3.3　播期和土壤改良剂用量对土壤中微量元素含量的影响

3.3.3.1　对土壤中交换性钙含量的影响

通过对表 3-4 中两年的试验数据分析，可知，在两年的试验中，施用土壤改良剂可以增加烤烟土壤中交换性钙的含量，且与土壤改良剂的用量呈正比；不同采样时期内，播期对土壤中交换性钙含量的影响表现出来的效果不一样，这可能与土壤的采样时间不同有关，采样时间不同，其土壤改良剂的作用效果也不同，土壤 pH 值也不同，而土壤中交换性钙含量受土壤 pH 值影响较大，所以在不同采样期内土壤中交换性钙含量就不同。

由方差分析可知，播期和土壤改良剂对烤烟整个生育期内土壤中交换性钙含量均存在显著影响，两者的交互作用对土壤中交换性钙含量也存在显著性影响。综合上述两年的试验数据可知，施用土壤改良剂能够增加土壤中交换性钙的含量，究其原因，可能与土壤改良剂中本身含有大量的钙元素有关。

表3-4　对土壤中交换性钙含量的影响（mg/kg）

年份	播期	改良剂	移栽前	移栽后60 d	采样后
2013	T1	S0	1146.10 ± 33.09b	1286.93 ± 37.15c	1150.00 ± 33.20c
		S30	1292.15 ± 37.30a	1933.68 ± 55.82b	2069.28 ± 59.73b
		S60	1179.60 ± 32.03ab	2277.90 ± 65.76a	2762.95 ± 79.76a
	T2	S0	1198.00 ± 34.58a	1370.38 ± 39.56c	1688.53 ± 48.74b
		S30	1210.00 ± 34.93a	1766.78 ± 51.00b	3101.98 ± 89.55a
		S60	1234.00 ± 35.62a	3018.53 ± 87.14a	3028.95 ± 87.44a
	T3	S0	1140.90 ± 32.93b	1015.73 ± 29.32c	1062.65 ± 30.68c
		S30	1213.90 ± 35.04b	2439.60 ± 70.43a	1506.00 ± 43.47a
		S60	1719.83 ± 49.65a	1808.50 ± 52.21b	2033.18 ± 58.69b
	T4	S0	1143.20 ± 58.98c	1062.65 ± 30.68c	958.35 ± 27.67b
		S30	1648.23 ± 76.45a	1725.05 ± 49.80b	1594.65 ± 46.03a
		S60	1473.60 ± 62.75b	2032.78 ± 58.68a	1636.38 ± 47.24a
	T		* *	* *	* *
	S		* *	* *	* *
	T×S		* *	* *	* *
2014	T1	S0	886.18 ± 16.92c	1113.23 ± 23.48c	1063.27 ± 16.26c
		S30	998.62 ± 28.83b	1538.21 ± 27.08b	1446.54 ± 27.32b
		S60	1159.01 ± 33.46a	2152.60 ± 62.14a	1575.69 ± 31.05a
	T2	S0	1136.18 ± 18.36c	1125.78 ± 15.18c	1111.18 ± 17.64b
		S30	1125.76 ± 18.06b	2375.77 ± 16.62b	1794.50 ± 20.05b
		S60	1173.69 ± 16.56a	2648.51 ± 47.59a	2146.43 ± 47.53a
	T3	S0	1142.35 ± 32.98c	1396.47 ± 40.31a	1113.22 ± 26.36b
		S30	1988.04 ± 57.39b	2498.59 ± 34.60a	1977.63 ± 57.09a
		S60	3204.52 ± 92.51a	2471.46 ± 42.48a	1963.05 ± 56.67a
	T4	S0	1048.61 ± 30.27b	1119.27 ± 61.18a	1075.58 ± 51.26c
		S30	1702.67 ± 49.15a	1854.73 ± 53.54b	1402.72 ± 40.49b
		S60	1681.84 ± 48.55a	1471.51 ± 33.82c	2100.53 ± 60.64a
	T		* *	* *	* *
	S		* *	* *	* *
	T×S		* *	* *	* *

注：表中的采样后指的是所有烟叶采收完毕后的取样时间，2013 年 T1、T2 播期的采样时间，T3、T4 播期的采样时间为同一天，且比 T1、T2 的采样时间晚一周；2014 年 T2、T3、T4 播期的采样时间为同一天，比 T1 播期晚一周，下同。

3.3.3.2　对土壤中交换性镁含量的影响

表 3-5 为土壤中交换性镁的含量变化，由两年的试验数据分析可知，施用土壤改良剂，土壤中交换性镁的含量在两年表现出来的规律基本一致，均可以增加烤烟各个时期土壤中交换性镁的含量，均随土壤改良剂用量的增加而增大。播期对土壤中交互性镁有显著影响，在本试验中，土壤改良剂是同时施下去的，而烤烟移栽时间不同，取土时间也不同，说明改良剂的施用时间和取土时间会影响土壤中交换性镁的含量，土壤中交换性镁含量在 2013 年要比 2014 年高，这可能是由 2014 年的土壤 pH 值比 2013 年高引起的。

由方差分析可知，播期和土壤改良剂对烤烟生育期内各个时期土壤中的交换性镁含量均存在显著性影响，两者的交互作用对土壤中的交换性镁含量也存在交互性影响。综合两年的试验数据可知，施用土壤改良剂能够增加土壤中交换性镁的含量，且随土壤改良剂用量的增加而增加，这可能与土壤改良剂中本身含有大量的镁元素有关。

表 3-5　对土壤中交换性镁含量的影响　（mg/kg）

年份	播期	改良剂	移栽前	移栽后 60 d	采样后
		S0	135.53 ± 7.82b	139.55 ± 8.06b	115.61 ± 2.50a
	T1	S30	157.50 ± 9.09ab	178.28 ± 9.42a	122.70 ± 7.08a
		S60	168.88 ± 9.75a	155.68 ± 8.99ab	129.30 ± 7.47a
		S0	121.26 ± 6.94b	144.33 ± 8.33a	114.65 ± 6.62a
	T2	S30	133.22 ± 6.22b	165.93 ± 9.58a	127.48 ± 7.36a
		S60	153.58 ± 2.28a	174.35 ± 10.07a	120.88 ± 6.98a
2013		S0	114.65 ± 6.62b	123.80 ± 7.15a	114.28 ± 6.60b
	T3	S30	140.30 ± 8.10a	120.15 ± 6.94a	134.08 ± 7.74b
		S60	116.13 ± 6.70b	123.80 ± 7.15a	162.63 ± 9.39a
		S0	106.95 ± 6.17c	124.55 ± 7.19b	135.53 ± 7.82a
	T4	S30	146.23 ± 0.36b	130.40 ± 7.53b	143.85 ± 8.88a
		S60	173.30 ± 11.74a	180.95 ± 10.45a	147.50 ± 9.09a
	T		＊＊	＊＊	＊＊
	S		＊＊	＊＊	＊
	T×S		＊＊	＊＊	＊

年份	播期	改良剂	移栽前	移栽后 60 d	采样后
		S0	116.77 ± 3.37a	120.14 ± 3.47a	89.44 ± 2.58b
	T1	S30	111.66 ± 3.22a	102.16 ± 2.95b	103.77 ± 3.00a
		S60	114.58 ± 3.31a	126.57 ± 3.65a	104.10 ± 2.14a
		S0	92.66 ± 2.67b	112.69 ± 1.98b	88.42 ± 2.55b
	T2	S30	92.37 ± 2.67b	120.43 ± 2.38a	99.09 ± 2.86a
		S60	97.52 ± 1.95a	123.50 ± 2.30a	91.63 ± 2.65ab
2014		S0	128.03 ± 3.70b	101.14 ± 2.92b	96.17 ± 2.78b
	T3	S30	132.56 ± 3.83b	124.08 ± 3.58a	141.91 ± 4.10a
		S60	162.23 ± 4.68a	113.71 ± 3.28b	104.50 ± 3.02b
		S0	117.65 ± 3.40b	138.41 ± 4.00b	136.36 ± 3.94a
	T4	S30	137.53 ± 3.97a	161.21 ± 4.65a	144.40 ± 4.17a
		S60	141.33 ± 4.08a	112.24 ± 3.24c	121.74 ± 3.51b
	T		＊＊	＊＊	＊＊
	S		ns	＊＊	＊＊
	T×S		＊＊	＊＊	＊＊

3.3.3.3　对土壤中有效性铁含量的影响

表 3–6 为土壤中有效性铁含量的变化，综合两年的试验数据分析可知，施用土壤改良剂后，土壤中有效铁的含量在不同年际间表现不同。在 2013 年，同一播期下施用土壤改良剂后能够降低土壤中有效铁的含量，但差异总体上不明显，整个生育期内播期对土壤中有效铁的含量影响不显著；在 2014 年同一播期下，施用土壤改良剂能够显著降低土壤中有效铁的含量，各播期对土壤中的有效铁含量也存在显著影响，出现这种情况的原因可能是因为 2013 年的降雨量较大，土壤 pH 值较低，同时土壤改良剂中还含有铁元素，所以 2013 年在施用土壤改良剂后土壤中有效铁的含量差异不显著；2014 年降雨量较少，施用土壤改良剂的 pH 值显著高于对照，且在连续使用土壤改良剂后可能会产生土壤改良剂的累加改良效应，所以差异比较显著；2014 年土壤中有效铁含量较 2013 年土壤中有效铁含量高，其原因可能是因为土壤改良剂本身含有铁元素，土壤中残留了上年土壤改良剂中的铁元素。

由方差分析可知，播期对 2013 年各个时期土壤中的有效铁含量影响不显著，土壤改良剂对移栽前和移栽后 60 d 土壤中的有效铁含量影响显著，对采收后的铁含量影响不显著；播期和土壤改良剂对 2014 年各个时期土壤中的有效铁含量均存在显著影响，两者的交互作用对移栽前土壤中的有效铁含量影响不显著，对移栽后 60 d 和采烟后土壤中的有效铁含量存在显著影响。

表3-6　对土壤中有效性铁含量的影响（mg/kg）

年份	播期	改良剂	移栽前	移栽后60 d	采样后
		S0	124. 13 ± 3. 58a	115. 93 ± 3. 35a	118. 35 ± 3. 42a
	T1	S30	118. 41 ± 3. 42a	111. 50 ± 3. 22a	117. 03 ± 3. 38a
		S60	113. 00 ± 3. 26a	111. 19 ± 3. 21a	111. 72 ± 3. 23a
		S0	119. 90 ± 3. 46a	114. 38 ± 3. 30a	115. 79 ± 1. 34a
	T2	S30	113. 95 ± 3. 29a	115. 21 ± 3. 33a	113. 79 ± 3. 34a
		S60	110. 90 ± 3. 20a	101. 93 ± 2. 94b	115. 49 ± 3. 33a
		S0	116. 66 ± 3. 37a	121. 28 ± 3. 50a	114. 15 ± 3. 30a
2013	T3	S30	117. 90 ± 3. 40a	110. 37 ± 3. 19a	112. 50 ± 3. 25a
		S60	110. 74 ± 3. 20a	112. 12 ± 3. 24a	112. 71 ± 3. 25a
		S0	119. 09 ± 3. 44a	112. 53 ± 3. 25a	114. 93 ± 3. 32a
	T4	S30	113. 68 ± 3. 28ab	112. 01 ± 3. 23a	112. 66 ± 3. 25a
		S60	107. 24 ± 3. 10b	109. 65 ± 3. 17a	112. 04 ± 3. 23a
	T		ns	ns	ns
	S		＊＊	＊	ns
	T×S		ns	ns	ns
		S0	131. 36 ± 3. 79a	130. 80 ± 3. 03a	129. 57 ± 3. 00a
	T1	S30	129. 93 ± 3. 75a	130. 49 ± 3. 02a	124. 73 ± 2. 89a
		S60	126. 97 ± 3. 67a	105. 81 ± 2. 45b	129. 05 ± 2. 99a
		S0	130. 14 ± 3. 76a	131. 73 ± 3. 05a	131. 01 ± 3. 04a
	T2	S30	129. 12 ± 3. 73a	130. 60 ± 3. 03a	125. 45 ± 2. 91ab
		S60	132. 39 ± 3. 82a	122. 37 ± 2. 84a	119. 18 ± 2. 76b
		S0	120. 43 ± 3. 48a	129. 36 ± 3. 00a	130. 49 ± 3. 02a
2014	T3	S30	109. 09 ± 3. 15b	124. 32 ± 2. 88a	109. 51 ± 2. 54b
		S60	100. 01 ± 2. 89b	120. 82 ± 2. 80a	118. 66 ± 2. 75b
		S0	130. 55 ± 3. 77a	116. 09 ± 2. 69a	124. 42 ± 2. 88a
	T4	S30	121. 66 ± 3. 51ab	112. 18 ± 2. 60a	118. 66 ± 2. 75a
		S60	117. 57 ± 3. 39b	118. 47 ± 2. 75a	104. 06 ± 2. 41b
	T		＊＊	＊＊	＊＊
	S		＊＊	＊＊	＊＊
	T×S		ns	＊＊	＊＊

3.3.3.4　对土壤中有效锰含量的影响

表 3 - 7 为 2013 年、2014 年土壤中有效锰含量的变化，从表可知，施用土壤改良剂对不同时期和不同年际之间土壤中有效锰的影响不同。就 2013 年而言，施用土壤改良剂后在不同时间和不同播期之间的表现均不同，在移栽期，同一播期下施用土壤改良剂总体上能够降低土壤中的有效锰含量，但差异均不显著。在移栽后 60 d，同一播期下施用土壤改良剂能够显著降低土壤中有效锰的含量，表现为 S0 > S30 > S60（T3、T4 除外）。采烟后，土壤改良剂对土壤中有效铁含量在不同播期的表现，在 T1、T2 处理表现为施用土壤改良剂能够降低土壤中的有效锰含量，在 T3、T4 处理下表现相反，施用土壤改良剂能够增加土壤中有效锰的含量，出现这种情况的主要原因是在烤烟的生育后期降雨量增加，土壤 pH 值降低，且土壤改良剂中含有锰元素，所以会出现土壤中有效锰增加的现象。就 2014 年而言，土壤改良剂对各个时期土壤中有效锰含量影响不同。在移栽期时，除 T4 外，同一播期下，施用土壤改良剂能够显著降低土壤中有效锰的含量；在移栽后 60 d 表现为 T1 处理施用土壤改良剂后土壤中的锰含量显著下降，T2 处理显著上升；在采烟后施用改良剂在不同播期表现不同。这主要与取土样的时间有关。

由方差分析可知，播期对两年试验数据中各个时期土壤中的有效锰含量均存在显著性影响，土壤改良剂对 2013 年移栽后 60 d 和 2014 年各个时期土壤中的有效锰含量存在显著影响；两者的交互作用对移栽后 60 d 和 2014 年各时期土壤中的有效锰含量存在影响。综合两年的试验数据可知，土壤改良剂在升高土壤 pH 值时能够降低土壤中有效锰的含量，锰含量与土壤 pH 值的大小有紧密的关系。

表 3 -7　对土壤中有效性锰含量的影响（mg/kg）

年份	播期	改良剂	移栽前	移栽后 60 d	采样后
2013	T1	S0	45.64 ± 2.64a	49.47 ± 2.86a	48.50 ± 2.80a
		S30	42.62 ± 2.46a	34.65 ± 2.00b	43.15 ± 1.65ab
		S60	43.17 ± 2.49a	33.36 ± 1.93b	38.70 ± 2.23b
	T2	S0	46.61 ± 1.91a	47.12 ± 2.72a	51.81 ± 2.99a
		S30	43.29 ± 1.27a	38.44 ± 2.22b	41.24 ± 2.38b
		S60	40.89 ± 2.53a	36.90 ± 2.13b	39.37 ± 2.27b
	T3	S0	37.90 ± 2.19a	43.31 ± 2.21a	38.19 ± 2.20a
		S30	44.10 ± 2.55a	35.97 ± 2.08b	36.22 ± 2.09a
		S60	40.60 ± 2.34a	39.21 ± 2.26ab	42.65 ± 2.46a
	T4	S0	39.52 ± 1.94a	35.32 ± 2.04a	29.93 ± 1.73b
		S30	35.89 ± 2.30a	41.40 ± 2.39a	45.77 ± 2.64a
		S60	34.36 ± 1.98a	28.96 ± 1.67b	33.82 ± 2.30a
	T		＊＊	＊	＊
	S		ns	＊＊	ns
	T×S		ns	＊＊	ns

年份	播期	改良剂	移栽前	移栽后 60 d	采样后
2014	T1	S0	45.32 ± 1.05a	48.68 ± 1.12a	43.65 ± 1.01a
		S30	44.06 ± 1.02a	44.87 ± 1.04b	36.40 ± 0.84b
		S60	33.35 ± 0.77b	40.34 ± 0.93c	33.64 ± 0.78a
	T2	S0	40.18 ± 0.93a	33.80 ± 0.78b	36.46 ± 0.84a
		S30	32.29 ± 0.75b	34.19 ± 0.79b	30.31 ± 0.70b
		S60	39.83 ± 0.92a	40.02 ± 0.92a	34.54 ± 0.80a
	T3	S0	33.35 ± 0.77a	36.14 ± 0.83a	35.85 ± 0.83a
		S30	31.88 ± 0.74a	38.84 ± 0.90a	37.59 ± 0.87a
		S60	25.88 ± 0.60b	38.93 ± 0.90a	35.85 ± 0.83a
	T4	S0	31.56 ± 0.73b	32.84 ± 0.76b	28.99 ± 0.67b
		S30	35.53 ± 0.82a	38.42 ± 0.89a	32.45 ± 0.75a
		S60	34.92 ± 0.81a	29.18 ± 0.67b	29.82 ± 0.69b
	T		＊＊	＊＊	＊＊
	S		＊＊	＊	＊＊
	T×S		＊＊	＊＊	＊＊

3.3.3.5 对土壤中有效锌含量的影响

表 3 - 8 为 2013 年、2014 年土壤中有效锌的含量。通过对两年的试验数据分析可知，2014 年土壤中有效锌的含量较 2013 年的高，可能是因为土壤改良剂含有的锌元素残留在土壤中，使土壤中的有效锌含量增加。由于采样时间、pH 值等因素的影响，播期对土壤中锌的影响在两年的试验中各个时期表现出来的效果也不相同，在 2013 年移栽期表现为 T4 > T3 > T2 > T1，移栽后 60 d 表现为 T4 > T2 > T3 > T1，采收后表现为 T4 > T2 > T1 > T3；在 2014 年移栽期 T3 处理有效锌含量最高，在移栽后 60 d 和采收后 T2 处理的有效锌含量均为最高。施用土壤改良剂在各个播期之间所表现出来的规律不同，在有的播期表现为施用土壤改良剂能够降低土壤中有效锌的含量，这可能与取土时间有关，因为烤烟是在不同时间移栽的，而取土时间是根据烤烟的生育天数进行的，取土时间不同，同时受到降雨量等影响，土壤改良剂表现的效果不一样，所以会出现这种结果。

由方差分析可知，在两年的试验中，播期对土壤中各个时期的有效锌含量均存在显著性影响，土壤改良剂对移栽前和采烟后土壤中的有效锌含量影响不显著，对移栽 60 d 后土壤中的有效锌含量有显著影响。在 2013 年播期和土壤改良剂两者的交互作用仅对烤烟移栽后 60 d 土壤中有效锌含量存在影响。两者的交互作用对 2014 年土壤中各时期的有效锌含量均存在显著影响。

表3-8　对土壤中有效锌含量的影响（mg/kg）

年份	播期	改良剂	移栽前	移栽后60 d	采样后
2013	T1	S0	7.30±0.42a	8.42±0.49a	9.18±0.33b
		S30	8.04±0.46a	10.25±0.59a	9.01±0.52b
		S60	8.82±0.51a	9.93±0.57a	11.07±0.64a
	T2	S0	8.01±0.12a	9.28±0.54b	9.94±0.57b
		S30	8.57±0.26a	12.06±0.70a	9.99±0.58b
		S60	8.48±0.23a	12.94±0.75a	12.51±0.72a
	T3	S0	8.63±0.50a	10.59±0.61a	9.74±0.56a
		S30	9.01±0.52a	11.55±0.67a	9.22±0.53a
		S60	8.60±0.50a	10.40±0.60a	9.72±0.56a
	T4	S0	10.67±0.62a	13.81±0.80a	10.39±0.60b
		S30	11.16±0.64a	11.16±0.64b	13.00±0.75a
		S60	12.06±0.70a	13.19±0.76ab	12.65±0.73ab
	T		**	**	**
	S		ns	ns	**
	T×S		ns	**	ns
2014	T1	S0	13.01±0.30a	13.01±0.30a	11.57±0.27ab
		S30	12.07±0.28a	11.84±0.27b	12.10±0.28a
		S60	12.01±0.28a	11.68±0.27b	10.75±0.25b
	T2	S0	13.44±0.31a	12.48±0.29a	15.07±0.35a
		S30	14.17±0.33a	12.91±0.30a	12.81±0.30b
		S60	14.27±0.33a	13.22±0.31a	12.86±0.30b
	T3	S0	14.11±0.33a	10.90±0.25b	12.42±0.29b
		S30	14.42±0.33a	13.23±0.31a	13.96±0.32ab
		S60	14.04±0.32a	14.20±0.33a	13.38±0.31a
	T4	S0	12.85±0.30b	13.23±0.31a	12.72±0.29b
		S30	13.50±0.31ab	10.94±0.25b	12.79±0.29b
		S60	14.48±0.33a	12.97±0.30a	13.85±0.32a
	T		**	*	**
	S		ns	**	ns
	T×S		**	**	**

3.3.3.6 对土壤中有效铜含量的影响

由表3-9可知2013年和2014年土壤中铜含量的变化，通过对这两年的试验数据分析可知，2014年土壤中有效铜含量较2013年土壤中有效铜含量高，这可能是因为土壤中残留了2013年土壤改良剂中的铜元素，也可能与土壤改良剂的施用时间及土样的采取时间有关。不同播期之间有效铜含量不同，就2013年而言，在移栽期和移栽后60 d同一播期下，施用土壤改良剂对土壤中的有效铜含量不存在显著性影响。采烟后，施用土壤改良剂对T1和T3播期下土壤中的有效铜含量影响不显著，对其他两个播期土壤中的有效铜含量有显著性影响，可以增加土壤中有效铜的含量，出现这种情况可能是因为在采烟后，土壤pH值下降，致使土壤中的有效铜含量增加；在2014年，在移栽期时，施用土壤改良剂后，土壤中有效铜含量除在T2播期为上升外，其他3个播期土壤中有效铜含量在施用土壤改良剂后均下降，土壤改良剂对移栽后60 d时各播期下土壤中有效铜含量影响不显著。采收后，土壤中的有效铜含量在施用土壤改良剂后总体变化不明显。

表3-9 对土壤中有效铜含量的影响 （mg/kg）

年份	播期	改良剂	移栽前	移栽后60 d	采样后
		S0	5.66 ± 0.33a	5.06 ± 0.29a	5.06 ± 0.29a
	T1	S30	5.53 ± 0.32a	5.57 ± 0.32a	4.20 ± 0.24a
		S60	5.36 ± 0.31a	5.14 ± 0.30a	4.58 ± 0.23a
		S0	5.65 ± 0.23a	5.53 ± 0.32a	4.07 ± 0.23b
	T2	S30	5.34 ± 0.12a	6.22 ± 0.36a	4.54 ± 0.26b
		S60	5.02 ± 0.16a	6.34 ± 0.37a	5.50 ± 0.43a
2013		S0	5.74 ± 0.33a	6.43 ± 0.37a	5.31 ± 0.31a
	T3	S30	6.04 ± 0.35a	5.70 ± 0.33a	5.19 ± 0.30a
		S60	6.39 ± 0.37a	5.70 ± 0.33a	4.46 ± 0.26a
		S0	6.06 ± 0.47a	6.88 ± 0.51a	5.86 ± 0.40b
	T4	S30	6.06 ± 0.47a	6.42 ± 0.43a	6.38 ± 0.43ab
		S60	6.28 ± 0.48a	5.82 ± 0.39a	7.45 ± 0.49a
	T		ns	＊＊	＊＊
	S		ns	ns	＊＊
	T×S		ns	＊	＊＊

续上表

年份	播期	改良剂	移栽前	移栽后 60 d	采样后
2014	T1	S0	8.19 ± 0.24a	6.95 ± 0.20a	6.86 ± 0.20ab
		S30	7.12 ± 0.21b	7.29 ± 0.21a	6.39 ± 0.18b
		S60	7.42 ± 0.21b	7.19 ± 0.15a	7.29 ± 0.21a
	T2	S0	7.25 ± 0.21b	7.97 ± 0.23a	8.15 ± 0.24a
		S30	8.10 ± 0.23a	7.63 ± 0.12a	6.86 ± 0.20b
		S60	8.06 ± 0.23a	8.10 ± 0.23a	7.20 ± 0.21b
	T3	S0	7.67 ± 0.22a	8.23 ± 0.44a	9.22 ± 0.27a
		S30	6.47 ± 0.19b	7.93 ± 0.23a	7.29 ± 0.21c
		S60	6.73 ± 0.19b	8.57 ± 0.25a	8.36 ± 0.24b
	T4	S0	9.47 ± 0.27a	7.72 ± 0.22a	8.36 ± 0.24a
		S30	9.22 ± 0.27ab	7.72 ± 0.22a	7.93 ± 0.23ab
		S60	8.40 ± 0.24b	7.90 ± 0.23a	7.37 ± 0.21b
	T		＊＊	＊＊	＊＊
	S		＊	ns	＊＊
	T×S		＊＊	＊＊	＊＊

综上所述，播期和土壤改良剂均可对土壤中的中微量元素产生影响，播期对其的影响，一方面可能是受降雨量的影响，另一方面可能是受烤烟的移栽期（取土时间不同）的影响。降雨量可能改变土壤的酸碱度，从而影响土壤中的有效态金属元素的含量；土壤改良剂是同时施下去的，而烤烟是在不同时间移栽的，土壤采取时间也不相同，土壤采取时间不同就会影响土壤中的中微量元素含量。土壤改良剂能够增加土壤中的钙、镁，是因为改良剂本身的主要成分是氧化钙且富含有大量镁元素。铁含量在移栽前和生育中期显著下降，在采收后表现不明显，可能原因是：土壤 pH 值升高，会使土壤中的有效态铁含量下降，在后期由于受降水等影响，土壤 pH 值下降，而且土壤改良剂自身含有铁元素，在后期土壤中的有效态铁增加，所以在 2013 年采收后，就会出现土壤改良剂对土壤中的有效铁影响不显著的情况。土壤改良剂对移栽前土壤中的锰、锌、铜含量影响不显著，而在生育中后期有显著影响，有的播期下出现增加，有的降低，可能原因是土壤 pH 值升高虽然能使土壤中的有效金属含量下降，而土壤改良剂本身含有这些元素，这时就可能出现下面几种情况：当土壤改良剂的抑制作用大于促进作用时，土壤中的有效态铁、锰、锌、铜就会下降，两者相等时，影响不显著；当抑制作用小于促进作用（降雨）时就会上升，在后期出现的土壤中的锌、铜含量的增加可能就是这种原因引起的。

3.3.4 播期和土壤改良剂对烤烟生育进程的影响

由表 3 - 10、表 3 - 11 可以看出，在两年的试验中，随着移栽期的推迟，不同处理的团棵期、旺长期、现蕾期以及各部位采收期时间差均呈现出逐渐缩短的趋势，大田生育期总时间也逐渐缩短。T1、T2 处理（早播）由于前期生长有效积温偏低，烟株为满足积温条件需要延长生育期，随着播栽期的推迟，气温逐渐升高，达到积温标准的时间缩短，因此，烟草各生育期随播期的推迟大田生育期相应缩短。2014 年的任一播期下烤烟到达团棵期的时间均比 2013 年到团棵期的时间长。2013 年到达团棵期最长时间为 40 d，而 2014 年到达团棵期最少的时间为 50 d，2014 年，烤烟从团棵期到现蕾期的时间明显缩短，出现这种情况是因为在 2014 年 2 月到 3 月上旬出现连续的低温天气，影响了烤烟的正常生长，烤烟到达团棵期需要一定的积温来满足自身的生长需要，所以 2014 年烤烟到达团棵期的时间要长。由于烤烟在连续遭遇低温天气后，容易引起烤烟出现早花现象，因此 2014 年团棵期到现蕾期所经历的时间要明显小于 2013 年。同一播期下，施用改良剂能使现蕾提前 1 ～ 2 d，整个烟叶采烤期缩短 1 ～ 2 d。

3.3.5 播期和土壤改良剂对烤烟农艺性状的影响

由表 3 - 12 可知，播期对烤烟的有效叶数影响不显著，但却对株高、茎围、上中下部叶面积及花叶病发病率有显著影响。土壤改良剂主要影响烟株的株高和茎围；烤烟的茎围和花叶病发病率还受到播期和土壤改良剂的交互作用影响。株高、茎围、上中下部叶面积随播期的推迟均明显减小，而花叶病的发病率却随播期的推迟而增加。

由表 3 - 13 可知，播期对烟株的茎围、有效叶数、中下部叶面积、花叶病发病率有极显著影响，株高和上部叶面积有显著影响，有效叶数随播期的推迟呈逐渐降低的趋势，上部叶叶面积在第三播期最高。花叶病的发病率在 T3 时最高，适当提早播期可以降低花叶病的发病率。中部叶的叶面积在第一播期最小，出现这种情况的原因是因为烤烟在 1—2 月份长期遭遇低温天气引起的。

土壤改良剂对烤烟的株高、茎围及上中下部叶的叶面积没有显著影响，但对有效叶数有显著影响。同一播期内，施用土壤改良剂对烤烟的株高、茎围及上中下部叶面积无显著影响，但对有效叶数有显著影响，可使烤烟的有效叶数明显增加。播期和土壤改良剂两者的交互作用对烤烟的各个农艺性状指标没有显著影响。

表3-10 播期和土壤改良剂对烤烟生育进程的影响（2013年）

播期	改良剂	播种时间 （年/月/日）	移栽期 （月/日）	团棵期 （月/日）	旺长期 （月/日）	现蕾期 （月/日）	底叶采 收时期 （月/日）	中部叶采 收时期 （月/日）	顶叶采 收时期 （月/日）	大田期 （d）
T1	S0	2012/11/8	2/2	3/13	3/23	4/3	5/7	5/21	6/14	131
	S30			3/13	3/23	4/2	5/7	5/21	6/13	130
	S60			3/13	3/23	4/2	5/7	5/22	6/13	130
T2	S0	2012/11/18	2/4	3/14	3/25	4/5	5/8	5/23	6/14	129
	S30			3/14	3/25	4/3	5/8	5/23	6/13	128
	S60			3/14	3/25	4/3	5/8	5/22	6/14	129
T3	S0	2012/11/28	2/16	3/22	4/7	4/15	5/14	5/28	6/21	126
	S30			3/22	4/7	4/15	5/14	5/28	6/20	125
	S60			3/22	4/7	4/15	5/14	5/28	6/20	125
T4	S0	2012/12/8	2/20	3/25	4/10	4/15	5/21	6/4	6/21	122
	S30			3/25	4/10	4/16	5/21	6/3	6/19	120
	S60			3/25	4/10	4/16	5/21	6/3	6/20	121

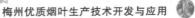

表3-11 播期和土壤改良剂对烤烟生育进程的影响（2014年）

播期	改良剂	播种时间（年/月/日）	移栽期（月/日）	团棵期（月/日）	旺长期（月/日）	现蕾期（月/日）	底叶采收时期（月/日）	中部叶采收时期（月/日）	顶叶采收时期（月/日）	大田期（d）
	S0			3/21	3/23	4/8	5/5	5/19	6/7	133
T1	S30	2013/11/6	1/24	3/21	3/23	4/7	5/5	5/19	6/7	133
	S60			3/21	3/23	4/7	5/5	5/19	6/7	133
	S0			4/1	4/7	4/15	5/8	5/19	6/12	124
T2	S30	2013/11/16	2/8	4/1	4/7	4/13	5/8	5/19	6/12	124
	S60			4/1	4/7	4/13	5/8	5/19	6/12	124
	S0			4/2	4/7	4/14	5/13	5/27	6/13	123
T3	S30	2013/11/26	2/10	4/2	4/7	4/14	5/13	5/27	6/13	123
	S60			4/2	4/7	4/14	5/13	5/27	6/13	123
	S0			4/7	4/10	4/17	5/16	5/28	6/13	114
T4	S30	2013/12/6	2/19	4/7	4/10	4/15	5/16	5/28	6/13	114
	S60			4/7	4/10	4/15	5/16	5/28	6/13	114

表3-12　播期和土壤改良剂用量对烟株农艺性状影响（打顶后）（2012—2013年）

播期	改良剂	株高（cm）	茎围（cm）	有效叶数（片）	上部叶面积（cm²）	中部叶面积（cm²）	下部叶面积（cm²）	花叶病发病率（%）
T1	S0	114.13±1.99b	10.17±0.13a	18.33±0.67a	928.21±31.18a	1609.93±69.95a	1596.87±57.27a	1.09a
	S30	120.83±1.20a	10.30±0.08a	18.33±0.33a	978.95±13.69a	1786.06±74.22a	1617.88±37.68a	1.13a
	S60	115.67±0.65b	10.40±0.14a	18.00±0.00a	918.90±63.47a	1810.97±34.07a	1710.42±100.19a	1.17a
T2	S0	110.47±0.94b	10.17±0.07b	18.33±0.67a	886.16±17.68a	1496.02±60.92a	1452.67±47.11b	0.98a
	S30	117.33±0.88a	10.40±0.21ab	18.33±0.88a	968.27±23.70a	1493.12±31.40a	1514.75±23.92b	1.13a
	S60	111.00±1.73b	10.77±0.15a	18.33±0.33a	866.96±82.60a	1650.83±71.97a	1676.81±55.68a	0.97a
T3	S0	105.60±1.30a	9.23±0.15b	18.33±0.33a	755.11±40.66a	1416.97±40.75a	1334.40±27.43b	12.34a
	S30	109.07±2.37a	10.00±0.10a	18.00±0.58a	822.42±45.98a	1481.68±100.46a	1612.74±120.51a	13.10a
	S60	100.23±3.84a	9.67±0.09a	18.00±0.58a	865.38±40.86a	1441.44±73.21a	1572.01±24.97ab	11.98a
T4	S0	107.40±0.67a	9.90±0.10ab	17.33±0.67a	729.61±75.74a	1425.15±73.67a	1564.00±39.50a	29.82a
	S30	111.47±2.02a	10.17±0.09a	18.33±0.33a	696.15±41.09a	1478.11±84.61a	1651.06±39.81a	31.71a
	S60	111.70±2.39a	9.83±0.09b	18.00±0.76a	643.92±18.40a	1432.81±149.31a	1606.53±67.79a	32.17a
T		**	**	ns	**	**	**	**
S		**	**	ns	ns	ns	ns	ns
T×S		ns	**	ns	ns	ns	ns	**

表 3-13　播期和土壤改良剂用量对烟株农艺性状的影响（打顶后）（2013—2014 年）

播期	改良剂	株高（cm）	茎围（cm）	有效叶数（片）	上部叶面积（cm²）	中部叶面积（cm²）	下部叶面积（cm²）	花叶病发病率（%）
T1	S0	96.00±2.01a	8.30±0.14a	18.00±0.55a	601.21±21.17a	1107.10±44.58a	1155.99±56.55a	0.78a
	S30	95.68±2.11a	8.50±0.08a	18.50±0.50a	602.32±29.71a	1046.53±14.51a	1128.03±26.59a	0.85a
	S60	96.94±3.42a	8.28±0.25a	18.60±0.66a	653.55±27.07a	1182.74±29.82a	1051.87±57.12a	0.79a
T2	S0	88.00±4.04a	7.93±0.25a	16.75±0.48b	612.81±51.02a	1299.81±53.55a	1340.07±112.81a	3.50a
	S30	91.00±3.29a	8.22±0.21a	17.20±0.20ab	749.16±43.08a	1333.47±40.08a	1393.36±65.37a	3.78a
	S60	93.63±3.73a	7.93±0.11a	18.25±0.63a	652.35±57.99a	1285.85±44.87a	1338.05±41.77a	3.13a
T3	S0	89.16±1.65a	8.10±0.18a	16.80±0.37a	734.10±38.00a	1286.10±91.36a	1321.57±106.45a	20.80a
	S30	89.00±1.93a	8.12±0.20a	17.67±0.33a	690.04±46.77a	1218.62±52.91a	1351.29±36.84a	19.98a
	S60	94.76±1.78a	8.18±0.11a	17.80±0.37a	719.80±79.60a	1308.45±41.26a	1330.95±40.77a	20.18a
T3	S0	90.88±3.11a	7.70±0.32ab	15.50±0.65a	564.61±97.62a	1113.28±28.30a	1277.03±104.22b	17.80a
	S30	88.10±1.86a	7.33±0.14b	16.00±0.41a	563.57±14.68a	1184.03±42.72a	1257.17±33.38b	18.98a
	S60	92.53±2.36a	8.15±0.18a	17.00±0.71a	601.55±44.45a	1189.60±75.02a	1584.44±83.82a	18.13a
T		*	**	**	*	**	**	**
S		ns	ns	*	ns	ns	ns	ns
T×S		ns	ns	ns	ns	ns	ns	*

3.3.6　播期和土壤改良剂对烤烟干物质积累量的影响

干物质积累量是作物生长发育的重要指标，也是形成产量的物质基础。在本试验条件下研究了 2012—2013 年现蕾期（表 3 – 14）和成熟期（表 3 – 15）的干物质积累量。由方差分析可知，播期对现蕾期烤烟生长的各个部位重量均有显著影响，土壤改良剂对烤烟上部叶片的重量影响不显著，对其他部位均存在显著影响；播期和土壤改良剂两者的交互作用对烤烟各个部位的干物质积累量均有显著影响。现蕾期同一播期下，除上部叶干物质积累量在第三播期是下降的外，其他部位的干物质积累量在施用土壤改良剂后均表现为上升的趋势，且随着土壤改良剂施用量的增加而增加。就播期而言，随着播期的推迟，干物质积累量减少，这可能与播期推迟，生育期内温度较高，导致生育期缩短，造成光合作用积累量减少有关。

由表 3 – 15 可知，播期和土壤改良剂对烤烟各个部位的干物质积累量均有极显著影响。在成熟期时，就同一播期而言，施用改良剂能够增加烤烟的干物质积累量；干物质的积累量随播期的推迟而下降，提前播种，烤烟茎的干物质积累量显著高于推迟播种的干物质积累量。上部叶的干物质积累量最高的是在第三播期，这可能与第三播期在上部叶所处的环境有关，促进了上部叶干物质的积累。其他部位的干物质积累量的总趋势是随着播期的推迟而下降。

综合上述分析可知，土壤改良剂和播期均对烤烟的干物质积累量有显著性影响，土壤改良剂的用量为 900 kg/hm² 时，烤烟能够获得最大的干物质积累量；就播期而言，在 T1 处理下可以获得最大干物质积累量。

3.3.7　播期和土壤改良剂对成熟期烟草叶片生理指标的影响

3.3.7.1　对硝酸还原酶活性的影响

硝酸还原酶（nitrate reductase，NR）是氮代谢的关键酶和限速酶，其活性的高低对整个氮代谢强度起决定性作用，多数学者用其来衡量植株氮代谢的强弱（Weybrew，1983）。

图 3 – 9 是不同处理下中部鲜烟叶 NR 活性的比较。在烟叶成熟的过程中，中部叶 NR 活性总体（T1 除外）呈下降趋势。T1 播期下的 NR 活性要较其他三个播期处理的低（移栽后 84 d 除外）；从移栽后 91 d 开始，土壤改良剂能增加 T2、T3、T4 三个播期下中部叶 NR 活性。播期对硝酸还原酶的影响可能是由于光照、降雨量、气温的不同所致，本试验条件下 T1 处理从移栽期到旺长期经历了长时间的低温天气，导致 NR 活性较低，这与位辉琴等（2006）的研究结果基本一致，低温会降低 NR 的活性。

表3-14 2012—2013 年现蕾期烟株各部位干物质积累量

播期	改良剂	上部叶（g）	中部叶（g）	下部叶（g）	茎（g）	根（g）	总重（g）
T1	S0	14.68±0.54b	26.80±0.77c	24.57±0.71b	24.37±0.70b	22.12±0.64c	116.54±3.36c
	S30	14.07±0.41b	34.90±1.01b	29.43±0.85a	27.48±0.79a	27.57±0.80b	133.45±3.85b
	S60	18.67±0.42a	45.59±1.32a	29.60±0.85a	29.99±0.87a	31.77±0.92a	151.62±4.38a
T2	S0	14.70±0.42a	31.60±0.91a	20.90±0.60b	22.15±0.64a	15.75±0.45c	105.10±3.03b
	S30	15.41±0.44a	32.81±0.95a	20.91±0.60b	20.90±0.60b	20.18±0.58b	110.21±3.18b
	S60	14.74±0.43a	37.88±0.98a	25.90±0.75a	24.39±0.70c	24.55±0.88a	129.46±3.74a
T3	S0	15.21±0.44b	30.33±0.88b	22.10±0.64c	18.10±0.52c	12.70±0.37b	98.44±2.84b
	S30	17.66±0.51a	28.57±0.82b	24.68±0.71b	25.18±0.73b	14.51±0.42a	110.60±3.19a
	S60	11.26±0.33c	36.06±1.04a	29.25±0.84a	24.66±0.71a	14.44±0.42a	115.67±3.34a
T4	S0	9.91±0.29c	25.17±0.73b	28.80±0.83a	17.93±0.52b	12.43±0.36b	94.24±2.72b
	S30	11.21±0.32b	26.46±0.76b	25.99±0.75b	19.37±0.56b	13.82±0.40b	96.85±2.80b
	S60	16.43±0.47a	31.86±0.92a	25.13±0.73b	24.42±0.70a	14.60±0.42a	112.44±3.25a
T		**	**	**	**	**	**
S		ns	**	**	**	**	**
T×S		**	**	**	**	**	**

表3-15　2012—2013年成熟期烟株各部位干物质积累量

播期	改良剂	上部叶（g）	上部茎（g）	中部叶（g）	中部茎（g）	下部叶（g）	下部茎（g）	总重（g）
T1	S0	20.79±0.60a	25.00±0.72a	39.87±1.15b	64.30±1.86b	24.31±0.70b	53.00±1.53b	227.27±6.56a
	S30	21.78±0.63a	22.40±0.65b	42.19±1.22ab	71.30±2.06a	25.19±0.73ab	62.10±1.79a	244.96±7.07a
	S60	22.58±0.65a	21.40±0.62b	46.20±1.33a	72.90±2.10a	27.16±0.78a	57.90±1.67ab	248.14±7.16a
T2	S0	22.70±0.66a	17.80±0.51a	38.50±1.11c	48.00±1.39b	18.42±0.53c	57.10±1.65a	202.52±5.85b
	S30	20.03±0.58b	19.30±0.56a	46.70±1.35b	50.00±1.44ab	27.01±0.78b	54.90±1.58a	217.94±6.29b
	S60	22.51±0.65a	18.90±0.55a	51.32±1.48a	54.60±1.58a	35.03±1.01a	58.90±1.70a	241.26±6.96a
T3	S0	22.52±0.77a	22.40±0.53b	35.08±1.01b	37.20±1.07c	19.47±0.56b	48.00±1.39b	184.67±5.58c
	S30	22.67±0.65b	23.00±0.66ab	36.32±1.05b	47.10±1.36b	19.85±0.57b	56.60±1.63b	205.54±5.92b
	S60	25.27±0.73a	24.40±0.70a	43.94±1.27a	59.30±1.71a	28.20±0.81a	50.10±1.45a	231.31±6.43a
T4	S0	20.17±0.67a	18.30±0.53c	31.47±0.91b	45.50±1.14c	22.00±0.64c	43.00±1.24a	179.44±5.12b
	S30	21.09±0.61ab	21.80±0.63b	36.48±1.05a	54.50±1.57b	24.77±0.72b	42.00±1.21a	200.64±5.79a
	S60	23.36±0.59b	25.00±0.72a	39.90±1.15a	49.10±1.42a	29.32±0.85a	46.30±1.34a	212.98±6.06a
T		ns	**	**	**	**	**	**
S		**	**	**	**	**	**	**
T×S		**	**	ns	**	**	**	ns

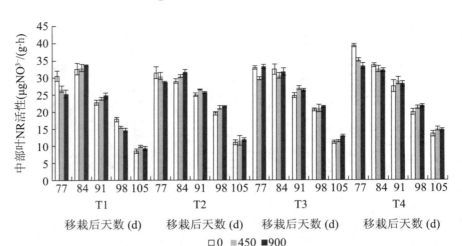

图 3 - 9　不同处理中部叶 NR 活性的变化（2014 年）

3.3.7.2　对酸性蔗糖转化酶（InV）活性的影响

蔗糖是高等植物光合作用的主要产物，是碳运输的主要形式，也是"库"代谢的主要基质（Walker，1976）。转化酶在糖代谢中的催化反应如下：蔗糖 + 水→果糖 + 葡萄糖。烟草叶片中只具有酸性转化酶活性，高活性 InV 主要为快速生长的组织提供己糖作为碳源。

图 3 - 10 为不同处理中部叶鲜烟叶酸性蔗糖转化酶活性的变化。各播期下中部叶蔗糖转化酶活性的差异随烟叶生育期的进行逐渐缩小，这可能是因为随

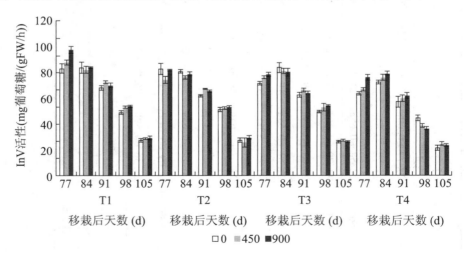

图 3 - 10　不同处理中部叶 InV 活性的变化（2014 年）

着烟叶的大田生育期较长，烟叶所需要的能量逐步减弱，所以蔗糖转化酶活性降低；播期对中部叶中酸性蔗糖转化酶影响较小，土壤改良剂能够提高烟叶中蔗糖转化酶的活性（T2 播期除外），且随土壤改良剂用量的增加而增大，这说明土壤改良剂在一定程度上能够改善烟叶的碳氮代谢。

3.3.8　播期和土壤改良剂对烟叶主要含氮化合物的影响

3.3.8.1　对烟叶总氮含量的影响

氮素是烟草体内许多有机化合物质如蛋白质、核酸、烟碱、叶绿素、酶及各种氨基酸的主要组成成分，是烤烟生长发育、光合作用、化学成分、产量等方面最重要的营养元素（陈建军等，2009）。

由图 3-11 可知，上部叶的氮素含量会随着烤烟的生长而逐渐下降，且在移栽后 80 d 至移栽后 94 d 内快速降低，这可能是因为现蕾后，烤烟进入成熟期，叶片内的含氮物质逐步分解引起的叶片氮含量下降。在相同的生育期下，上部叶总氮含量随着播期的推迟而降低。在移栽后 80 d 至 101 d，施用土壤改良剂处理可使上部叶总氮含量增加，到移栽后 108 d，差异不明显。

由图 3-11 可知，中部叶在成熟期的氮含量变化与上部叶氮含量变化的趋势基本一致，均是随着烤烟的生长，叶片中的氮含量逐步下降，播期的推迟会降低相同生育期内烤烟的氮含量；同一播期下施用土壤改良剂可使中部叶中氮的含量有所降低。由此可见，推迟播期可以降低烟叶中全氮含量，施用土壤改良剂也可降低烟叶中全氮的含量。

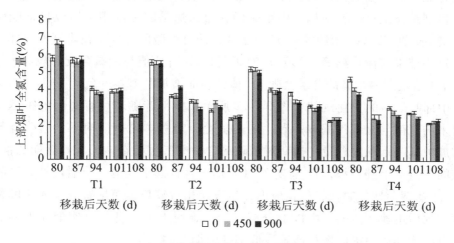

（a）对上部叶全氮含量的影响

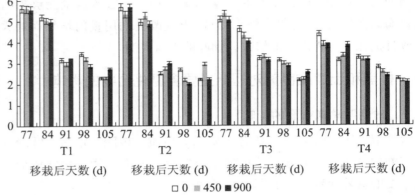

（b）对中部叶全氮含量的影响

图 3 - 11　播期和土壤改良剂对上、中部烟叶全氮含量的影响

3.3.8.2　对烟叶烟碱含量的影响

烟碱（尼古丁）是烟草中特有的植物碱，已被认为是满足烟草消费者生理需求的一种活性化合物，与烟叶品质和产品的可接受性直接相关（Yoshida，1964；陈建军，2009）。

由图 3 - 12 可知，各处理上部叶的烟碱含量在成熟期内呈明显上升趋势，T1 播期在叶片成熟期内，其烟碱含量较其他播期要低，在移栽后 77 d 时烟碱含量明显低于后 3 个播期，究其原因可能与其刚打完顶烟碱合成能力低有关。土壤改良剂总体上可以增加烟叶中烟碱的含量，这是因为施用土壤改良剂能够升高土壤 pH 值，改善烤烟生长的环境条件，而且烟碱的合成是在烤烟的根部完成的。这一结果与徐晓燕等（2004）的研究结果"pH 值与烟碱合成的规律——在一定 pH 值范围内烟碱的含量会随 pH 值升高而增加"基本一致。

中部叶烟碱的变化规律如图 3 - 12 所示，中部叶随着生育时间的推迟，表现出来的规律与上部叶基本一致，均是呈上升趋势。同一播期下土壤改良剂能够增加中部叶烟碱的含量。播期对烟碱的含量也有明显影响，随着播期的推迟，烟碱的含量呈上升趋势，T1 播期 77 d 时烟碱含量低于其他 3 个播期，这可能是因为 T1 播期前期气温低，打顶较迟，生育期相对较长，而烟碱的合成一般是在烤烟打顶后迅速产生的。由以上分析可知，施用土壤改良剂可使烟叶中的烟碱含量有所增加，但提前播种能够降低烟叶中烟碱的含量。

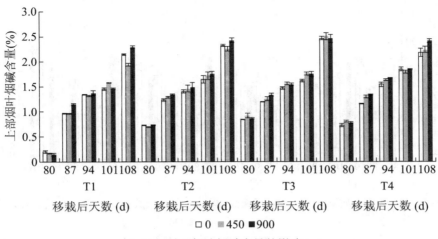

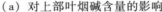

（a）对上部叶烟碱含量的影响

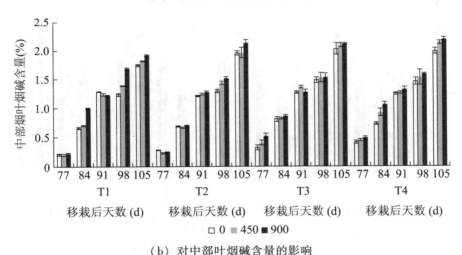

（b）对中部叶烟碱含量的影响

图3-12 播期和土壤改良剂对上、中部叶烟碱含量的影响

3.3.9 播期和土壤改良剂对烟叶主要碳水化合物的影响

3.3.9.1 对可溶性总糖含量的影响

可溶性糖是烟叶碳积累代谢过程的一个重要产物，其含量的高低将对烤后烟叶的品质产生显著影响。

由图3-13可知，同一播期下，各处理上部叶总糖含量均随着生育进程表现为先上升后下降的趋势，除T1播期外，其他3个播期的总糖含量均在101 d时含量最高。同一生育期下，推迟播期有利于增加上部叶中总糖的含量。土壤改良剂能够显著增加各播期下上部叶的总糖含量。

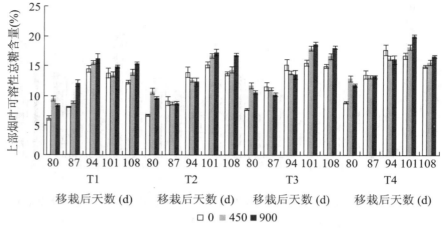

（a）对上部叶可溶性总糖含量的影响

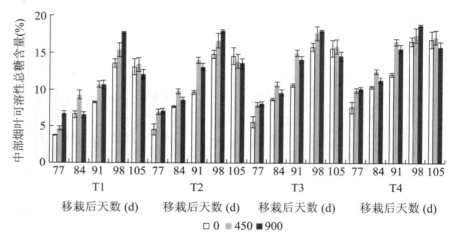

（b）对中部叶可溶性总糖含量的影响

图3-13　播期和土壤改良剂对上、中部叶可溶性总糖含量的影响

　　由图3-13可知，成熟期中部叶总糖的变化趋势与上部叶总糖的变化趋势基本一致，同一播期下各处理中部叶总糖含量均随着生育进程表现为先上升后下降的趋势，同一生育期下各处理中部叶的可溶性总糖含量也随着播期的推迟而显著增加。究其原因，可能与推迟播期后烟叶的大田生育期的时间缩短、烟叶提前开始由氮代谢转化为碳代谢有关。

3.3.9.2　对可溶性淀粉含量的影响

　　淀粉是糖的储藏形式，在烟叶烘烤调制过程中可转变为可溶性糖，对烤烟香味有积极作用。

　　从图3-14可以看出，成熟期上部叶的可溶性淀粉含量随生育时间总体表现为先上升后下降的趋势；在移栽后80～94 d期间，播期的推迟使烟叶中的淀粉含量有升高趋势，但在移栽后108 d时T4播期的淀粉含量整体表现低于其他3个播期，土壤改良剂对上部叶中淀粉的含量变化规律影响不明显，在不同播期和不同时间段有增有减。

由图3-14可知，成熟期中部叶的淀粉含量在生育期内的变化趋势与上部叶基本表现一致，均表现为先上升后下降的趋势；在移栽后77～91 d时，随着播期的推迟烟叶中淀粉含量增加，在98～105 d时各播期下淀粉含量无显著差异。土壤改良剂对中部叶中淀粉含量的影响主要表现在移栽后77～91 d这一段

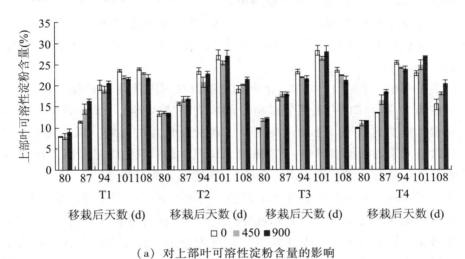

（a）对上部叶可溶性淀粉含量的影响

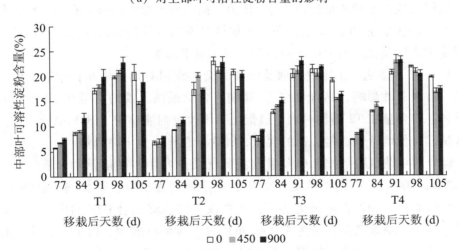

（b）对中部叶可溶性淀粉含量的影响

图3-14 播期和土壤改良剂对上、中部叶可溶性淀粉含量的影响

时间内，烟叶中淀粉的含量随土壤改良剂的用量增加而有所上升；而在移栽后105 d，施用土壤改良剂能够降低烟叶中淀粉的含量，这可能是因为土壤改良剂能够促进烟叶提前成熟，成熟期烟叶需要能量，促使烟叶中的淀粉分解消耗，所以烟叶中淀粉的含量会下降（张海，2013）。

3.3.10 播期和土壤改良剂对烤后烟叶品质的影响

3.3.10.1 对烤后烟叶中、微量元素含量的影响

（1）对 B2F 中、微量元素含量的影响

中、微量元素是烤烟的必需元素，它们的丰缺不仅影响烤烟的生长发育，还将在一定程度上对烤烟的产量和品质产生影响（袁有波等，2007；许蔺飞等，2013）。

由表 3 – 16、表 3 – 17 可知，播期和土壤改良剂用量对 B2F 烟叶中、微量元素含量在 2013 年和 2014 年两年试验中的表现趋势大体上一致。2013 年，B2F 微量元素含量受到播期、土壤改良剂及二者交互作用的影响。播期对 B2F 的 6 种中、微量元素均有显著影响，T2 播期下 B2F 中钙、铁的含量最高，T3 播期下 B2F 中镁含量最高。锰、锌、铜的含量在 T3 播期下含量最低。

除锌元素外，土壤改良剂对 B2F 其他 5 种金属元素均有显著影响，其中钙、镁含量随着土壤改良剂用量的增加而增加，而铁、锰含量表现的规律恰好相反。钙、镁增加可能是因为土壤改良剂本身含有大量钙、镁元素；而铁、锰含量的降低可能与施用土壤改良剂使土壤 pH 值升高，致土壤中的有效态铁、锰含量减少有关。铜含量在 T1、T2 播期下随土壤改良剂用量的增加而降低，在后两个播期下施用土壤改良剂对上部叶中的铜含量无显著影响。

2014 年，播期、土壤改良剂及两者的交互作用对烟叶中 6 种中、微量元素含量均有显著性影响，钙含量在 T2 播期下含量最高，铁的含量在 T3 播期时含量最高，锌含量在 T2 播期时含量最低。土壤改良剂能够增加 B2F 中钙、镁元素的含量，降低烟叶铁、锰、铜的含量，锌含量总体上呈下降趋势。

综合两年的试验数据，以及参照我国优质烟叶中、微量元素含量标准可知（王瑞新，2003），播期对 B2F 中的中、微量元素含量有显著影响，且在 T2 播期下烤烟的化学元素含量最为协调，土壤改良剂能够改善 B2F 的中、微量元素含量，且当土壤改良剂用量为 450 kg/hm^2 时，烤烟中的中、微量元素含量较为协调，适当提早播期能够使烟叶中的中、微量元素协调。

表3-16 播期和土壤改良剂用量对 B2F 烤后中、微量元素含量的影响（mg/kg）

年份	播期	改良剂	钙	镁	铁	锰	锌	铜
2013	T1	S0	13 006.38±375.46b	2747.50±158.63a	53.38±3.08a	288.65±16.66a	93.24±5.38ab	22.80±0.74a
		S30	16 579.12±478.60a	2842.50±164.11a	44.46±1.96a	164.59±9.50b	106.23±6.13a	21.38±1.23a
		S60	17 361.51±501.18a	2674.00±154.38a	47.21±2.73a	130.52±7.54b	84.53±4.88b	16.66±0.96b
	T2	S0	15 822.87±456.77b	2996.50±173.00a	84.27±4.87a	218.90±12.64a	99.00±5.72a	23.96±1.38a
		S30	19 995.39±577.22a	3252.50±187.78a	54.41±3.14b	139.52±8.05b	77.59±4.48b	17.95±1.04b
		S60	20 151.88±581.73a	3538.50±204.30a	59.56±3.44b	125.85±4.87	102.39±5.91a	17.09±0.99b
	T3	S0	11 963.26±345.35b	2322.50±134.09b	66.77±3.85a	133.41±7.70a	89.25±5.15a	8.51±0.49a
		S30	15 249.12±440.20a	4231.00±302.01a	61.62±3.56a	132.77±7.67a	79.80±4.61a	9.37±0.54a
		S60	15 789.51±367.18a	4150.00±297.34a	37.94±2.19b	114.45±6.61a	77.59±4.48a	8.08±0.47a
	T4	S0	11 937.13±344.60b	2696.00±155.65b	44.12±2.55a	194.48±11.23a	105.94±6.12a	10.22±0.59a
		S30	12 745.63±367.93ab	2881.00±137.47b	34.86±2.01b	184.51±10.65a	102.69±5.93a	10.65±0.61a
		S60	13 371.51±386.00a	3633.83±171.49a	31.77±1.83b	194.80±11.25a	102.84±5.94a	10.22±0.59a
	T		**	*	**	**	*	**
	S		**	**	**	**	ns	**
	T×S		ns	**	**	**	*	**

表3-17 播期和土壤改良剂用量对B2F烤后中、微量元素含量的影响 (mg/kg)

年份	播期	改良剂	钙	镁	铁	锰	锌	铜
2014	T1	S0	15 036.17±383.11b	2654.22±162.11a	134.54±3.88a	190.46±8.54a	82.26±2.37ab	15.02±0.35b
		S30	17 089.10±418.33a	2791.00±134.13a	134.54±2.76a	131.49±5.90b	78.74±2.27b	16.30±0.38a
		S60	18 521.03±499.08a	2713.22±119.77a	129.89±4.36a	116.03±520b	87.98±2.54a	12.44±0.27c
	T2	S0	15 921.03±396.78b	3018.72±164.22a	168.26±4.86a	138.42±6.21b	97.82±2.82a	12.01±0.26b
		S30	19 001.41.±508.65a	3465.33±146.77a	184.41±5.33b	177.53±7.96a	76.68±2.21b	12.16±0.15b
		S60	21 173.42±484.56a	3711.23±175.24a	119.23±3.44b	103.73±4.65c	63.77±1.84c	14.16±0.32a
	T3	S0	14 036.27±333.26b	2589.54±153.90b	174.39±3.85a	97.56±3.48a	98.55±2.84a	12.87±0.28a
		S30	16 458.07±412.20a	3933.15±210.22a	198.91±3.56a	88.91±3.99a	103.10±2.98a	11.16±0.24b
		S60	16 789.51±367.18a	3850.17±193.77a	134.00±2.19b	85.55±3.84a	94.00±2.71a	11.60±0.25b
	T4	S0	15 017.18±367.09b	2755.43±165.44c	133.52±2.76a	153.25±11.23a	96.20±2.78a	12.01±0.26a
		S30	16 745.63±367.93a	3299.34±143.19b	116.45±3.35b	111.46±10.65b	86.81±2.51ab	11.59±0.25b
		S60	17 723.07±386.00a	3713.69±165.24a	95.71±3.85b	119.50±11.25b	88.13±2.54b	11.87±0.28ab
	T		**	**	**	**	**	**
	S		**	**	**	**	**	**
	T×S		*	**	**	**	**	**

（2）对 C3F 中、微量元素含量的影响

由表 3 – 18、表 3 – 19 可知，播期对 2013 年 C3F 中 6 种中、微量元素的含量有显著影响，土壤改良剂对 C3F 中 5 种（锌除外）中、微量元素含量有显著影响，两者的交互作用对 C3F 中的中、微量元素含量均存在显著影响；播期、土壤改良剂及两者的交互作用对 2014 年 C3F 中的中、微量元素含量均存在显著影响。C3F 中钙、铁含量均在 T2 播期下最高，镁含量均在 T3 播期下最高，锰含量在 T2 时最低，锌含量在两年试验中的变化规律略有不同，铜含量在两年的试验中总体表现为随播期的推迟呈下降趋势。土壤改良剂对 C3F 中钙、镁、锰含量的影响在两年中总体上一致，但对铁、铜、锌含量的影响存在年际差异，铁的含量在 2013 年 S30 处理最高，在 2014 年 S0 处理最高，铜含量在两年试验中受土壤改良剂影响的规律表现恰好相反。土壤改良剂对 2013 年 C3F 中的锌含量没有影响，但在 2014 年对锌含量有显著影响，且施用土壤改良剂能够降低烟叶中的锌元素含量，这可能是与 2014 年土壤的 pH 值较 2013 年高，土壤中有效锌元素含量比较低有关。此外，播期和土壤改良剂两者的交互作用对 C3F 中的中、微量元素含量均存在显著影响。

（3）对 X2F 中、微量元素含量的影响

由表 3 – 20 可知，播期、土壤改良剂对 X2F 中 6 种金属元素的含量均有显著影响，其中镁、铁、锌、铜还受二者交互作用的影响。播期对 X2F 中 6 种金属元素分析的影响与 B2F、C3F 的表现趋势基本一致。土壤改良剂对钙、镁、铁、锰表现出来的规律与 B2F 的规律一致，但却显著降低 X2F 中锌的含量，各播期下以 S30 处理的铜含量较高（T1 除外）。

3.3.10.2　播期和土壤改良剂对烤烟化学成分的影响

（1）对 B2F 烤后化学成分的影响

烟叶化学成分是影响烟叶内在质量的物质基础，它受烟草类型、生态环境条件和栽培调制技术等因素的影响极大（周思瑾等，2011）。烟叶的内在品质是由其自身的各种化学成分含量及其比例的协调性决定的，烟叶的化学成分能影响烟气特性，总糖、还原糖、烟碱、总氮等化合物质是体现烟叶内在质量的重要化学指标。目前优质烟叶对化学成分的要求是：总糖浓度为 20% ～ 24%，还原糖浓度为 16% ～ 22%，烟碱浓度、总氮浓度为 1.5% ～ 3.5%、糖碱比为 8% ～ 10%，氮碱比为 1 左右，钾离子含量 >2%。

表3－18　播期和土壤改良剂用量对C3F烤后中、微量元素含量的影响

单位：mg/kg

年份	播期	改良剂	钙	镁	铁	锰	锌	铜
2013	T1	S0	10 216.00±294.91c	2498.00±144.22a	61.62±3.56b	268.08±15.48a	112.29±6.48a	15.80±0.91a
		S30	13 911.13±343.84b	2549.50±147.20a	94.56±5.46a	129.56±7.48b	88.37±5.10b	11.94±0.69b
		S60	17 674.38±210.22a	2989.00±172.57a	43.09±2.49c	134.06±7.74b	83.64±4.83b	10.22±0.59b
	T2	S0	14 805.76±327.41b	3414.00±197.11a	61.62±3.56b	167.16±9.65a	108.89±6.29a	17.09±0.99a
		S30	15 718.51±353.75b	3688.50±155.22a	125.44±7.24a	121.84±7.03b	130.60±7.54a	9.37±0.54b
		S60	18 039.50±320.76a	3619.00±208.94a	77.06±4.45b	108.56±1.88b	114.95±6.64a	9.37±0.54b
	T3	S0	15 576.09±448.49a	2923.00±168.76b	51.33±2.96b	258.76±14.94a	108.45±6.26a	11.94±0.69a
		S30	16 579.13±478.60a	4549.50±262.67a	66.77±3.85a	193.19±11.15b	108.60±6.27a	14.09±0.81a
		S60	16 448.19±474.83a	4747.50±274.10a	65.74±3.80a	169.73±9.80b	102.69±5.93a	7.65±0.44b
	T4	S0	11 311.27±326.53b	3516.50±203.03a	43.09±2.49b	196.08±11.32a	108.01±6.24a	9.80±0.57a
		S30	15 962.50±453.01a	3948.50±227.97a	101.77±5.88a	188.33±5.68a	115.39±6.66a	11.51±0.66a
		S60	12 954.26±373.96b	3956.00±228.40a	42.06±2.43b	165.23±9.54a	108.01±6.24a	7.65±0.44b
		T	**	**	**	**	**	**
		S	**	**	**	**	ns	**
		T×S	**	**	**	**	*	**

表 3 - 19 播期和土壤改良剂用量对 C3F 烤后中、微量元素含量的影响

单位：mg/kg

年份	播期	改良剂	钙	镁	铁	锰	锌	铜
2014	T1	S0	13 116.11±394.01c	2798.00±153.21a	138.04±3.17a	168.01±5.43a	83.95±1.27c	8.59±0.16c
		S30	15 923.32±321.65b	2914.10±144.13a	116.53±3.94b	109.32±7.47b	91.97±2.37b	14.59±0.33a
		S60	18 234.21±276.32a	3081.88±178.22a	108.41±4.49b	114.03±5.44b	100.31±2.90a	10.73±0.22b
	T2	S0	15 513.60±343.71b	3477.01±157.16a	170.95±5.80b	129.59±5.81a	108.97±3.15a	10.73±0.22b
		S30	16 510.34±350.31b	2688.50±155.22b	121.69±409a	92.69±4.16b	81.53±2.35b	12.44±0.27a
		S60	18 438.52±401.11a	3419.33±198.99a	123.74±4.15b	98.37±4.41b	83.43±2.41b	11.59±0.25ab
	T3	S0	15 881.35±419.01a	3123.43±136.57b	138.00±5.43a	120.95±5.42a	94.00±2.71ab	8.80±0.17b
		S30	17 013.22±438.99a	4145.51±202.87a	106.53±3.94b	104.05±4.67b	85.49±2.47b	9.01±0.17b
		S60	16 991.62±431.87a	4541.54±314.14a	130.01±4.62b	113.51±5.09ab	95.62±2.76a	10.30±0.21a
	T4	S0	13 323.35±331.44b	3416.51±213.22a	160.45±11.96b	203.08±9.11a	123.36±3.56a	9.01±0.17b
		S30	15 591.46±356.31a	3749.65±206.70a	114.54±3.88a	113.19±5.08b	82.70±2.39b	9.44±0.19b
		S60	15 899.71±442.17a	4051.09±278.47a	128.26±4.86b	107.52±4.82c	76.83±2.22b	10.30±0.21a
	T		**	**	**	**	**	**
	S		**	**	**	**	**	**
	T×S		**	**	**	**	**	**

表 3-20 播期和土壤改良剂用量对 X2F 烤后中、微量元素含量的影响

单位：mg/kg

年份	播期	改良剂	钙	镁	铁	锰	锌	铜
2013	T1	S0	16 657.53±480.86b	2461.50±142.11a	109.83±5.99a	304.07±17.56a	115.83±6.69a	13.23±0.76a
		S30	18 743.62±541.08ab	2974.50±171.73a	108.97±6.29a	223.08±12.88b	138.28±7.98a	10.65±0.61b
		S60	19 447.23±561.41a	2806.00±162.00a	104.86±6.05a	241.40±13.94b	114.06±6.59a	10.65±0.61b
	T2	S0	17 987.37±519.25b	4095.00±236.42ab	128.53±11.46a	253.94±14.66a	151.27±8.73a	8.08±0.47b
		S30	19 630.26±566.68ab	3502.00±202.19b	79.12±4.57b	184.19±10.63b	126.76±7.32a	13.66±0.79a
		S60	22 472.05±504.94a	4644.50±268.15a	99.71±5.76b	217.94±12.58ab	128.24±7.40a	7.65±0.44b
	T3	S0	12 562.19±362.66b	3223.50±186.11b	91.47±5.28a	269.04±15.53a	126.17±7.28a	12.80±0.74a
		S30	19 117.76±523.01a	3370.00±194.57b	81.18±4.69a	199.62±11.52b	123.22±7.11ab	14.09±0.81a
		S60	19 786.75±571.19a	5450.50±314.68a	60.59±3.50b	227.58±13.14ab	100.33±5.79b	8.94±0.52b
	T4	S0	14 675.38±423.64b	2828.00±163.27b	83.24±4.81a	299.57±17.30a	142.12±8.21a	8.51±0.49a
		S30	16 422.62±474.08ab	3348.00±193.30ab	68.83±3.97b	254.90±14.72ab	100.77±5.82b	9.80±0.57a
		S60	17 674.39±510.22a	3941.50±227.56a	54.56±1.42c	230.47±13.31b	131.93±7.62ab	8.94±0.52a
	T		**	**	**	*	*	**
	S		**	**	**	**	*	**
	T×S		ns	**	**	ns	*	**

表3-21、表3-22分别是2013年和2014年各处理烟株B2F的烤后常规化学成分含量。2013年播期对总糖、还原糖、淀粉、全氮、全钾含量变化趋势的影响与2014年的基本一致，总糖、还原糖含量在T1和T4较T2、T3高，总氮含量随播期的推迟而降低；土壤改良剂对淀粉、总糖、还原糖、总氮变化趋势的影响在两年试验中表现不同，总糖和还原糖在2013年施用改良剂后呈上升趋势，2014年总体呈下降趋势，全氮含量在2013年下降，2014年上升。年际间出现这种相反规律的原因可能与两年的烟株本身碳氮含量有关，这主要是因为两年的气候条件不同，2013年不施用土壤改良剂处理烤后烟叶全氮含量偏高，总糖、还原糖含量偏低，施用土壤改良剂后使全氮含量下降，总糖、还原糖含量上升，改善了烤后烟叶糖碱比、氮碱比，而2014年的表现恰好相反，这说明施用土壤改良剂能够改善烟叶的碳氮代谢，使烟叶的内在化学成分含量更接近优质烟叶的标准。

烤后烟叶中淀粉的含量对烟叶的外观质量和内在品质以及香吃味有较大影响，卷烟中淀粉含量过高不仅会影响卷烟的燃烧速度和燃烧完全性，还会在燃烧时产生刺激性和杂气，影响烤烟的香吃味（王怀珠等，2004）。我国优质烟叶的淀粉含量要求为4%～6%，残留过高将直接影响我国烤烟的品质。在本试验条件下，综合两年的试验数据，就播期而言，T2和T4处理的淀粉含量低于T1和T3播期的淀粉含量，更符合优质烟叶淀粉含量标准。与对照相比，施用土壤改良剂后，在2013年能增加烟叶中淀粉的含量，2014年T1和T3淀粉含量下降，T2和T4的淀粉含量上升，综合两年的试验数据可知，当土壤改良剂的用量为450 kg/hm^{2}时，第二播期烤烟淀粉含量较适宜。

烟叶中糖的含量能够影响烟叶的吃味品质。在适当的范围中，烤后烟叶的糖含量与评吸质量呈正相关关系，过低或过高均会对烤烟的烟气产生不良影响（习向银，2005；文大荣等，2010）。从表3-21、表3-22中可以看出，综合两年的试验数据可知，就播期而言，T2和T3播期的总糖和还原糖含量较T1和T4播期的低，且更接近优质烟叶化学成分含量标准，2014年的总糖和还原糖含量较2013年的含量高，可能是受2013年成熟期连续降雨的影响，还可能与有效积温有关，2014年的有效积温显著低于2013年。2013年对照处理中的总糖和还原糖含量偏低，施用土壤改良剂后可以增加土壤中总糖和还原糖的含量，2014年对照处理总糖和还原糖含量相对较高，而施用土壤改良剂可以降低它们的含量，这说明施用土壤改良剂能够调节烟叶中总糖、还原糖的含量，使它们处于最适合的含量范围内。

钾元素不仅是烤烟生长的必需营养元素，而且还是烤烟重要的品质元素，国外优质烟叶中钾的含量为4%～8%，我国优质烟叶对钾含量的要求为不低于

2.0%（周冀衡等，2005）。从表 3-21、表 3-22 可以看出，综合两年的试验数据可知，施用土壤改良剂后能够增加上部叶中钾的含量，可见施用土壤改良剂能够有效提高烟叶中钾的含量，改善烟叶的燃烧性和品质。播期对烟叶中钾的含量在两年的表现有所不同，在 2013 年 T2 播期的钾含量最高，2014 年 T3 播期的钾含量最高，这可能是由于气候条件（光照、降雨量、日照时数）的不同引起的。

质量好的烟叶，氮碱比应小于 1，一般以 0.8～0.9 为最好（邢少锋，2010）。由表 3-21、表 3-22 可知，在本试验条件下，综合两年的试验结果，施用土壤改良剂能够降低 B2F 的氮碱比，改善上部叶的协调性。糖碱比常被用作对烟气强度和软和性评价的基础，一般认为优质烟叶的糖碱比为（8～10）:1（熊瑶，2012）。本试验条件下，在 2013 年，对照的糖碱比偏低，施用土壤改良剂可以显著增加烟叶的糖碱比。2014 年的糖碱比偏高，施用土壤改良剂可以降低烟叶的糖碱比，这说明施用土壤改良剂可以使烟叶的化学成分变得协调。就播期而言，糖碱比、氮碱比在 2014 年以 T3 为最好，而 2013 年就糖碱比、氮碱比综合而言，烟叶化学成分协调。

综合分析两年的试验数据，根据我国优质烟叶化学成分含量标准可知，在本试验条件下，播期和土壤改良剂均可对烤烟化学成分及其之间的比值产生显著影响，可以改变烤烟化学成分的协调性。本研究认为，当土壤改良剂的用量为 450 kg/hm² 时，烟叶的品质最好，就播期而言，2013 年在 T1 处理下能够获得较好的 B2F 烟叶品质，2014 年在 T2 处理下能够获得较好的品质。

（2）对 C3F 烤后化学成分的影响

由表 3-23、表 3-24 可知，播期除对 2013 年的总氮含量没有显著影响外，对其他化学指标均存在显著性影响，两年的化学成分含量在不同的年份之间差异比较明显，2013 年淀粉、总糖、还原糖含量较 2014 年的低，而总氮、烟碱含量较 2014 年的高，这可能与 2013 年在烤烟成熟期降雨量较多以及 2014 年烤烟生育期内有效积温偏低有关。土壤改良剂对 2013 年 C3F 中的糖碱比影响不显著，对其他各化学成分有显著影响，2013 年总氮的含量在施用土壤改良剂之后降低，其他化学元素含量在施用土壤改良剂之后均有所上升；2014 年较 2013 年的明显不同，总氮在施用土壤改良剂后上升，淀粉在施用土壤改良剂后下降，这说明施用土壤改良剂调节烤烟的碳氮代谢，使烟叶的化学成分含量更适宜。播期和土壤改良剂对 2013 年烤后烟叶淀粉、总糖、烟碱、全钾的含量及糖碱比、氮碱比还存在交互作用，对 2014 年的各个化学指标及糖碱比、氮碱比均存在交互作用。

表3-21　播期和土壤改良剂用量对B2F化学成分的影响

年份	播期	改良剂	淀粉（%）	总糖（%）	还原糖（%）	总氮（%）	烟碱（%）	全钾（%）	糖碱比	氮碱比
2013	T1	S0	4.56±0.53b	18.81±1.50b	15.18±0.41b	3.83±0.11a	3.58±0.11a	2.20±0.10a	5.25c	1.07a
		S30	4.78±0.27b	23.71±0.30a	16.52±0.33ab	3.02±0.12b	3.80±0.07a	2.31±0.13a	6.24b	0.79b
		S60	6.40±0.67a	27.71±1.51a	16.14±0.28a	3.18±0.13b	3.78±0.07a	2.15±0.12a	7.33a	0.84b
	T2	S0	4.08±0.25b	18.55±0.58ab	13.30±0.19b	3.60±0.11a	3.57±0.10b	2.24±0.13a	5.20a	1.00a
		S30	5.47±0.49a	18.20±0.89b	16.93±0.90a	2.99±0.17b	3.85±0.14ab	2.33±0.13a	4.47b	0.78b
		S60	5.90±0.58a	19.91±0.52a	16.28±0.37a	3.02±0.17b	3.97±0.08a	2.50±0.14a	5.02a	0.76b
	T3	S0	4.87±0.43b	17.70±0.54c	12.82±0.53c	3.50±0.20a	3.46±0.12a	1.80±0.10a	5.12c	1.01a
		S30	5.95±0.58a	20.83±0.67b	16.11±0.00b	3.47±0.20a	3.64±0.03a	2.14±0.12a	5.72b	0.95a
		S60	6.31±0.46a	25.42±0.35a	17.97±0.35a	2.57±0.15b	3.59±0.04a	2.20±0.13a	6.89a	0.69b
	T4	S0	4.98±0.58a	23.00±0.57c	16.06±0.10c	3.46±0.20a	3.53±0.06b	1.92±0.11b	6.52b	0.86a
		S30	5.39±0.37a	28.24±0.52a	19.18±0.32a	2.92±0.16a	3.59±0.02b	2.11±0.12ab	7.87a	0.81a
		S60	5.69±0.50a	25.68±0.44b	18.22±0.12b	2.72±0.18a	3.78±0.03a	2.33±0.09a	6.79b	0.72b
	T		ns	**	**	*	*	*	**	**
	S		**	**	**	**	**	*	**	**
	T×S		ns	**	**	**	ns	ns	**	**

表3-22 播期和土壤改良剂用量对B2F化学成分的影响

年份	播期	改良剂	淀粉 (%)	总糖 (%)	还原糖 (%)	总氮 (%)	烟碱 (%)	全钾 (%)	糖碱比	氮碱比
2014	T1	S0	7.28±0.13a	30.28±0.75a	20.47±0.94a	2.47±0.04c	2.89±0.03a	2.34±0.04c	10.50b	0.86b
		S30	5.99±0.48b	29.12±0.44a	20.32±0.34a	2.69±0.05b	2.45±0.02c	2.54±0.04b	11.88a	1.10a
		S60	5.88±0.12b	21.41±1.04b	17.10±0.32b	2.95±0.05a	2.79±0.02b	2.84±0.05a	7.67c	1.06a
	T2	S0	5.00±0.08b	22.48±0.70b	18.19±0.77a	2.82±0.05a	2.73±0.02b	2.31±0.04a	8.23a	1.03b
		S30	5.58±0.32b	23.24±0.64b	17.23±0.41a	2.87±0.05a	2.56±0.04c	2.37±0.04a	9.08a	1.12a
		S60	6.98±0.27a	26.68±0.88a	17.10±0.47a	2.85±0.05a	2.89±0.03a	2.30±0.04a	9.23a	0.99b
	T3	S0	7.04±0.41a	31.37±0.82a	21.39±0.13a	2.65±0.05a	2.83±0.01b	2.61±0.05a	11.09a	0.94a
		S30	5.79±0.05b	21.18±1.78b	20.03±0.14b	2.50±0.04a	2.63±0.03c	2.57±0.04a	8.06b	0.95a
		S60	5.29±0.30b	23.33±0.33b	19.98±0.10b	2.62±0.05a	2.93±0.00a	2.66±0.05a	7.96b	0.89a
	T4	S0	4.78±0.37b	28.56±1.82a	23.29±0.53a	2.30±0.04b	2.12±0.06b	2.45±0.04b	13.50a	1.08a
		S30	6.44±0.26a	27.10±0.56a	23.59±0.68a	2.46±0.04a	2.22±0.05b	2.41±0.04b	12.22a	1.11a
		S60	5.98±0.30a	24.77±0.10a	22.07±0.60a	2.55±0.04a	2.75±0.03a	2.74±0.05a	9.02b	0.93b
	T		ns	**	**	**	*	**	**	**
	S		ns	**	**	**	**	**	**	**
	T×S		**	**	**	**	ns	**	**	**

表3-23 播期和土壤改良剂用量对 C3F 化学成分的影响

年份	播期	改良剂	淀粉（%）	总糖（%）	还原糖（%）	总氮（%）	烟碱（%）	全钾（%）	糖碱比	氮碱比
2013	T1	S0	4.69±0.43b	21.63±0.80c	16.93±1.72a	3.11±0.18a	2.45±0.03b	2.43±0.14a	8.83c	1.27a
		S30	6.08±0.48a	25.04±0.33b	16.79±0.74a	2.78±0.16a	2.51±0.02b	2.85±0.16a	9.98b	1.11b
		S60	6.26±0.04a	29.69±1.76a	17.51±0.86a	2.67±0.15a	2.65±0.02a	2.78±0.16a	11.20a	1.01b
	T2	S0	5.22±0.03a	20.66±0.17b	14.53±0.20b	2.86±0.16a	2.23±0.12c	2.28±0.13b	9.26a	1.28a
		S30	5.59±0.23a	23.72±0.83a	16.27±0.31a	2.76±0.16a	2.51±0.01b	2.97±0.17a	9.45a	1.10b
		S60	4.38±0.21b	20.05±0.67b	16.98±0.49a	3.00±0.17a	2.93±0.08a	2.89±0.17a	6.84b	1.02b
	T3	S0	5.59±0.37b	18.02±1.25b	16.66±0.53a	3.07±0.18a	2.35±0.03b	2.32±0.13a	7.67c	1.49a
		S30	6.64±0.23ab	22.38±0.53a	18.38±0.52a	2.91±0.17ab	2.35±0.03b	2.76±0.16a	9.52b	1.24b
		S60	7.04±0.44a	25.42±1.46a	17.24±1.17a	2.54±0.15b	2.47±0.01a	2.45±0.14a	10.29a	1.03c
	T4	S0	5.42±0.24a	29.38±1.34a	17.18±0.45b	3.04±0.17a	2.49±0.04b	2.23±0.13b	11.80a	1.22a
		S30	5.56±0.22a	30.77±0.26a	20.05±0.28a	2.94±0.17a	3.09±0.07a	2.51±0.14a	9.96b	0.95b
		S60	6.12±0.21a	28.01±0.65a	18.58±0.50b	2.89±0.11a	2.69±0.02b	2.30±0.13a	10.41b	1.00b
	T		**	**	**	ns	**	*	**	**
	S		**	**	*	**	**	**	ns	**
	T×S		**	**	ns	ns	**	**	**	**

表3-24 播期和土壤改良剂用量对C3F化学成分的影响

年份	播期	改良剂	淀粉（%）	总糖（%）	还原糖（%）	总氮（%）	烟碱（%）	全钾（%）	糖碱比	氮碱比
2014	T1	S0	7.68±1.09a	18.34±0.54c	16.68±1.41c	1.98±0.02b	2.22±0.08b	2.62±0.05b	8.26b	0.89a
		S30	4.38±0.14b	20.96±0.27b	19.01±0.13a	2.03±0.04b	2.33±0.06c	3.14±0.05a	9.40a	0.91a
		S60	7.13±0.11a	25.52±1.31a	21.47±0.57a	2.31±0.01a	2.67±0.05a	2.76±0.05b	9.56a	0.87a
	T2	S0	7.70±0.35a	31.11±2.32a	22.14±0.21b	2.29±0.01b	2.36±0.03a	3.26±0.06a	13.59a	0.97b
		S30	5.19±0.25b	28.89±0.29b	20.67±0.56a	2.43±0.04a	2.56±0.07b	3.98±0.07a	11.28b	0.95a
		S60	7.99±0.31a	27.96±0.47b	19.67±0.23a	2.50±0.03a	2.62±0.01a	4.07±0.07a	10.67b	0.96c
	T3	S0	6.60±0.32a	33.24±1.33a	22.30±0.65a	2.23±0.06a	2.86±0.15a	2.80±0.05ab	11.62a	0.78b
		S30	4.90±0.41b	30.76±1.59a	23.83±0.53a	2.29±0.04a	2.81±0.01a	2.91±0.05a	10.76b	0.91a
		S60	7.68±0.09a	31.26±3.29a	18.77±1.75b	2.34±0.02a	2.86±0.03a	2.70±0.05a	10.93ab	0.95a
	T4	S0	7.08±0.21a	30.99±1.39a	18.58±1.22b	1.84±0.04a	1.98±0.01b	2.48±0.04b	15.65a	1.10a
		S30	4.72±0.29b	26.75±0.62b	21.65±0.49a	1.98±0.01a	2.40±0.04a	2.69±0.05a	11.15b	0.83b
		S60	6.88±0.71a	26.32±2.19b	20.55±0.19ab	1.84±0.03a	2.36±0.16a	2.76±0.05a	11.15 b	0.78b
	T		＊＊	＊＊	＊＊	＊＊	＊＊	＊＊	＊＊	＊＊
	S		＊＊	＊＊	＊＊	＊＊	＊＊	＊＊	＊＊	＊＊
	T×S		＊＊	＊＊	＊＊	＊＊	＊＊	＊＊	＊＊	＊＊

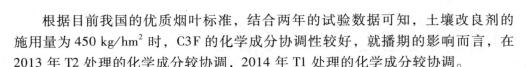

根据目前我国的优质烟叶标准，结合两年的试验数据可知，土壤改良剂的施用量为 450 kg/hm² 时，C3F 的化学成分协调性较好，就播期的影响而言，在 2013 年 T2 处理的化学成分较协调，2014 年 T1 处理的化学成分较协调。

（3）对 X2F 烤后化学成分的影响

由表 3－25 可知，除总氮外，播期对 X2F 中其他化学成分的含量有显著影响，淀粉的含量随播期的推迟先升高后下降，且在 T3 时淀粉含量最高，总糖、还原糖的变化趋势基本与 B2F 和 C3F 的变化趋势一致，烟碱的含量先升高后降低，且在 T3 时含量最高。土壤改良剂对总糖和总氮的含量影响不显著，但对其他 4 种化学成分的含量有显著影响，淀粉、烟碱及全钾含量的变化趋势与 B2F 和 C3F 的基本一致，而 X2F 还原糖含量在 S30 处理下最大。播期和土壤改良剂对 X2F 的淀粉、总糖、还原糖、烟碱的含量也存在交互作用。

3.3.11　播期和土壤改良剂对烤烟产量和产值的影响

由表 3－26、表 3－27 可知，播期和土壤改良剂对烤后烟叶的产量和产值在不同年际之间均有显著影响。不同播期对烤烟的产量和产值的影响在年际间表现出来的趋势略有不同，在 2013 年烤烟的产量和产值随着播期的推迟而降低，在 2014 年烤烟的产量和产值随播期的推迟表现为先上升后下降的趋势，且在 T2 时产量和产值最高。出现这种情况的原因是 2014 年 3 月上旬连续的低温天气，第一播期的叶面积较小，而 T3、T4 又分别出现早花现象，所以第二播期的产量和产值在 2014 年时相对较高。土壤改良剂对烤烟的产量和产值影响在两年里表现出来的规律一致，施用土壤改良剂能够显著增加烤烟的产量和产值，随着土壤改良剂用量的增加而有所增加。

烤烟的均价、上等烟比例在两年里均是前两个播期的较高，土壤改良剂的用量为 450 kg/hm² 时烤烟的均价和上等烟的比例为最高，土壤改良剂的用量为 900 kg/hm² 时烤烟能够获得最大产量和产值；播期和土壤改良剂对产量和产值的影响在这两年里均存在交互作用。综合两年的试验结果，在本试验条件下，提早播期可以获得较好的产量和产值，且以第二播期的产量和产值为最优，本试验条件下所使用的土壤改良剂的价格为 23.5 元/kg，每公顷的成本分别为 1575 元和 3175 元。同时，在本试验条件条件下，虽然土壤改良剂的用量为 900 kg/hm² 时能够获得最大产量和产值，但与 450 kg/hm² 的产量和产值差异不显著，考虑到成本的因素，在本试验条件条件下，在 T2 播期下，土壤改良剂的用量为 450 kg/hm² 时能够获得较好的产量和产值。

表3-25 播期和土壤改良剂用量对X2F化学成分的影响

年份	播期	改良剂	淀粉（%）	总糖（%）	还原糖（%）	总氮（%）	烟碱（%）	全钾（%）	糖碱比	氮碱比
2013	T1	S0	4.21±0.24a	20.11±0.64a	15.10±0.34a	2.93±0.11a	2.11±0.08a	3.25±0.09a	9.53a	1.39a
		S30	4.38±0.25a	17.92±0.52b	13.73±0.15b	2.94±0.17a	2.11±0.05a	3.42±0.07a	5.41c	1.39a
		S60	4.28±0.25a	19.91±2.52a	14.82±0.26a	2.67±0.15a	2.03±0.02a	3.37±0.10a	7.46b	1.32a
	T2	S0	4.29±0.25b	13.92±0.68b	10.45±0.11c	2.86±0.09a	1.87±0.04c	3.24±0.09a	4.87c	1.53a
		S30	5.98±0.35a	19.66±0.59a	15.51±0.03a	2.76±0.16a	2.14±0.05b	3.42±0.10a	7.12a	1.29b
		S60	5.65±0.33a	15.66±0.47b	13.02±0.10b	2.46±0.14b	2.24±0.02a	3.39±0.01a	6.37b	1.10c
	T3	S0	4.45±0.38b	18.29±0.22b	14.47±0.33b	3.02±0.17a	2.12±0.05b	3.17±0.09a	6.90ab	1.42a
		S30	6.37±0.39a	20.56±0.54a	17.15±0.52a	2.88±0.13a	2.17±0.06ab	3.39±0.10a	7.14a	1.33a
		S60	6.33±0.26a	19.10±0.87ab	15.54±0.19b	2.65±0.15a	2.31±0.03a	3.27±0.09a	6.32b	1.15a
	T4	S0	5.04±0.31a	22.79±0.90a	16.04±0.95b	2.62±0.15a	1.93±0.05b	2.98±0.09a	8.70a	1.36a
		S30	5.24±0.33a	24.33±0.38a	18.57±0.25a	2.65±0.10a	2.05±0.07ab	3.16±0.09a	9.18a	1.29a
		S60	5.90±0.36a	22.58±0.42a	17.99±0.17ab	2.39±0.14a	2.14±0.02a	3.23±0.09a	9.45a	1.12b
	T		**	**	**	ns	**	*	**	**
	S		**	ns	**	ns	**	*	ns	**
	T×S		**	**	**	ns	**	ns	**	**

表3-26 播期和土壤改良剂用量对烤烟产量和产值的影响（2013）

播期	改良剂	产量 （kg/hm²）	产值 （元/hm²）	均价 （元/kg¹）	上等烟 比例（%）	中上等烟 比例（%）
T1	S0	2233.50±28.87c	49 985.73±297.34c	22.38±0.39a	51.60±1.13b	93.14±2.01a
	S30	2363.05±13.33b	54 751.87±377.35b	23.17±0.41a	56.23±2.04a	97.20±0.99a
	S60	2558.76±33.29a	58 467.66±420.68a	22.85±0.39a	52.26±1.12b	94.95±1.02a
T2	S0	2116.38±26.67b	47 745.53±266.67b	22.56±0.39a	49.93±1.18b	92.70±1.32b
	S30	2380.53±20.28a	56 466.17±199.21a	23.72±0.40a	55.15±2.12a	97.78±1.92a
	S60	2463.20±23.07a	57 220.14±379.43a	23.23±0.39a	54.67±1.17a	96.08±2.78a
T3	S0	1947.38±44.10b	40 602.87±266.67b	20.85±0.36a	46.46±0.91b	90.45±1.10b
	S30	2145.93±58.87ab	48 326.34±233.33a	22.52±0.39a	51.29±1.29a	93.46±1.22a
	S60	2279.21±33.21a	49 891.91±254.70a	21.89±0.28a	50.39±1.12a	92.72±0.82a
T4	S0	1932.52±19.78b	38 959.60±230.94b	20.16±0.27b	44.54±1.29a	89.41±1.02b
	S30	2125.75±28.87a	47 234.17±577.35a	22.22±0.38a	47.55±1.10a	93.14±0.92a
	S60	2230.14±54.87a	48 661.65±317.98a	21.82±0.38a	48.31±1.34a	93.11±1.76a
	T	＊＊	＊＊	＊	＊＊	＊
	S	＊＊	＊＊	＊	＊＊	＊
	T×S	＊＊	＊＊	ns	ns	ns

表3-27 播期和土壤改良剂用量对烤烟产量和产值的影响（2014）

播期	改良剂	产量 （kg/hm²）	产值 （元/hm²）	均价 （元/kg¹）	上等烟 比例（%）	中上等烟 比例（%）
T1	S0	2124.19±31.32a	49 562.22±287.03b	23.31±0.49a	52.63±1.12b	93.20±1.28b
	S30	2194.51±23.35a	54 101.23±496.48a	24.63±0.43a	56.97±1.65a	98.27±0.70a
	S60	2212.39±43.87a	53 447.95±466.33a	24.13±0.42a	55.33±1.20ab	96.08±1.66ab
T2	S0	2276.19±62.82b	52 921.17±334.83b	23.23±0.51a	53.37±1.54a	94.94±1.64a
	S30	2431.07±67.29a	59 383.12±627.62a	24.40±0.42a	55.24±1.60a	95.88±1.66a
	S60	2417.23±59.78a	58 023.02±677.45a	23.98±0.42a	52.93±0.53a	94.24±1.05a
T3	S0	2162.30±32.42a	48 932.14±257.95b	21.61±0.39b	45.01±1.30a	87.73±0.52b
	S30	2198.35±43.46a	50 566.03±333.35ab	22.98±0.41a	48.4±1.33a	91.11±1.58a
	S60	2243.67±34.77a	52 073.87±402.93a	23.19±0.36a	46.21±1.53a	89.21±1.55ab
T4	S0	2044.76±19.03b	46 799.60±159.55b	22.36±0.40a	44.16±1.28b	91.85±1.79a
	S30	2145.74±31.94ab	50 719.65±340.44a	23.51±0.31a	48.78±1.71ab	92.75±1.01a
	S60	2195.40±24.24a	5162.79±414.31a	23.19±0.51a	49.09±1.42a	93.48±1.62a
	T	＊＊	＊＊	＊＊	＊＊	＊＊
	S	＊	＊＊	＊	＊＊	ns
	T×S	＊	＊＊	ns	ns	ns

3.4 讨论与结论

3.4.1 讨论

3.4.1.1 播期和土壤改良剂用量对土壤理化性状的影响

土壤是作物生长的基础，良好的土壤质量是生产优质作物的保障。土壤pH值是影响土壤肥力的主要因素之一，土壤酸化会明显影响土壤中有机质的合成和分解、营养元素的转化与释放、微量元素的有效性以及土壤保持养分的能力等，直接影响到土壤生产性能的高低，从而影响到烟草对养分的吸收、烟株生长发育和生理代谢，进而影响烟叶产量和品质的形成（易杰祥等，2006）。

普遍认为土壤的pH值在$4.5 \sim 8.5$范围内时，烟草均能正常生长和发育，但生产优质烟叶对土壤pH值要求较为严格，生产优质烤烟的土壤pH值以$5.5 \sim 6.5$最适宜。在本试验中，经过两年施用土壤改良剂改良之后的土壤，pH值有明显的上升，且pH值与改良剂的用量均呈正比。这说明施用土壤改良剂能够提高土壤pH值，因为所使用的土壤改良剂的主要成分为氧化钙（CaO）。烤烟对主要营养元素氮、磷、钾的吸收和体内含量基本与最适合生长的根际pH值相一致，而中性偏碱的根际环境对氮素的吸收相对较高，弱酸性的根际环境对氮素、钾素的吸收有利，过酸或过碱的根际环境不利于烤烟对氮、磷、钾元素的吸收（周冀衡等，1999）。

土壤有机质是土壤肥力的重要指标，它在一定程度上反映了土壤肥力的高低，土壤有机质的含量对烤烟来说并不是越高越好。土壤有机质不仅是土壤养分的重要来源，能够提高土壤的保肥能力和缓冲性能，而且还可以改善土壤的物理性质。在本试验条件下，施用土壤改良剂能够增加土壤中的有机质含量，且随土壤改良剂用量的增加而增大。

氮素是烤烟生长发育的必需元素，对烤烟的产量和品质的形成有着至关重要的作用。从本试验可以看出，施用土壤改良剂显著影响了种植烤烟的土壤供氮状况。施用土壤改良剂后，土壤中的全氮含量在2013年变化不显著，但在2014年土壤中的全氮含量显著增加。从移栽期开始，施用土壤改良剂能使土壤速效氮的含量大幅度增加，为烟株前期生长发育提供丰富氮素营养，有利于烟叶的生长发育。然而，2014年S60处理在采收时速效氮含量低于对照，其原因还有待于进一步的探索。综合两年的试验结果可知，当土壤改良剂的用量为$450\ kg/hm^2$时，土壤中的速效氮提升最为明显。因此本试验条件下选用

450 kg/hm^2 土壤改良剂改良酸性土壤较为合理。

磷是烤烟必需的营养元素之一。虽然烤烟对磷的需求量不大，但磷对烤烟的生长发育和新陈代谢具有重要作用，磷素不足时，烤烟根系生长及烟株的正常生长发育均受到影响，烟叶香吃味下降。土壤 pH 值对磷肥的有效性影响较大，在酸性条件下，土壤中有效磷易被铁、铝所固定，产生难溶性的铁、铝磷酸盐，从而降低土壤磷的有效性，所以施用酸性土壤改良剂改善土壤酸碱度，是提高土壤磷供应能力的一个重要途径（梁颁捷等，2011）。肖庆礼等（2009）的研究表明，增加土壤中磷的含量能明显提高烟叶的香气物质总量。在本试验条件下，施用土壤改良剂的处理能增加土壤全磷及速效磷含量，有利于促进烤烟生长发育，且当土壤改良剂的用量为 450 kg/hm^2 时，土壤中速效磷含量最高。

土壤中速效钾含量在一定范围内与土壤 pH 值呈正相关关系。平远烟区土壤一般以沙泥田为主，土壤吸附钾的能力较弱，易淋失，容易造成土壤速效钾含量严重缺乏，加之土壤酸性强，钾肥的利用率不高。林毅等（2003）研究指出，在一定范围内，土壤和肥料中氮、磷、钾的利用率与土壤 pH 值呈正相关关系。在本试验中，与对照相比，施用土壤改良剂能够显著增加土壤中有效钾的活性，提高土壤肥力，究其原因可能是土壤改良剂不仅可以通过提高土壤 pH 值来改善土壤有效钾的养分状况，而且土壤改良剂本身还含有钾元素，可提高土壤中有效钾的含量。

播期对土壤中的养分含量也存在显著影响，在不同的年际之间表现出来的规律不同，这可能与播期不同引起的烤烟生育期内气候条件、生育时期、取土时间及施肥时间不同有关。在 2013 年的试验中，发现播期对移栽前土壤中的养分含量变化有显著影响，在移栽前土壤中的有效养分含量随着播期的推迟而升高，在采收后情况相反，出现这种情况的原因是：2013 年的试验由于降雨等因素的影响，其肥料是在烤烟移栽前的 10～15 d 施肥，各播期的基肥是在同一时间施入，但移栽期却是不同的；再者，不同移栽期下，烤烟生育进程的不同，导致其土样的采集时间也不同，播期晚的土壤，采集的时间也晚，而施入土壤中的肥料一般需要一段时间才能发挥肥力作用，因而移栽前土肥中的养分表现为随着播期的推迟而升高的现象。为了避免此类现象的产生，在 2014 年于烤烟移栽前 50 d 施肥，因此在 2014 年的试验中这种现象不是太明显。

土壤酶是土壤的重要组成成分之一，主要来源于植物根系的自然释放、根系细胞的溶解释放以及植物残体等，在物质循环和营养转化过程中起主要作用，且可以作为土壤肥力和土壤质量的重要指标（Dick，1984；Caravaca et al，2003；邱莉萍等，2004）。过氧化氢酶可以分解土壤中对植物有害的过氧化氢，是表征土壤微生物活性强度的重要指标；蔗糖酶对增加土壤中易溶营养物质起着重要作用，是评价土壤肥力的重要指标；脲酶的酶促产物氨是植物氮源之一，尿素、有机肥等含氮肥料水解与脲酶密切相关，其酶活性可以反映土壤的供氮水平与能力（郑林林等，2010）。唐莉娜等（2003）、储玲等（2005）、舒秀丽等（2011）做过大量的酸性土壤改良试验，发现在一定范围内提高土壤 pH 值可增加土壤中酶的活性和微生物的数量。在本试验条件下，施用土壤改良剂可以增加土壤中过氧化氢酶、蔗糖酶、脲酶的活性，这说明土壤改良剂提高土壤 pH 值有利于土壤中酶活性的增加，进而提高土壤肥力。

以上分析表明，pH 值的升高可提高土壤和肥料中氮、磷、钾的利用率。对于平远的酸性土壤而言，通过施用土壤改良剂等措施来提高土壤 pH 值，改善土壤养分，从而满足烤烟生长对氮、磷、钾的需求。综合两年的试验结果可知，在本试验条件下，施用 450 kg/hm² 土壤改良剂能够更好地改善土壤中有效养分的含量，从而有效促进烤烟的生长发育。在 T2 到 T3 播期之间移栽，土壤有效养分含量较适宜。

3.4.1.2　播期和土壤改良剂对土壤微量元素含量的影响

土壤微量元素的有效性受土壤 pH 值的影响很大（刘铮，1996）。刘文科等（2002）研究表明，土壤中的微量元素与土壤 pH 值有一定的负相关关系，对阳离子型微量元素尤其如此；土壤有机质与微量元素呈正相关关系（Wei et al，2006）。在酸性土壤中增施土壤改良剂不仅可以显著提高土壤 pH 值，显著增加土壤交换性钙的含量，而且还可以增加土壤中交换性镁的含量（段炳源，1992）。在本试验条件下施用土壤改良剂能够增加土壤中钙、镁的含量（因为土壤改良剂中含有大量钙、镁元素），降低土壤中铁、锰的含量，但对铜、锌含量影响不明显，这与前人的研究（土壤 pH 值降低会升高土壤有效铁、锰、铜、锌的含量）有所不同，这可能与土壤改良剂本身含有微量元素有关。

3.4.1.3　播期和土壤改良剂对烤烟农艺性状和干物质积累量的影响

农艺性状是烟株生长发育过程中内在协调性好坏的最直接外在表现，能准确体现烟株大田生长的长势水平及植物学特性（卢秀萍等，2007）。

不同播期实质是影响了烤烟的生育天数，而生育天数不同会导致烟株在各个生长发育阶段所处的光、温和降雨等气候条件差异较大，进而影响烤烟的生长发育及其产量与品质（谭子迪等，2012）。在本试验条件下，烤烟的大田生育进程随着播期的推迟均表现为逐渐缩短的趋势，这与谭子迪等（2012）的研究基本一致；土壤改良剂对烤烟的生育进程没有显著影响。在不同年际之间，播期对烤烟农艺性状的影响表现也不相同，在 2012—2013 年播期对烤烟的株高、茎围、上中下部叶面积及花叶病发病率均有显著影响，且均表现为随播期的推迟而逐渐下降；而在 2013—2014 年试验中，播期对烤烟的有效叶数存在显著影响，且随着播期的推迟，烟株的有效叶数逐渐减少，叶面积表现为 T2 > T3 > T4 > T1，花叶病发病率表现为 T3 > T4 > T2 > T1，这可能由于烤烟在两年中的气候条件（温度、光照、降雨量）不同所引起的。彭新辉等（2009）研究表明：烤烟在生长季节，尤其是前期，低温能促进烟株发育，容易形成早花，从而降低烟叶产量和质量，如果温度过低则会延长生育期，而且会影响烟叶的扩展；齐飞（2011）研究表明：当烟株在 5 ～ 8 片真叶时，遇到低于 18 ℃的气温，持续时间 15 d 以上，会促进花芽提早分化，容易导致烟株早花。查阅 2013—2014 年生育期的气象条件，2014 年 T1 处理在生育前期长时间经历低温天气，影响了烟叶的扩展，导致其烟叶面积较小，而 T3、T4 播期下叶片数较少是因为在烟株 5 ～ 8 片真叶时，连续遭遇低于 18 ℃的低温天气引起的。

本试验条件下，土壤改良剂能够增加烤烟的株高、茎围、叶面积及有效叶数，这一结果与胡军等（2010）的研究基本一致。究其原因可能是土壤改良剂改善烤烟所处的土壤环境（提高土壤 pH 值，改善土壤养分状况），影响了烤烟的生理生化代谢过程，进而影响了烤烟的农艺性状，促进了烟叶的生长发育。

干物质积累量是作物生长发育的重要指标，也是烤烟产量形成的基础。在本试验条件下，适当提前播期能够增加烤烟干物质的积累量，这与张宁等（2009）对玉米的研究结果（玉米播期越早，玉米的产量和干物质积累量也越高）基本一致。土壤改良剂也能够增加烤烟干物质积累量，因为土壤改良剂能够改善烟叶生长发育的土壤环境，进而促进烟叶的生长发育。

综上所述，可以通过适当提前移栽和施用土壤改良剂，能够改善烟叶的农艺性状，增加烤烟的干物质积累量，而且提前播种还可以明显减少烟叶花叶病的发病率。

3.4.1.4　播期和土壤改良剂对中部烟叶酶活性的影响

在烟叶碳氮代谢过程中，各种酶活性变化起到了巨大的调节作用，碳氮代谢的强度将直接或间接影响烟叶化学成分的含量和比例，进而影响烟叶的品质（史宏志等，1998）。硝酸还原酶是氮代谢的关键酶，其活性高低是烟株氮代谢强弱的直接标志。在本试验中，硝酸还原酶（NR）活性随着生育进程的推迟而逐渐下降；随着播期的推迟，烟叶的 NR 活性增加，可能是因为随着播期的推迟，烟叶合成和分解的氮化合物较多，烟叶成熟度较低，使 NR 活性增加（谭子迪，2012）。土壤改良剂能够增加烟叶 NR 的活性，因为土壤改良剂能够加快烟叶的生长发育，促进烟叶碳氮代谢进程。

蔗糖转化酶活性反映了烟株对蔗糖的利用能力，是衡量碳的固定和转化代

谢程度的重要指标。在本试验条件下，随着生育进程的推进，各播期之间转化酶活性逐步减弱，是因为烟叶到成熟期后所需要的能量较少，所以酶活性较弱；土壤改良剂能够提高中部叶转化酶的活性，是因为烤烟促进烟叶的碳氮代谢及烟叶的快速生长发育（戴林建等，2006），所以烟叶中的转化酶活性增强。

3.4.1.5　播期和土壤改良剂对上、中部烟叶化学成分的影响

碳氮代谢是植物体内最重要的代谢过程，就烟草而言，碳氮代谢的好坏将直接影响烟叶的品质。在本试验条件下，播期和土壤改良剂影响了成熟过程中烟叶主要化学成分的含量变化。烟碱、全氮含量随着播期的推迟表现为逐渐下降的趋势，总糖、淀粉含量总体表现为逐渐上升的趋势。夏凯（2009）研究表明，烟叶烟碱的积累量及钾的含量均与大田生育期内的有效积温呈正相关关系，总糖和还原糖含量与有效积温呈负相关关系。本试验条件下，不同播期下鲜烟叶化学成分含量的变化可能与因播期的推迟导致烤烟大田生育期缩短有关。土壤改良剂的施用能够降低烟叶中的淀粉含量，增加烟叶中总糖、还原糖、烟碱的含量，降低烟叶中全氮的含量。这是因为土壤改良剂改善了烟叶的碳氮代谢，可能会使烟叶的化学成分更为协调。

3.4.1.6　播期和土壤改良剂对烤后烟叶微量元素含量的影响

烤烟对微量元素需求虽然不高，但却是烤烟生长所必不可缺少的元素，对烤烟品质、产量形成有重要作用（袁有波等，2007；许蔼飞等，2013）。参照我国优质烟叶微量元素含量标准（王瑞新，2003），钙含量临界值 17 000 mg/kg，镁含量的正常范围是 3000 ～ 12 000 mg/kg，铁含量临界值范围是 57.69 ～ 295.10 mg/kg，锰含量临界值范围是 22.96 ～ 550.03 mg/kg，锌含量范围为 20 ～ 80 mg/kg，铜含量正常范围为 15 ～ 21 mg/kg。在本试验条件下，除锌元素含量总体上超标外，适宜的播期和土壤改良剂用量，使烤烟的微量元素含量均在上述所列值的范围内。播期和土壤改良剂对烤后烟叶中的微量元素有明显的影响作用，就播期而言，钙在第二、三播期吸收最好，镁在第三播期吸收最大，锰、铜含量在第一播期最大。综合两年的试验结果可知，适当早播（当地播种时间为 11 月 20—25 日）的烟叶微量元素的含量较晚播烟叶中的微量元素含量协调，尤以 T2 播期最为协调。

施用土壤改良剂可使烟叶的微量元素含量协调，尤以 S30 处理下表现最好。施用土壤改良剂能够增加烟叶中的钙、镁含量，使烟叶中的微量元素含量协调，而不施土壤改良剂的处理中的钙、镁含量低于优质烟叶中钙、镁含量的标准，这一点与靳志丽（2003）的研究结果大体一致，适量增加土壤中钙、镁含量能提高烟叶的产量和品质，这是因为土壤改良剂中不仅含有大量钙、镁元素，还

能改善土壤的养分状况。

根据优质烟叶中的微量元素含量标准可知：在所有的处理中，在第二、三播期和土壤改良剂的用量为450 kg/hm² 时，烤烟中的微量元素含量最适宜。

3.4.1.7 播期和土壤改良剂对烤后烟叶化学成分的影响

烟叶的内在品质主要是由其自身的各种化学成分含量及其比例的协调性决定的，总糖、还原糖、烟碱、总氮等化合物是体现烟叶内在质量的重要化学指标。有研究表明，在一定范围内，烤烟的含糖量与评吸质量正相关，过高或过低均会对烟气产生不良影响，烟碱的含量与香气含量正相关（李超等，2014）。

韦成才等（2004）对陕南5个种烟县的气候与其烟叶品质关系的研究表明，在烤烟成熟期，平均气温每增加1 ℃，总糖含量降低0.6%，还原糖含量降低1.3%。肖金香等（2003）研究表明：烟叶化学成分中，烟碱与气候生态因子的关系最密切，各生育期平均5 cm 地温和6—7月份平均气温与烟碱积累成正相关，相关系数分别为0.7860和0.7325；5 cm 地温每升高1 ℃，则烟碱含量增加1 g/kg；气温每升高1 ℃，则烟碱含量增加3.3 ～ 3.5 g/kg。戴冕指出，雨湿因素与烟叶烟碱的积累呈极显著的正相关关系。王彪等（2005）认为旺长期的降雨量与还原糖、总植物碱、总氮含量有较高的相关度。在本试验条件下，还原糖、总糖含量在2014年较2013年的高，烟碱、总氮含量较2013年的低，可能就是因为2014年烤烟生育期内的平均温度较2013年的低，且2013年的降雨量较大所引起的。

同一年度下，播期对烤烟的化学成分有显著影响，在不同播期下，总糖、还原糖的总体表现规律一致（除2014年的C3F外），随着播期的推迟，均表现为先下降后上升的趋势；上中部叶的总氮和烟碱含量变化规律基本一致，均表现为随播期的推迟而先上升后降低，且在第二播期含量最高。彭新辉等（2009）、谭子迪等（2012）研究表明，烤烟生育气候条件不同，其烟株内的化学成分也不相同。

施用土壤改良剂能够增加烟叶中的烟碱、钾、总氮的含量，烟叶中的淀粉含量在2013年随改良剂用量的增加而增加，而2014年表现为施用土壤改良剂能够降低烟叶中淀粉的含量，且均在S30处理下最低。2013年总糖、还原糖含量随着土壤改良剂用量的增加而增加，而2014年则表现出相反的趋势，2013年对照的总糖和还原糖含量偏低，而2014年对照的总糖和还原糖含量偏高，施用土壤改良剂可以有效改善糖含量，改善烟叶中糖碱比、氮碱比，使烟叶的化学成分更为协调。

根据目前国际型优质烟叶开发项目对烟叶总体化学成分指标的要求（汪耀

富，2002），在本试验条件下，适当早播可以改善烟叶的化学成分，以 T2 播期表现为最好，土壤改良剂能够改善烟叶的化学品质。在本试验条件下，当土壤改良剂的用量为 450 kg/hm^2 时，化学成分最为协调。

3.4.1.8 播期和土壤改良剂对烤烟经济性状的影响

在本试验条件下，播期和土壤改良剂明显影响了烤烟的农艺性状，合适的移栽期能够改善烟叶的农艺性状；土壤改良剂能够增加烤烟的株高、茎围、叶面积。在本试验条件下，2013 年产量和产值均随播期的推迟呈下降趋势，2014年表现为 T2 > T1 > T3 > T4，适当提早播期可以增加烤烟中、上等烟的比例及烤烟的均价。从两年的试验结果可知，在平远烟区适当提早播种能够获得较好的产量和产值，而施用土壤改良剂也能显著增加烤烟的产量和产值。

3.4.2 结论

3.4.2.1 适宜的播期和土壤改良剂用量可以改善土壤的理化性状，增加土壤的酶活性

在本试验条件下，施用土壤改良剂能够提高土壤 pH 值，土壤的养分含量在一定范围内随土壤 pH 值的升高而增加，所以在施用土壤改良剂后，土壤中的有效养分含量也得到改善，土壤中的酶活性在一定范围内随土壤 pH 值的升高而增加，所以在本试验条件下，施用土壤改良剂后，土壤中的过氧化氢酶、蔗糖酶、脲酶均有显著提升，且随着土壤改良剂用量的增加而增加，通过两年的试验结果可知，土壤改良剂的用量为 450 kg/hm^2 时效果最好。播期能够影响土壤中的养分含量，是由在本试验中的土壤施用时间及土壤中的取样时间不同引起的，在本试验条件下，以 T2 和 T3 土壤中的养分效果表现最好。

3.4.2.2 播期和土壤改良剂影响植烟土壤微量元素的含量，进而影响烤后烟叶微量元素的含量

本试验所用土壤改良剂的主要成分为氧化钙，且富含微量元素，所以施用土壤改良剂后能增加土壤中的钙、镁元素，铁、锰元素在酸性条件主要以离子形式存在，施用土壤改良剂后能够提高土壤 pH 值，土壤中的有效铁、锰的含量会下降；铜、锌的含量变化不显著。结合土壤改良剂和气候条件的影响，施用土壤改良剂后能够增加烟叶中钙、镁含量，降低烟叶中铁、锰的含量。

3.4.2.3 播期和土壤改良剂可以调节烟叶中的化学成分含量，促进烟叶化学成分协调

播期能够影响烟叶的化学成分，本研究表明，适当早播能够增加烟叶中的

钾含量，降低烟叶中的淀粉含量，使烟叶中的总糖、还原糖含量处于较合适的范围内，且以 T1、T2 处理为好，土壤改良剂能够改善烟叶的化学品质，改善烟叶的碳氮代谢，使烟叶的品质更为协调，在本试验中以土壤改良剂的用量为 450 kg/hm² 时，烤烟的品质更为协调。

3.4.2.4　适当早播和适量的土壤改良剂能够增加烟株的株高，促进叶片的展开，提高烤烟的产量和产值

适当提早播期和施用土壤改良剂均可增加烟草上、中、下部单叶叶面积，提高烟株的株高和茎围及有效叶片的数量，更有利于烤烟干物质量的积累；烤烟的产量和产值明显提高，其中以 T2 处理的产量和产值最大，T1 和 T2 处理的烤烟均价最高。T2 处理的烟株生长发育过程中生理代谢协调，烤后烟叶化学品质较优，产量和产值最高，且土壤的肥效最好；土壤改良剂的用量为 450 kg/hm² 时，烤烟能够获得较好的化学品质和肥效；土壤改良剂的用量为 900 kg/hm² 时，烤烟能够获得最大的产量和产值。在本试验中土壤改良剂价格为 3.5 元/kg，每公顷的成本分别为 1575 元和 3150 元，而 S30 和 S60 处理的产量和产值差异不显著，因此建议在平远烟区用 450 kg/hm² 的土壤改良剂来改良酸性土壤。

3.4.2.5　广东梅州烟区适宜播期和酸性土壤改良剂的用量推荐

通过分析可知，施用土壤改良剂可以改善土壤的养分状况，提高土壤肥力。不同的播期对烤烟的农艺性状有显著的影响，播期提早，烤烟的生长发育越好；土壤改良剂对烤烟的有效叶数有显著影响，株高、茎围在土壤改良剂用量为 450 kg/hm² 时较优。不同播期和改良剂施用量对产量和上、中等烟比例均有影响，产量随着播期的推迟先升高后降低，提早播期能够获得较高的产量和产值，2013 年在第一播期产量和产值最高，2014 年在第二播期产量和产值最高。施用土壤改良剂能够提升烤烟的产量，改善烟叶的内在品质。播期在第二播期烤烟的产量和产值较好，土壤改良剂用量为 900 kg/hm² 时，烤烟能获得最大产量，土壤改良剂的用量为 450 kg/hm² 时，烤烟的品质最好。

通过两年的试验，综合考虑烟农成本和烟叶的产量、产值和品质，本研究认为在广东梅州平远烟区推荐播期为 11 月份的上旬和中旬，移栽期为次年 2 月份的上旬，土壤改良剂的用量为 450 kg/hm² 时，烤烟能够获得最好的产量和产值。

参 考 文 献

[1] 鲍士旦. 土壤农化分析 [M]. 北京：中国农业出版社，2000.

[2] 陈朝阳. 南平市植烟土壤 pH 值状况及其与土壤有效养分的关系 [J]. 中国农学通报，2011，27（05）：149－153.

[3] 陈红军，孟虎，陈钧鸿. 两种生物农药对土壤蔗糖酶活性的影响 [J]. 生态环境，2008，02：584－588.

[4] 陈永明，陈建军，邱妙文. 施氮水平和移栽期对烤烟还原糖及烟碱含量的影响 [J]. 中国烟草科学，2010，31（1）：34－36.

[5] 戴林建，朱列书，徐双红，等. 施用沼肥对烤烟生长发育和生理特性以及烟叶化学成分的影响 [J]. 生物技术通报，2006：296－301.

[6] 戴冕. 我国主产烟区若干气象因素与烟叶化学成分关系初探 [J]. 中国烟草学报，2000，6（1）：27－34.

[7] 寇洪萍. 土壤 pH 值对烟草生长发育及内在品质的影响 [D]. 长春：吉林农业大学，1999：22.

[8] 杜舰，张锐，张慧，等. 辽宁植烟土壤 pH 值状况及其与烟叶主要品质指标的相关分析 [J]. 沈阳农业大学学报，2009，40（6）：663－666.

[9] 冯娟. 生石灰的不同施用量对烤烟产量与质量的影响 [D]. 广州：华南农业大学，2014.

[10] 符云鹏. 土壤水分对香料烟发育及某些生理生化特性的影响 [J]. 河南农业大学学报，1996，30（2）：154－159.

[11] 关松荫. 土壤酶及其研究法 [M]. 北京：中国农业出版社，2007：179－193.

[12] 国家烟草专卖局. YC/T 142—2010，烟草农艺性状调查测量方法 [S]. 北京：中国标准出版社，2010.

[13] 何金牛，禹宗汉，王瑛. 移栽期对烤烟生长及产量、质量的影响初报 [J]. 河南农业大学学报，1998，32（2）：11－15.

[14] 和文祥，蒋新，余贵芬，等. 杀虫双对土壤脲酶活性特征的影响 [J]. 土壤学报，2003，40（5）：158－176.

[15] 何余勇，罗定琪，张永辉，等. 不同移栽期对烤烟品种 KRK26 的影响研究 [J]. 耕作与栽培，2011，3：16－17.

[16] 何泽华. 烟叶生产可持续发展的理性思考 [J]. 中国烟草学报，2005，11（3）：1－4.

[17] 胡军，陈彦春，程兰，等. 土壤改良剂对烤烟生长和烟叶品质的影响 [J]. 安徽农业科学，2010，16（23）：99－101.

[18] 胡钟胜，杨春江，施旭，等. 烤烟不同移栽期的生育期气象条件和产量品质对比 [J]. 气象与环境学报，2012，28（2）：66－70.

[19] 黄一兰，李文卿，陈顺辉，等. 移栽期对烟株生长、各部位烟叶比例及产质量的影响

[J]. 烟草科技，2001（11）：39－40.

[20] 黄泽生，林伟. 高山区不同播栽期对烤烟生长的影响［J］. 现代农业科技，2009，（18）：11－12.

[21] 黄中艳，王树会，朱勇，等. 云南烤烟5项化学成分含量与其环境生态要素的关系［J］. 中国农业气象，2007，28（3）：312－317.

[22] 黄中艳，朱勇，王树会，等. 云南烤烟内在品质与气候的关系［J］. 资源科学，2007，29（2）：83－90.

[23] 洪其琨. 烟草栽培［M］. 上海：上海科学技术出版社，1983.

[24] 荐春晖，袁治理，刘荣田，等. 不同移栽期对烤烟产量和质量的影响［J］. 江西农业学报，2012，24（10）：83－84.

[25] 靳志丽. 烤烟中微量元素对烤烟生长及产质量的影响［J］. 中国烟草科学，2003（4）：30－34.

[26] 孔银亮，刘秋英. 豫中平原烟区气候资源利用及烟草最佳移栽期选择［J］. 烟草科技，1999（6）：42－43.

[27] 雷波，赵会纳，陈懿，等. 不同土壤改良剂对烤烟生长及产质量的影响［J］. 贵州农业科学，2011，39（4）：110－113.

[28] 李超，林建委，曾繁东，等. 不同氮肥管理模式对烤烟产量、品质形成和氮肥利用率的影响［J］. 华南农业大学学报，2014，（5）：57－63.

[29] 李道林，何传龙，闫晓明. 不同土壤调理剂在砂姜黑土上的应用效果研究［J］. 土壤，2000，32（4）：210－214.

[30] 李合生，孙群，赵世杰，等. 植物生理生化实验原理和技术［M］. 北京：高等教育出版社，2000.

[31] 李慧. 移栽期对烤烟生长及产量、质量的影响［J］. 河南农业，2002（11）.

[32] 李新，孔银亮，李俊营，等. 平顶山市烟草移栽与气候条件分析［J］. 气象与环境科学，2009.

[33] 刘春英. 不同土壤改良剂对烤烟产量和品质的影响［J］. 安徽农学通报，2007，13（21）：54－56.

[34] 刘德玉，李树峰，罗德华，等. 移栽期对烤烟产量、质量和光合特性的影响［J］. 中国烟草学报，2007，13（3）：40－46，32（Z1）：162－164.

[35] 刘国顺. 烟草栽培学［M］. 北京：中国农业出版社，2003.

[36] 刘铮. 中国土壤微量元素［M］. 南京：江苏科学技术出版社，1996.

[37] 陆永恒. 生态条件对烟叶品质影响的研究进展［J］. 中国烟草科学，2007，28（3）：43－46.

[38] 鲁如坤. 我国30、40年代南方土壤的养分概况和作物产量水平［J］. 土壤，1999，01：20－22，28.

[39] 卢秀萍，焦芳婵，肖炳光，等. 烤烟主要农艺性状与产量的灰色关联度分析［J］. 湖南农业大学学报（自然科学版），2007，33（5）：564－567.

[40] 卢钊，王学华，田峰. 不同移栽期对烤烟生长、产量及经济效益的影响［J］. 作物研

究，2013，27（S01）：15－17.

[41] 马忠明，杜少平，王平，等. 长期定位施肥对灌漠土蔗糖酶活性的影响［J］. 西北农业学报，2012，01：151－155.

[42] 彭新辉，易建华，周清明. 气候对烤烟内在质量影响研究进展［J］. 中国烟草学报，2009，30（1）：68－72.

[43] 齐飞. 不同移栽期的气候生态因素对烤烟品质及成熟烟叶组织结构的影响［D］. 郑州：河南农业大学，2011.

[44] 乔晓蓉. 不同改良剂对土壤微生物生态的影响［D］. 杭州：浙江大学，2011，3.

[45] 邵君波. 大白菜根肿病的危害及防治［J］. 农民致富之友，2010，12：11－13.

[46] 邵丽，周翼衡，陶文芳，等. 植烟土壤 pH 值与土壤养分的相关性研究［J］. 湖南农业科学，2012（3）：52－54.

[47] 史宏志，刘国顺. 烟草香味学［M］. 北京：中国农业出版社，1998.

[48] 舒秀丽，赵柳，孙学振等. 不同土壤改良剂处理对连作西洋参根际微生物数量、土壤酶活性及产量的影响［J］. 中国生态农业学报，2011，19（6）：1289－1294.

[49] 孙梅霞. 烟草生理指标与土壤含水量的关系［J］. 中国烟草科学，2000（2）：30－33.

[50] 谭子笛. 播期对烤烟产量和品质的影响［D］. 广州：华南农业大学，2012.

[51] 谭子笛，陈建军，吕永华，等. 不同播期对烤烟品种烟叶主要化学成分及其经济性状的影响［J］. 西南农业学报，2012，25（1）：91－96.

[52] 谭子笛，郭鸿雁，陈建军，等. 不同播期对烤烟品种产量和品质的影响［J］. 中国生态农业学报，2012，20（5）：556－560.

[53] 唐莉娜，熊德中. 酸性土壤施石灰对土壤性质与烤烟品质的影响［J］. 中国生态农业学报，2003，11（3）：81－83.

[54] 王彪，李天福. 气象因子与烟叶化学成分关联度分析［J］. 云南农业大学学报，2005，20（5）：742－745.

[55] 王定斌，杨林，李洪勋. 不同生态区烤烟最佳移栽期优选研究［J］. 安徽农业科学，2008，36（28）：12290－12293.

[56] 王贵，关荣阁. 烤烟地膜覆盖栽培不同移栽期对产质效应试验初报［J］. 烟草科技，1995，（6）：41－42.

[57] 王华芳，展海军. 过氧化氢酶活性测定方法的研究进展［J］. 科技创新导报，2009，19：7－8.

[58] 王怀珠，吕芬，杨焕文，等. 烤烟淀粉代谢及对烟叶香吃味的影响［J］. 云南农业大学学报，2004，19（3）：290－294.

[59] 王克占. 烤烟产质形成与气象因子的关系［D］. 莱阳：山东农业大学，2009.

[60] 王瑞新. 烟草化学［M］. 北京：中国农业出版社，2003.

[61] 汪耀富. 干旱胁迫对烤烟营养状况和产量品质的影响及其调节技术研究［D］. 北京：中国农业大学，2002.

[62] 韦成才，马英明，艾绥龙，等. 陕南烤烟质量与气候关系研究［J］. 中国烟草科学，2004（3）：38－41.

［63］魏国胜，周恒，朱杰，等. 土壤 pH 值对烟草根茎部病害的影响［J］. 江苏农业科学，2011，（1）：140 - 143.

［64］位辉琴，杨兴有，刘国顺，等. 不同覆膜处理对烤烟生长及蔗糖转化酶、硝酸还原酶活性的影响［J］. 河南农业大学学报，2006，40（1）：18 - 21.

［65］吴学兰. 烟草中铜、锌、锰微量元素的测定［J］. 烟草科技，1991，05：25 - 28.

［66］吴增芳. 土壤结构改良剂［M］. 北京：科学出版社，1976：24 - 34.

［67］夏凯，齐绍武，郭汉华. 湖南省不同生态区域烤烟品质变化研究［J］. 长江大学学报，2009，6（2）：68.

［68］肖金香，刘正和，王燕，等. 气候生态因素对烤烟产量与品质的影响及植烟措施研究［J］. 中国生态农业学报，2003，11（4）：158 - 160.

［69］解开治，徐培智，严超. 不同土壤改良剂对南方酸性土壤的改良效果研究［J］. 中国农学通报，2009，25（20）：160 - 165.

［70］邢世和，周碧青，熊德中，等. 不同改良剂对烟区土壤生化性质的影响及其与烤烟产量的关系［J］. 土壤生物与生物化学，2004.

［71］熊瑶，陈建军，王维，等. 秸秆还田对烤烟根系活力和碳氮代谢生理特性的影响［J］. 中国农学通报，2012，30：65 - 70.

［72］许蔼飞，陈志燕. 广西初烤烟叶的微量元素含量分析研究［J］. 安徽农业科学，2013，41（14）：6475 - 6476，6479.

［73］徐茜，周泽启，巫常标. 酸性土壤施用石灰对降低氮素及提高烤烟产质的研究［J］. 中国烟草科学，2000（4）：42 - 45.

［74］徐茜，周泽启，巫常标. 烟苗不同移栽期对烤烟生长、产量和质量的影响［J］. 福建热作科技，2003，28（3）：8 - 10.

［75］徐晓燕，孙五三，李章海，等. 烤烟根系合成烟碱的能力及 pH 值对其根系和品质的影响［J］. 安徽农业大学学报，2004，31（3）：315 - 319.

［76］闫克玉，赵铭钦. 烟草原料学［M］. 北京：科学出版社，2008：80 - 83.

［77］杨兰芳，曾巧，李海波，等. 紫外分光光度法测定土壤过氧化氢酶活性［J］. 土壤通报，2011，01：207 - 210.

［78］杨兴有，刘国顺，伍仁军，等. 不同生育期降低光强对烟草生长发育和品质的影响［J］. 生态学杂志，2007，26（7）：1014 - 1020.

［79］杨宇虹，冯柱安，晋艳，等. 烟株生长发育及烟叶品质与土壤 pH 值的关系［J］. 中国农业科学，2004，37：87 - 91.

［80］易建华，彭新辉，邓小平，等. 气候和土壤及其互作对湖南烤烟还原糖、烟碱和总氮含量的影响［J］. 生态学报，2010，30（16）：4467 - 4475.

［81］易杰祥，吕亮雪，刘国道. 土壤酸化和酸性土壤改良研究［J］. 2006，12（1）：23 - 28.

［82］尹永强，何明雄，邓明军. 土壤酸化对土壤养分及烟叶品质的影响及改良措施［J］. 中国烟草科学，2008（1）：51 - 54.

［83］袁有波，陈雪，罗贞宝. 毕节地区初烤烟叶中微量元素含量分布特征研究［J］. 中国烟草科学，2007，28（5）：45 - 48.

［84］张国. 移栽期对烤烟叶片组织结构及品质影响的研究［D］. 长沙：湖南农业大学，2007.

［85］张海. 几种土壤改良剂的改良效果及对烤烟产质量的影响［D］. 长沙：湖南农业大学，2013.

［86］张宁，杜雄，江东岭，等. 播期对夏玉米生长发育及产量影响的研究［J］. 河北农业大学学报，2009，32（5）：7-11.

［87］张玉秀，李林峰，柴团耀，等. 锰对植物毒害及植物耐锰机理的研究进展［J］. 植物学报，2010，45（4）：506-520.

［88］赵秀英，王超球，凌莉. 长期低温天气对靖西县烤烟生长的影响分析［J］. 河北农业科学，2008，12（12）：22-23.

［89］郑爱珍，李春喜. 酸性红壤铝毒对植物的影响及其改良［J］. 湖北农业科学，2004，（6）：41-43.

［90］郑林林，任明波，陈旭，等. 不同种植方式下烤烟烟田土壤酶活性研究［J］. 中国烟草科学，2010，31（3）：23-28.

［91］中国国家烟草专卖局. GB2635—92 烤烟［S］. 北京：中国标准出版社，1992.

［92］周冀衡. 烟草抗旱生理的研究［J］. 中国烟草，1988（2）：37-41.

［93］周冀衡，朱祖凡，蔡秀娟，等. 白肋烟品种在不同氮水平下对主要养分的吸收研究［J］. 种子，1999，06：26-28.

［94］邹琦. 植物生理学实验指导［M］. 北京：中国农业出版社，2003.

［95］朱显灵，郑富钢，曹振杰. 2005 年世界烟草生产报告［J］. 中国烟草学报，2006，12（4）：58-64.

［96］訾天镇，郭月清，刘国顺，等. 烟草栽培［M］. 北京：中国农业出版社，1996.

［97］Eisazadeh A，Kassim K A，Nur H. Stabilization of tropical kaolin soil with phosphoric acid and lime［J］. Natural Hazards，2012，61（3）：931-942.

［98］Caravaca F，Alguacil M M，Figueroa D，et al. Re-establishment of Retama sphaerocarpa as a target species for reclamation of soil physical and biological properties in a semi-arid Mediterranean area［J］. Forest Ecology and Management，2003，182（1）：49-58.

［99］Clough B F，Milthorpe F L. Effects of water deficit on leaf development in tobacco［J］. Functional Plant Biology，1975，2（3）：291-300.

［100］Dick W A. Influence of long-term tillage and crop rotation combinations on soil enzyme activities［J］. Soil Science Society of America Journal，1984，48（3）：569-574.

［101］Grieve I C，Davidson D A，Bruneau P M C. Effects of liming on void space and aggregation in an upland grassland soil［J］. Geoderma，2005，125（1）：39-48.

［102］Larcher W. Photosynthesis as a Tool for Indicating Temperature Stress Events［J］. Springer Study Edition，1995：261-277.

［103］Patel J A，Patel B K，Patel G R. Influence of dates of planting and nitrogen levels on the smoke constituents of bidi tobacco cultivars［J］. Tobacco Research，1989（a），15（1）：53-58.

［104］Patel S H，Patel N R，Patel J A，et al. Planting time，spacing，topping and nitrogen requirement of bidi tobacco varieties [J]. Tobacco Research, 1989 (b), 15 (1): 42 – 45.

[105] Pearse H L. Growth conditions and the characteristics of cured tobacco leaves V [J]. Some effects of source of nitrogen and water supply on leaf growth and composition, 1962, 5: 239 – 242.

[106] Prietzel J, Rehfuess K E, Stetter U, et al. Changes of soil chemistry, stand nutrition, and stand growth at two Scots pine (Pinus sylvestris L.) sites in Central Europe during 40 years after fertilization, liming and lupine introduction [J]. European Journal of Forest Research, 2008, 127 (1): 43 – 61.

[107] Raper C D, Johnson W H, Downs R J. Factors affecting the development of flue-cured tobacco grown in artificial environments. I. Effects of light duration and temperature on physical properties of fresh leaves [J]. Agronomy Journal, 1971, 63 (2): 283 – 286.

[108] Ryu M H, Lee U C, Jung H J. Growth and chemical properties of oriental tobacco as affected by transplanting time [J]. Journal of the Korean Society of Tobacco Science (Korea Republic), 1988, 10 (2): 109 – 116.

[109] Ryu M H, Kim Y O, Rah H W. Early transplanting system tested in South Korea [J]. Tobacco Journal International, 1988, 36 (1): 32 – 34.

[110] Ryu M H, Shon H J, Jo J S. The relation of the quality of oriental tobaccos to their chemical constituents, 1. comparison of quality and chemical properties of leaf tobacco produced from different locations and seasons [J]. Korean Journal of Crop Science (Korea R.), 1988, 33 (2): 106 – 111.

[111] Souza R F, Faquin V, Torres P R F, et al. Liming and organic fertilizer: influence on phosphorus adsorption in soils [J]. Revista Brasileira de Ciência do Solo, 2006, 30 (6): 975 – 983.

[112] Souza R F, Faquin V, Andrade A T, et al. Phosphorus forms in soils under influence of liming and organic fertilization [J]. Revista Brasileira de Ciência do Solo, 2007, 31 (6): 1535 – 1544.

[113] Walker D A. Current Topics in Cellular Regulation [J]. Eds B. L. Horecker and E. Stadrman, 1976, (11): 203 – 204.

[114] Wei X, Hao M, Shao M, et al. Changes in soil properties and the availability of soil micronutrients after 18 years of cropping and fertilization [J]. Soil and Tillage Research, 2006, 91 (1): 120 – 130.

[115] Weybrew J A, Wan Ismail W A, Long R C. The cultural management of flue-cured tobacco quality [J]. Tabacco International, 1983, 185 (10): 82 – 87.

第 4 章

不同施肥模式对烤烟氮、钾肥利用效率和产质量的影响

4.1 前言

4.1.1 烤烟的氮素营养

氮素在烟株干重中只占 2.5% 左右，但氮素却是烤烟生命活动必不可少的关键元素，在烤烟的生长发育、光合作用、化学成分及产量等方面是最重要的营养物质（Court et al.，1989）。氮是构成叶绿素、蛋白质、核酸、磷脂、氨基酸、酶的主要成分。在细胞中担负遗传信息传递的核酸和参与植物体内生理代谢的 ATP、FAD、NAD、NADP 等都是含氮化合物。此外，细胞中的许多维生素和植物激素都是含氮化合物。所以，氮有"生命元素"之称。

氮素是对烤烟大田生长影响最为关键的元素。大田烤烟正常生长，必须在前期有充足的氮素供应，以满足烤烟能够进行正常的生长发育；烤烟生长后期，由于烟叶需要正常的落黄，土壤中不应有大量的氮素供应，避免烟叶出现"贪青晚熟"，影响烤烟品质的形成（Collins，1993）。这即为人们所说的"少时富，老来贫，烟叶长成肥退劲"的施肥特点。有研究表明，烤烟正常生长发育过程中，前期适宜的氮素供应能够促进烟株生长点和花芽的分化，使烟株大田生长健壮，能够形成更大的叶面积，株高和茎围适宜，叶色正绿，烟叶内含物充实，能够正常成熟落黄（Layten et al.，1999）。烟叶烘烤后，外观质量好，化学成分适宜，易形成优质烟叶。氮素若过量施用，易导致烟株前期疯长、叶色浓绿、叶脉粗大、叶面积过大、叶片肥厚，生长后期碳氮代谢失调，难以成熟落黄，形成"黑爆烟"。虽然这种烟叶产量较高，但烘烤后成熟度较差，叶片较厚，组织紧密，叶色较淡，油分不足；同时，其化学成分不协调，总氮和烟碱含量过高，刺激性大，吃味辛辣，烟叶质量较差。若烤烟大田生长前期缺氮，则烤烟的植株矮小，叶片小而失绿，产量降低，蛋白质和烟碱合成受阻，淀粉和还原糖含量高；烤后烟叶身份差，烟碱含量低，少香无味，刺激性不够。

4.1.2　氮素对烤烟碳氮代谢的影响

烤烟的碳氮代谢对烤烟产量和品质的形成具有重要作用。碳氮代谢的强度和转化时间对于大田生长是衡量烤烟大田能够进行正常生长发育的重要指标。碳氮代谢的协调程度不仅影响到烤烟大田生长发育的进程，更重要的是它关系到烤烟品质的形成和产量的高低。优质烟的生产应该使烟叶在适当时期及时以氮代谢和碳的固定和转化代谢为主转变为碳的积累为主（黄树永等，2005）。

影响烟叶碳氮代谢的酶多而复杂，主要有硝酸还原酶、中心蛋白酶、谷酰胺合成酶、蔗糖转化酶、淀粉酶等。史宏志等（1998）认为施氮量的多少直接关系到硝酸还原及整个氮代谢的强弱，氮对光合碳固定代谢有显著的促进作用；增施氮肥使碳水化合物积累代谢减弱，光合产物大多数用于含氮化合物的合成，淀粉积累晚且量少，碳氮比快速增长期推迟且不明显。高琴等（2013）研究表明，随着施氮量的增加，烟叶质体色素含量及其碳氮代谢关键酶活性提升，含氮化合物含量增高，而碳水化合物含量随之下降；中氮处理的烟叶各成分含量适宜、比例协调，有利于优质烟叶的生产。史宏志等（1999）研究发现，在叶片功能盛期以前，随着施氮量的增加，淀粉酶活性增加，碳的固定和转化增强，烟碱、总氮含量上升，碳水化合物含量下降；烟叶成熟阶段，碳的分解代谢旺盛，其活性与施氮量呈负相关。云菲等（2010）研究表明，充足的氮素供给能够促进烤烟新陈代谢速率的加快；随着施氮量的增加，烟碱、总氮含量上升，碳水化合物含量下降，总体上呈现出氮代谢强与碳代谢弱的趋势。

一般认为，在烤烟大田生长整个生育进程中，氮代谢由强到弱，同时，碳代谢由弱变强，且随着施氮量的增加，碳氮代谢转化时间逐渐推迟（梁晓红，2009）。

4.1.3　氮素对烤烟生长发育、产量和品质的影响

大量研究表明，在一定范围内，增加氮肥施用量可使烟株生长速度加快，烤烟的株高、茎围、叶面积、叶片数等农艺性状增大，叶片叶绿素含量、生物学产量增加（杨志新等，2001）。智磊等（2012）研究发现，氮素缺失会阻碍烤烟叶片栅栏组织细胞声场和细胞间隙的扩张，外在体现就是烟叶发育缓慢、叶片变薄；氮素能够促进烤烟叶片叶绿体的发育，但过量的氮肥供应会导致烟叶细胞发育时间推迟，而且持续时间过长，光合作用持续时间增加，干物质积累量过多，氮代谢产物降解过少，因此容易导致田间烟叶贪青、晚熟。朱肖文等（2008）研究了3个氮肥追施比例对烤烟生长发育的影响，结果表明氮素追肥比例在40%～60%范围内，氮素追肥比例越大，有效叶片数越多，单株叶面

积和叶面积指数越大，产量越高。

氮作为烟草的主要肥料，对烟草的产量和品质有着极其重要的作用。在一定范围内，随着施氮量的增加，烤烟的产量、产值、上中等烟比例得到提升，烤后烟叶品质较好；但超过一定的供氮量，烟叶的产量虽有所增加，但烤烟成熟度下降，烤后烟叶外观质量下降，化学成分不协调。

氮肥的正确使用是形成优质烟的关键，适宜的氮肥用量和合理的基追比例，不仅能调控烟株营养状况，增加烟叶产量，还能改善烟叶品质，提高烟叶利用价值。薛刚等（2012）研究发现，30%的氮肥作基肥、70%的氮肥作追肥的氮肥施用量和施用方式，前期氮肥损失较少，中后期供氮充足，能够在旺长期和圆顶期满足烤烟氮素需要，增强物质合成能力，从而提高烟叶的产量和品质。2008—2010年华南农业大学烟草研究室在广东韶关烟区对烤烟叶片SPAD值与叶绿素、全氮含量关系以及实施效果曾作过系统的研究，并提出SPAD值在40.5和43.0时，烤烟能够获得最优的产量和品质（王维等，2012；李超等，2014）。2012年，李超等在梅州大埔产区应用SPAD仪指导田间氮肥管理时发现，当SPAD值在43.0时，烤烟的产量、产值分别比当地生产水平增长约28.32%和37.64%。张翔等（2012）通过研究氮肥不同使用措施对烟叶产量、含氮化合物及氮肥利用效率的影响发现：施氮显著提高了烟叶产量、产值和含氮化合物含量；在相同施氮量条件下，随着追施氮肥的比例增加，烟叶产量、含氮化合物和氮肥利用效率增加。

一般研究认为，施氮量与烤烟叶片中总氮、烟碱含量呈正相关，与还原糖、淀粉含量呈负相关（张延春等，2005；张生杰等，2010）。增加氮素比率，烟叶灰分和烟碱提高，总氮、蛋白质、树脂、石油醚提取物增加，糖含量降低（McCants et al.，1967）。烤烟生长后期供氮较多，易造成上部叶总氮和烟碱含量过高，叶片过厚，控制后期氮素供应能降低上部叶烟碱含量，促进上部叶正常落黄和充分成熟，协调烟叶内在化学成分，提高烟叶品质（刘卫群等，2004；谷海红等，2008；王涛等，2011）。Redeout（1998）等的研究表明：在适宜的施氮范围内，随着施氮量的增加，烟叶的产量和品质也相应得到增加。其中，以氮素对烟碱含量及积累的影响最为显著。有研究表明，施氮量与烤后烟叶的含氮量、生物碱、烟碱含量呈正比，与总糖、还原糖、淀粉含量呈反比（李春俭等，2007）。不同时期的缺氮试验表明，烤烟大田移栽后，缺氮胁迫时间越早，烤后烟叶的糖碱比就越高（冯柱安等，1998）。顾少龙等（2012）通过套盆设计，在基质培养条件下，研究了成熟期不同氮素调亏程度对烤烟化学成分含量的影响，结果表明随着氮素调亏的程度增加，烟叶的含氮化合物含量降低，打顶后总氮含量下降幅度较大，烟碱积累量减少。烤后烟叶烟碱、总氮和蛋白质含量随调亏程度的增加呈降低趋势，还原糖含量呈相反的变化。氮素调亏程度过高时，烟叶早衰，糖碱比高，石油醚提取物含量低，不利于产质量的形成。不进行氮素调亏或调亏程度过低时，含氮化合物累积量大，化学成分不协调。习向银等（2008）发现，在一定范围内，随着施氮量的增加，烤烟的氮素累积量和烟碱累积量均有增加趋势；施氮量对氮素和烟碱累积量的增加效应主要发生在烤烟生长后期，中下部叶则发生在烤烟生长前期。

4.1.4 钾肥对烟草生长、产量及烤后烟叶常规化学成分的影响

烤烟是嗜钾作物，钾是烤烟吸收的大量元素中量最多的元素，它对烟叶品质的形成具有重要作用。研究认为，含钾量高的烟叶呈橘黄色，烟叶身份、燃烧性和吸湿性适宜。钾对一些芳香物质的合成积累有促进作用。含钾量高的烟叶田间成熟度好。钾在植物体内以离子游离态存在，能维持细胞膨压，增强烟草保水吸收能力。同时，钾对植物体内机械组织的发育有一定的促进作用。

充足的钾素供应可使烟草在生长发育过程中，加速烟叶茎秆和叶片的增大，具体表现为：叶片长度和宽度明显增加，叶片厚度得到增加，烟株茎秆加粗（李永梅等，1994）。增施钾肥可使烟株干物质积累量速度加快，干物质积累量增加；含钾量高的烟叶组织细致，烘烤后柔软富有弹性，光泽度好，香味足，燃烧性和阴燃持火力强，烟碱和总生物碱含量降低，烟叶的产量、品质得到提高。钾素还有促进烟叶正常成熟，提高烤后烟叶化学成分协调性和黄烟率的作用。大量试验证明，在一定的施钾范围内，烟叶的钾含量与烟叶每公顷产值呈正相关，随着供钾水平提高，烟叶钾含量、产量、质量同时得到显著的提高；缺钾时植株生长不良，由叶尖开始便出现缺钾症状，严重时烟叶大量减产乃至于绝收（胡国松等，1997，1999；钟晓兰等，2006）。通过对比我国烟区及美国干物质积累量曲线与钾吸收曲线发现，我国南方烟区在移栽第 10 周、北方烟区在移栽第 9 周干物质积累量曲线大大超过了钾吸收曲线，而美国烟叶钾吸收曲线始终超过干物质积累量曲线（Mccants et al.，1967）。因此，钾积累与干物质积累量之间有着必然的联系。许明祥等（2000）指出，烤烟生育后期干物质积累量速率超过钾吸收速率而引起的"稀释效应"是造成成熟期烟叶钾含量较前、中期大幅下降的主要原因。钟晓兰（2006，2008）发现，增施钾肥可提高烤烟吸钾总量，从而提高烤烟干物质积累量，增加烤烟产质量。

烟叶含钾量的高低本身即是衡量烤烟质量好坏的指标之一。一般来说，优质烟的含钾量应在 2% 以上（Leyinie，1996）。然而我国的烟叶含钾量相比国外烟叶普遍较低，除云贵、福建三明等产区烟叶钾含量突破 2% 外，其他产区烟叶钾含量基本都在 2% 以下。美国和津巴布韦的烟叶含钾量却多在 4%～6% 之

间（李淑玲等，2004）。钾素是限制我国烟叶发展的一个重要因素。其中，钾肥利用效率低是导致烟叶含钾量低的重要原因之一。因此，如何提高烤烟钾肥利用效率、增加烟叶钾含量是提升我国烟叶质量发展的重要措施。

有研究表明，施钾可以明显降低烟叶中烟碱的含量。烤后烟叶烟碱含量随着钾肥用量的提高而降低，通过对比不同施钾水平下烤烟烟碱含量的变化发现：在一定的施钾范围内，烟叶中的烟碱含量与钾含量呈负相关关系（袁家富等，1998）。颜合洪等（2005）试验表明，随着施钾量的提升，烟叶中总糖和钾含量增加，烟碱、总氮、蛋白质和氯含量下降，缺钾症随着施钾量的提升而减轻。李莎（2008）研究发现，随着施钾量和施磷量的增加，烟叶总糖和还原糖含量增加，施木克值、糖碱比、糖氮比也相应提高；增加施钾量，烟叶内含钾量提高，钾氯比上升，因而烟叶的评吸质量随着施钾量的增加而提高。

4.1.5　烤烟氮、钾素的合理施用

Evanylo 等（1987）曾指出，在烟草的主要养分当中，氮和钾对烟株生长和烟叶产量、质量的影响更大，因此烟草的氮素营养成为烟草科技工作者研究最多的营养元素之一。根据烤烟的需肥规律，最理想的肥料供给状态是：整个烤烟生育期内都有充裕的必要元素供应，而当烟叶趋于成熟时需肥迅速减少，所以合理的肥料施用量和施用方式是优质烟叶生产的前提条件。烤烟整个生育期内对氮和钾的需求量都很大，而氮、钾素的供应主要取决于土壤的氮钾供应水平，只有当施入土壤中的肥料及时满足烤烟生长需求时，才能够保证烟株正常的生长发育。基肥重施或过早追肥易造成土壤中氮钾流失严重，因此，有必要在烟叶生长后期增加氮肥和钾肥的追施比例。Lopez-bellido 等（2005）指出氮肥的施用时间和基追比例比优化施氮量更重要。秦艳青等（2007）试验结果也表明，当追施氮肥为总氮量的70%时，施用 52.5 kg/hm² 与 120 kg/hm² 产量差异不大。郑宪滨（2000）指出，在施钾方式上，采取"基肥＋分次追肥"结合的方式对提高烟株钾素吸收利用率有明显效果。可见，烤烟氮、钾肥的施用不应单纯注重量上的优势，更应重视施肥方式的合理，不当的施肥方法极易导致烟株氮钾营养失衡和肥料利用率下降。

4.1.6　氮、钾肥施用现状与研究展望

我国是世界上高氮肥水平的国家，氮肥当季利用率为30%～40%，比世界发达国家水平低10%～15%（赵先贵等，2002）。目前我国烟叶生产中普遍推荐的氮肥用量，与烟株生产过程中氮素的需求规律不吻合，同时缺乏有效的检测手段，导致施氮量偏高、氮肥利用效率普遍偏低。以往研究主要集中在施用

氮肥对烤烟产量、品质的影响方面，提出的解决方案大多局限于栽培措施，从土壤氮素供应、氮素在烟田的损失途径等方面出发研究减少氮肥施用量、提高氮肥利用率和烟叶品质具有重要意义（杨志晓等，2012）。合理施用氮肥能够充分利用土壤中的氮素，以较少的氮素投入量获得最高的经济效益。优化氮肥管理措施主要有确定适宜的氮肥施用量、采用科学的施用方法、选择适宜氮肥施用时期和推广平衡施肥方法等。我国现有的施肥习惯大多数采用分基肥和追肥两次施入。在我国烤烟生产中，如果能及时转变观念，根据土壤的肥力状况和烟株的需肥规律进行合理施肥，就能够更加平衡烤烟产量和质量，提高肥料利用效率。

我国烟叶含钾量低的一个重要原因就是钾肥利用效率低。目前，我国南方烟区肥料利用率一般为 20% ～ 30%，个别地区甚至更低。我国钾肥资源匮乏，价格昂贵，主要依赖进口，较低的钾肥利用效率不仅给烟农带来经济上的负担，对肥料资源也是一种极大的浪费。针对这一问题，烟草工作者通过改进施肥技术、研制新型钾肥、筛选高钾基因品种等措施，在提高钾肥利用率方面做了大量的工作（孙玉和，1996；胡国松等，1997）。未来筛选和培育钾高效基因型优良品种烤烟将是进一步的工作重点。同时，应加大生物钾肥和控释、缓释钾肥等新型钾肥的研制力度。而针对不同烟区的气候特点、土壤理化性质及养分状况，把握好烤烟钾肥营养的最大效率期，优化钾肥的施用技术，最大限度地发挥钾肥肥效、避免浪费，亦是当前烤烟钾肥研究利用的工作重点（李集勤等，2011）。

4.1.7　研究目的与意义

烟叶是行业生存和发展的基础，中式卷烟的发展对烟叶原料的要求不断提高。近年来，我国一些传统烟区生产条件发生了较大的变化，由于技术僵化和生产技术措施的不到位，存在烟叶生产管理水平的滑坡现象，同时缺乏技术革新的动力，烟农种烟效益低下，已严重制约当前烤烟可持续发展能力。梅州作为广东省优质烟叶生产基地之一，烟区当前普遍存在土壤 pH 值偏低、烟叶产质量不高、肥料施肥不合理、氮肥利用效率低等突出问题。长期以来，为获得优质高产的烟叶，烟草工作者从烟草育种和栽培技术等方面开展了大量的研究。近年来，针对烟草土壤和平衡施肥技术也开展了大量的研究，并根据各地的生态条件特点提出不同的改良方案，这对提升烟叶产质量有一定的作用。但针对烟草的需肥规律和土壤供肥能力的研究较少，致使开发的施肥体系和方法针对性不强，不能根据烟草生长的营养特性投入肥料，从而导致肥料施用量较多，养分流失严重，肥料利用率低下。这不仅会降低烟叶品质，也会增加植烟成本，不利于烟草行业的可持续发展。本试验通过实地考察和调研广东平远烟区的土壤类型与特点，并结合当地烟农肥料施用量和施肥习惯，分析当地施肥方式的可行性及其肥料使用的合理性，设计出结合当地烟叶生产实际的一系列施肥方案。试验重点研究不同施肥方式及施用量对烤烟生长过程中氮钾吸收代谢规律的影响，与此同时，观测不同施肥方式下土壤中不同形态的氮钾元素的动态变化情况，并比较烟叶最终的产质量，以期找到针对产区合理的施肥方式和施用量，为平远烟草高产优质施肥提供科学的依据。

4.2 材料与方法

4.2.1 试验材料与土壤背景

试验于 2012—2014 年在广东省梅州市平远县仁居镇井下村进行。以当地主栽品种云烟 87 为试验材料。选择地面平整、灌排方便的田块进行试验，前茬作物为水稻，土壤类型为沙泥田土。土壤基本理化性状见表 4 - 1。

表 4 - 1 土壤基本理化性状

年份	有机质（%）	全氮（%）	全磷（%）	全钾（%）	速效氮（mg/kg）	速效磷（mg/kg）	速效钾（mg/kg）	酸碱度
2013 年	3.89	0.163	0.034	2.75	89.42	16.38	139.85	4.52
2014 年	3.75	0.191	0.072	3.03	107.04	22.36	166.83	5.44

4.2.2 试验设计

采用固定 P_2O_5 和农家肥用量下的不同氮、钾素水平进行试验，各处理均基施磷肥（P_2O_5）75 kg/hm^2、农家肥 3750 kg/hm^2。具体处理设计见表 4 - 2。

表 4 - 2 试验设计

处理名称	处理设计
NK1（对照）	基施 N 120 kg/hm^2、K_2O 205 kg/hm^2（N：K_2O = 1：1.71），不追肥（当地农户惯用施肥方式）
NK2	N、K_2O 用量均为 NK1 的 90%，50% 基施，50% 追施
NK3	N、K_2O 用量均为 NK1 的 70%，30% 基施，70% 追施
NK4	不基施 N、K_2O，追肥方法参考王维（2012），即于烟苗移栽后 17 ～ 52 d 每隔 7 d 用 SPAD 仪测定烟叶 SPAD 值，若 SPAD 值低于 43，则追施 N 25 kg/hm^2、K_2O 42.75 kg/hm^2（N：K_2O = 1：1.71），大于或等于 43 则不追肥

处理名称	处 理 设 计
NK5	基肥氮、钾用量均为 NK1 的 30%，追肥方式与 NK4 相同
NK6	不施氮、钾肥
NK7	氮、磷、钾肥施用量和施用方式与 NK1 处理相同，不施农家肥

注：2013 年试验设计为 NK1 ～ NK6 处理，2014 年为 NK1 ～ NK7 处理。NK1 为对照。

NK1、NK7 处理所用肥源为烟草专用复合肥（N：P_2O_5：K_2O = 12%：10%：14%）和硝酸钾（N：K_2O = 13.5%：44.5%）。NK2、NK3、NK4、NK5 中的氮、钾肥均以尿素（N 46.4%）和硝酸钾配比而成。各处理使用过磷酸钙作为磷肥，发酵鸡粪（营养成分：每吨约含有 26.7 kg N、26.7 kg P_2O_5 和 17.8 kg K_2O）作为农家肥。NK2、NK3 处理在烟苗移栽第 25 d 追肥。

表 4–3 为 NK4 和 NK5 处理移栽后 17 ～ 52 d 测定的叶片 SPAD 平均值。经大田试验，2013 年 NK4 处理追肥 4 次，共追施 N 100 kg/hm²、K_2O 168.76 kg/hm²，氮、钾肥总施入量约为对照的 83.33%；NK5 处理追肥 3 次，共追施 N 75 kg/hm²、K_2O 128.28 kg/hm²，氮、钾肥总施入量约为对照的 92.5%。2014 年 NK4、NK5 处理氮、钾肥追施次数和追肥量与 2013 年相同，但追肥的时间有差异。

表 4–3　烤烟移栽 17 ～ 52 d 叶片 SPAD 值

年份	处理	移栽后天数（d）					
		17	24	31	38	45	52
2013 年	NK4	36.73	41.21	43.56	37.84	45.18	38.41
	NK5	43.24	41.08	44.42	39.88	44.83	39.85
2014 年	NK4	39.24	43.78	44.42	38.53	41.13	42.73
	NK5	41.32	44.53	43.43	39.74	43.21	40.85

每个处理均设 3 次重复，随机区组排列，小区面积 100 m²，四周设保护行，植烟密度为 16 500 株/hm²，管理措施按优质烤烟生产技术规范进行，烘烤方式采用当地常用的三段式烘烤工艺。

4.2.3　取样方法

于烤烟大田生长进入团棵期、旺长初期、旺长中期、旺长末期、成熟期，每个小区分别取三株烤烟（根除外）。烟茎分离后置于烘箱内，在 105 ℃下杀青 40 min，然后温度调至 80 ℃进行烘干。烘干后分处理将烟叶和茎在粉碎机进行粉碎，粉末过80目筛，装袋后进行氮、钾和干物质积累量的测定。所取烟株打掉的权、花进行烘干，计入该烟株氮、钾和干物质积累量中。

相应地取各烟株根际范围内20 cm土层土样，晒干后分别过60目筛、装袋，进行土壤氮钾养分分析。

烤烟打顶后，取烤烟上部叶（顶部向下第三片叶）、中部叶（腰叶）烘干、磨粉、过筛，进行烤烟常规化学成分的测定。

成熟烟叶按小区分开采收，采用三段式烘烤工艺进行烘烤，按国家烟叶分级标准GB2635—1992进行分级计产，并计各处理烟叶产量、产值和上中等烟比例。

根据GB2635—1992烤烟分级标准，在中部叶和上部叶中分别取C3F、B2F测定烤后烟叶主要化学成分。

4.2.4　测定项目和方法

4.2.4.1　农艺性状调查方法

烤烟打顶后，烟株株高确定。以《中华人民共和国烟草行业标准烟草农艺性状调查方法》为标准，测定烤烟株高、有效叶数、上中下部叶数、节距、茎围、最大叶面积等指标。

4.2.4.2　烟叶可溶性糖含量的测定

采用邹琦（1995）的方法进行测定。准确称取3份0.100 g烟叶粉末，分别放入15 mL离心管中，各加入5～10 mL蒸馏水，加盖封口，置于沸水中提取30 min，提取2次，提取液置于高速离心机中离心20 min，然后将提取液过滤至25 mL容量瓶中，定容。吸取0.2 mL样品液于25 mL试管中，加入1.8 mL蒸馏水吸食，加0.5 mL蒽酮乙酸乙酯溶后，再加入5 mL浓硫酸（纯度98%）摇匀，立即将试管放入沸水中，保温1 min后取出冷却至室温。在紫外分光光度计中于630 nm波长下比色，根据制作的标准曲线，计算可溶性总糖的含量。

4.2.4.3　烟叶淀粉含量的测定

采用邹琦（1995）的方法进行测定。将提取可溶性糖以后的残渣用10～15 mL蒸馏水冲洗干净，倒入25 mL试管中。将试管置于沸水中水浴15 min后，加入1.75 mL高氯酸，再放入沸水中提取15 min，取出冷却至室温。将滤液过滤至25 mL容量瓶中，用蒸馏水定容。吸取0.2 mL提取液，加入1.8 mL蒸馏水后，剩下的操作方法同可溶性糖的测定。

4.2.4.4　烟叶还原糖含量的测定

参照王瑞新（2003）的方法。准确称取烟叶样品0.100 g，置于离心管中，加入 8 mL 80% 乙醇，于 80 ℃水浴浸提 30 min，冷却后于 4000 r/min 离心 5 min，收集上清液，残渣再加入 8 mL 乙醇，再次浸提，重复 2 次，将 3 次提取的上清液合并于 100 mL 容量瓶中并定容至 100 mL。取提取液 1 mL 于试管中（空白中用 1 mL 蒸馏水代替），加入 DNS 试剂 1.5 mL，摇匀，于沸水浴中加热 5 min，取出后立即浸入冷水冷却至室温，定容至 25 mL，摇匀，然后在 540 nm 波长处比色。

4.2.4.5　烟叶烟碱含量的测定

参照王瑞新（2003）的方法。称取干燥烟样 0.5 g 于 500 mL 凯氏瓶中，加入 NaOH 3 g、NaCl 25 g、水约 30 mL。立即将烧瓶连接于蒸汽蒸馏装置，用蒸汽流进行蒸馏，接收器用盛有 1:4 盐酸溶液 10 mL 的三角瓶（250 mL）。蒸馏前必须将冷凝管末端先浸入盐酸溶液中，当蒸馏正常后，将烧瓶适当加热，使瓶中液体量保持原有体积。馏出液收集到 235 mL 时，转移至 250 mL 容量瓶中定容，混匀。吸取馏出液 1.5 mL 于试管，加水 4.5 mL（稀释 4 倍），作为待测液。用 0.05 mol/L 盐酸溶液作参比液，紫外分光光度计在 259 nm、236 nm、282 nm 波长处测定待测液的吸光度。将比色结果代入公式：

$$总烟碱(\%) = \frac{1.059 \times [A236 + A282 - (A236 + A282) \div 2] \times 稀释倍数 \times 250}{34.3 \times 样品重 \times (1 - 含水率) \times 1000} \times 100$$

即得烟叶烟碱含量。

4.2.4.6　烤烟叶绿素、类胡萝卜素和总氮含量的测定

称取剪碎的新鲜烟叶 0.200 g 置于 25 mL 试管中，以 95% 乙醇溶液定容至 25 mL，封口后在暗箱中提取 24 h。以 95% 乙醇为对照，分别在 665 nm、649 nm、470 nm 比色测定消光度。按公式：

$$C_a = 13.95D_{665} - 6.88D_{649};$$
$$C_b = 24.96D_{649} - 7.32D_{665};$$
$$C_{ar} = (1000D_{470} - 2.05C_a - 114.8C_b)/245$$

求得叶绿素 a、叶绿素 b 和类胡萝卜素浓度。求得色素的浓度以后按公式计算各色素的含量（单位 mg/g·FW）。

$$色素含量 = C \times 提取液体积 \times 稀释倍数/样品鲜重$$

将杀青、烘干粉碎过 40 目筛的样品以 $H_2SO_4 - H_2O_2$ 法硝化，在 FOSS Kjeltec2300 全自动凯氏定氮仪上测定总氮含量。

4.2.4.7　钾含量的测定

参考 GB/T 11064—1989，精确称取于 40 ℃下烘干并粉碎过 0.45 mm 筛的样品 0.1 g 置于 50 mL 三角瓶中，加 1 mol/L 乙酸铵 40 mL，封口后在振荡器上振荡萃取 30 min（25 ℃，120 r/min），用定性滤纸过滤（去前液）。吸取滤液 1 mL

于 50 mL 容量瓶中，用配备的乙酸铵定容至刻度，同时做标样，在原子吸收光谱仪测定钾。

4.2.4.8 烤烟酶活性的测定

淀粉酶：采用邹琦（1955）的方法。称取 1 g 剪碎烟叶加入 5 mL 蒸馏水在研钵中研磨，放置提取后于 5000 r/min 离心 10 min。分别吸取离心上清液 0.4 mL 于 4 支试管中，再分别加入 0.6 mL 蒸馏水。

对照：加入 1 mL 柠檬酸缓冲液和 4 mL 0.4 mol/L NaOH；其他 3 支试管加入 1 mL 柠檬酸缓冲液。将所有试管放入 40 ℃水浴锅中水浴 15 min，立即加入预热的淀粉溶液 2 mL，再放入 40 ℃水浴中反应 5 min。取出后向测定管中加入 4 mL 0.4 mol/L NaOH，摇匀。每支管吸取 2 mL 于 15 mL 试管，加入 2 mL 3，5－二硝基水杨酸溶液，沸水浴 5 min，冷却后定容。以对照为参比溶液，520 nm 波长下比色。根据麦芽糖标准曲线计算淀粉酶活性，单位为 mg/g·FW/5min。

硝酸还原酶：采用邹琦（1995）的方法。分别准确称取剪碎烟叶 0.5 g 置于 4 支试管中，加入 KNO_3 异丙醇 PBS 混合液 9 mL，立即在其中一支试管中加入 30% 三氯乙酸（TCA）1 mL 作为对照。将试管置于 30 ℃暗箱中保存 30 min，取出后分别在其他 3 支试管中加入 1 mL TCA 终止反应。取上清液 2 mL 于新试管中，按顺序加入氨基苯磺酸和 α－萘胺，以对照作参比，在 540 nm 波长下测定其消光值。

4.2.5 烟叶 SPAD 值的测定

于烤烟移栽后第 17、24、31、38、45、52 d，每个小区选择有代表性的烟株 10 株，选择顶部往下的第三片完全展开叶，用干净的湿抹布小心将叶片表面擦拭干净，再用 SPAD－502 测定其尖端、中部、基部的 SPAD 值，取其平均值作为该叶片的 SPAD 值，以每个小区 10 片烟叶的 SPAD 值作为小区 SPAD 值（王维等，2012）。

4.2.6 肥料利用率的测定

农学利用率、吸收利用率、偏生产力是用来表示肥料利用率的常用定量，他们从不同的角度描述了作物对肥料的利用效率（Novoa et al.，1981）。

氮（钾）肥农学利用率（Agronomic Efficiency，AE）＝［施氮（钾）区产量－空白区产量］/施氮（钾）量

氮（钾）肥吸收利用率（Recovery Efficiency，RE）＝［施氮（钾）区地上部分含氮（钾）量－空白区地上部含氮（钾）量］/施氮（钾）量×100%

氮（钾）肥偏生产力（Partial Factor Productivity，PFP）＝施氮（钾）区产

量/施氮（钾）量

生理利用率、收获指数、烟叶生产效率是反映作物将所吸收的化学肥料转化为经济产品的能力（卢艳丽等，2006）。

氮（钾）肥生理利用率（Physiological Efficiency，PE）＝［施氮（钾）区产量－空白区产量］/施氮（钾）区地上部分含氮量－空白区地上部含氮量］

氮（钾）收获指数（Harvest Index，HI）＝烟叶吸氮（钾）量/植株总吸氮（钾）量

氮（钾）肥烟叶生产效率（Leaf Production Efficiency，LPE）＝单位面积烟叶产量/单位面积植株氮（钾）素积累总量。

4.2.7　数据处理与分析

数据处理和分析使用 SPSS 和 Excel 2007，作图使用 Origin 8.5。

4.3　结果与分析

4.3.1　不同施肥模式下土壤氮、钾养分含量变化

4.3.1.1　不同施肥模式下土壤全氮、速效氮含量变化

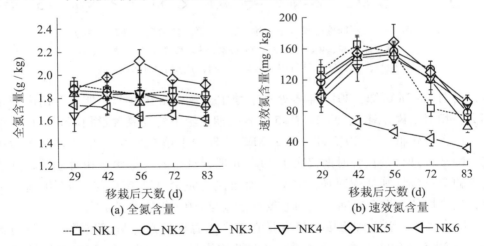

图 4-1　不同施肥模式下土壤全氮、速效氮含量变化（2013 年）

注：图中 29、42、56、72、83 d 分别为烤烟移栽后进入团棵期、
旺长初期、旺长中期、旺长末期、成熟期的时间。

图 4-1 所示为不同施肥模式对各处理土壤全氮和速效氮含量变化的影响趋势。由图 4-1a 可知，各时期土壤全氮总量以 NK5 处理最高，其次为对照，其

他处理的土壤全氮含量均少于对照。NK5 处理在烤烟旺长中期有一定的波动，其他处理的全氮总量在生育期内波动较小。除 NK6 处理外，烤烟整个生育期内速效氮含量呈现出先升高后降低的趋势（图 4 - 1b）。具体来说，烤烟移栽后有追氮肥的处理从团棵期到旺长中期土壤速效氮含量处于上升阶段，之后开始下降，而对照在旺长初期速效氮含量即开始下降。不同处理之间，对照在团棵期至旺长初期速效氮含量高于其他处理，旺长中期至烤烟成熟期 NK2、NK4、NK5 处理的土壤速效氮含量高于对照，NK3 和 NK6 处理的速效氮含量则比较低。

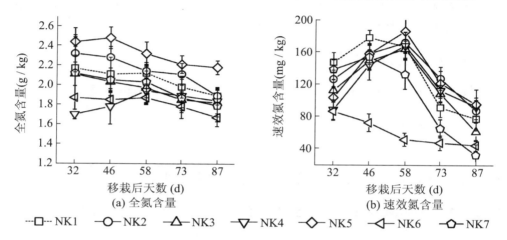

图 4 - 2　不同施肥模式下土壤全氮、速效氮含量变化（2014 年）

注：图中 32、46、58、73、87 d 分别为烤烟移栽后进入团棵期、
旺长初期、旺长中期、旺长末期、成熟期的时间。

　　由图 4 - 2a 可知，2014 年各处理土壤中全氮含量在整个烤烟生育期内变化不大。相对来说，NK1、NK2、NK5 在各时期土壤中的全氮含量稍高，其他处理的全氮含量较低。与 2013 年一致，NK5 处理的土壤全氮含量在各时期均为最高。NK2 处理含量在各时期仅次于 NK5 处理，对照的全氮含量相对适中，其他处理的全氮含量则低于对照。各处理速效氮含量的变化趋势与 2013 年基本一致，且烤烟各个生育时期土壤的速效氮含量与 2013 年的差异不大。

　　综合来说，各处理土壤全氮含量在整个生育期内总体呈现出微弱下降的趋势，且 NK5 处理的土壤全氮含量在各时期均为最高。追肥与不追肥对土壤速效氮含量的影响差异明显。NK2、NK3、NK4、NK5 处理速效氮含量从团棵期至旺长中期处于上升阶段，此后才开始下降，而 NK6 处理从团棵期开始一直处于降低状态。NK2、NK3、NK4、NK5 处理在旺长初期土壤中速效氮低于对照，但从旺长中期至旺长末期速效氮含量即超过对照。

4.3.1.2　不同施肥模式下土壤全钾、速效钾含量变化

图4-3所示为不同施肥模式对各处理土壤全钾和速效钾含量变化的影响趋势。由图4-3a可知，NK5处理土壤全钾含量呈现出先升高后降低的趋势，而其他处理全钾含量在移栽后42 d总体处于缓慢下降的状态。在烤烟移栽团棵期至旺长初期，对照的全钾含量较高，之后NK5处理的全钾含量即超过对照。NK2处理的全钾含量在前期少于对照，从旺长中期至成熟期与对照差异不大。NK3、NK4、NK6处理的全钾含量则相对较低。由图4-3b可知，NK4和NK5处理土壤速效钾从团棵期至旺长中期始终保持上升趋势，之后开始下降；NK2、NK3则从团棵期至旺长初期上升，旺长初期往后即开始下降；对照和NK6处理从团棵期至成熟期一直处于下降状态。在团棵期，对照的土壤速效钾含量最高，而从旺长初期开始，NK2、NK3、NK4、NK5处理的速效钾含量即超过对照，其中NK4和NK5处理的土壤速效钾含量较高，NK2、NK3的含量稍低。

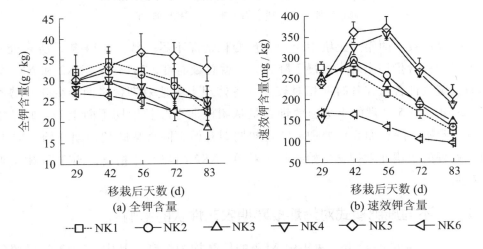

图4-3　不同施肥模式下土壤全钾、速效钾含量变化（2013年）
注：图中29、42、56、72、83 d分别为烤烟移栽后进入团棵期、
旺长初期、旺长中期、旺长末期、成熟期的时间。

从图4-4a可知，2014年，各处理的土壤全钾含量在烤烟生育期内均处于下降状态。就各时期而言，NK2、NK4和NK5处理土壤全钾含量均高于对照，其中NK5处理的全钾含量最高。NK6处理的全钾含量在各时期均为最低，其他处理的全钾含量则与对照差异不大。如图4-4b所示，2014年各处理土壤速效钾含量的变化趋势与2013年大致相同，且各时期的速效钾含量也差异不大。

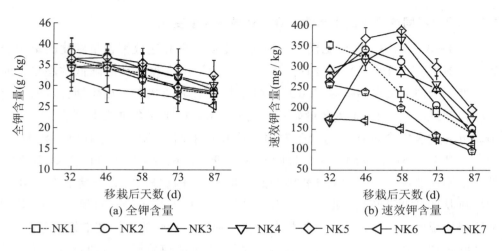

(a) 全钾含量   (b) 速效钾含量

---□--- NK1   —○— NK2   —△— NK3   —▽— NK4   —◇— NK5   —◁— NK6   —⬠— NK7

图 4-4   不同施肥模式下土壤全钾、速效钾含量变化（2014 年）

注：图中 32、46、58、73、87 d 分别为烤烟移栽后进入团棵期、

旺长初期、旺长中期、旺长末期、成熟期的时间。

综合比较，两年间土壤中全钾含量变化情况不尽一致。2014 年，所有处理的土壤全钾含量均表现出缓慢下降趋势。就总量而言，2013 年，NK2 和 NK5 处理的土壤全钾含量在各时期相对较高。各处理土壤速效钾含量两年变化趋势类似。NK4、NK5 处理的土壤速效钾含量从团棵期至旺长中期不断上升，旺长中期后才开始下降；而其他处理从旺长初期即开始下降。从旺长初期开始，NK4、NK5 处理的土壤速效钾含量始终高于对照，NK2 则与对照相当，NK3 和 NK7 低于对照。

4.3.2 不同施肥模式对烤烟成熟期农艺性状的影响

从表 4-4 可以看出，两年中 NK2 的株高均为最高。其中，2013 年对照的株高高于其他施肥模式（NK2 除外），2014 年对照与其他施肥方式株高差异不大。茎围则以 NK5 处理最大，显著大于其他施肥模式，其他施肥模式之间（NK6 除外）茎围差异不大。节距方面，各施肥方式两年中表现不稳定。NK1、NK3、NK4、NK6 的上部叶片数相对较多，NK4、NK5 中部叶片数相对较多，下部叶片以 NK2、NK3、NK7 处理最多。两年中，对照的上部叶最大叶面积均较大，NK6 较小，其他处理两年之间有一定的差异。中部叶则以 NK1、NK3、NK5 处理的叶面积较大，两年表现稳定。下部叶最大叶面积两年之间表现无明显规律。综合比较，除 NK6 外，不同施肥方式对烤烟的株高、节距影响不大，对烤烟的茎围、叶片数和最大叶面积影响较大。

表4-4 不同施肥模式下烤烟成熟期农艺性状比较

年份	处理	株高（cm）	茎围（cm）	叶片数/片			节距（cm）	最大叶面积（cm²）		
				上部叶	中部叶	下部叶		上部叶	中部叶	下部叶
2013	NK1	102.90a	9.20c	8.00a	5.67ab	5.67abc	3.11a	1403.07a	1474.22a	1404.66c
	NK2	104.30a	8.87c	5.67c	5.00bc	6.33ab	3.12a	982.50b	1337.45b	1358.07c
	NK3	91.67c	9.23c	7.00ab	4.67c	6.67a	3.00b	1035.33b	1540.57a	1543.59b
	NK4	96.67b	9.70b	7.67a	6.00a	5.00c	3.13a	1049.15b	1462.39a	1566.68b
	NK5	93.67c	11.40a	5.33c	6.33a	5.33bc	3.06ab	1088.23b	1539.30a	1856.97a
	NK6	78.00d	5.30d	6.00bc	4.67c	6.00abc	2.46c	637.67c	878.25c	1121.42d
2014	NK1	96.88b	9.42b	7.00b	5.33b	5.67b	3.23b	1203.07bc	1523.31a	1434.23b
	NK2	104.64a	9.46b	5.67d	6.00b	6.33b	3.48a	1382.55a	1537.45a	1508.42a
	NK3	93.56bc	8.68c	7.67a	5.33b	6.67b	3.11b	1212.43bc	1440.26b	1483.52a
	NK4	96.67b	9.27b	7.00b	6.00b	6.33b	3.18b	1249.69b	1562.39a	1537.28a
	NK5	98.41b	10.41a	6.33c	7.33a	5.33d	3.06b	1349.63a	1598.73a	1286.16b
	NK6	71.23d	5.28d	7.00b	3.67c	6.00bc	2.27c	552.41d	763.29c	973.72c
	NK7	90.56c	9.22b	5.67d	5.67b	7.33a	2.96b	1163.86c	1531.68a	1527.94a

注：同列数据后凡是有一个相同小写字母者，表示差异不显著（$P > 0.05$，Duncan's 法）。

4.3.3 不同施肥模式对烤烟各时期干物质积累量的影响

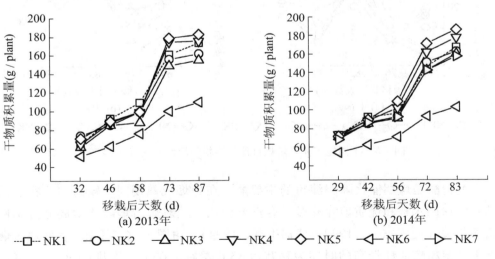

图4-5 不同施肥模式下烤烟各时期干物质积累量比较

注：图中29（32）、42（46）、56（58）、72（73）、83（87）分别为烤烟移栽后
进入团棵期、旺长初期、旺长中期、旺长末期、成熟期的时间。

由图 4 – 5 可知，在烤烟团棵期至旺长初期时，各处理干物质积累量差异不大，积累速率差异大致相同，说明施肥量的多少对烤烟生长前期干物质积累量和积累速率的影响不大。烤烟生长至旺长期，各处理烤烟干物质积累量开始出现差异。团棵至旺长前期两年间表现差异较大，旺长中期至旺长末期，NK2、NK3、NK4、NK5 干物质积累量速率相比对照有显著提升，对照干物质积累量速率显著下降。其中，NK4、NK5 处理在旺长末期干物质积累量已显著高于对照，NK2、NK3 干物质积累量与对照差异不大。旺长结束至烤烟成熟阶段，各处理干物质积累量速率显著下降，至烤烟成熟时，NK5 处理的干物质积累量相对较高，NK2、NK3 处理略低于对照，NK4 两年表现有一定差异。旺长期是烤烟干物质积累量最快的时期，此时期肥料的充足供应可显著提高烤烟的干物质积累量，对烤烟获得高产至关重要。在此阶段，依据叶片 SPAD 值的追肥方式可为烤烟生长提供充足的养分，满足烤烟生长的需要。

4.3.4 不同施肥模式对烤烟打顶后碳氮代谢相关酶活性的影响

4.3.4.1 淀粉酶

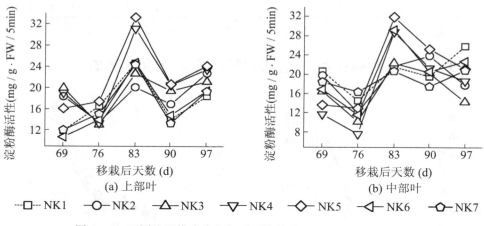

图 4 – 6　不同施肥模式烤烟打顶后淀粉酶活性变化（2014 年）

淀粉酶是烤烟催化降解淀粉的主要酶，在烤烟成熟期间，较高的淀粉酶活性对淀粉的水解和优质烟叶的形成有重要作用，并对烤后烟叶化学成分协调性密切相关（史宏志等，1999；熊福生等，1994）。由图 4 – 6a 可知，各处理烤烟上部叶淀粉酶活性最高的时期为移栽后 83 d 左右。在烤烟移栽 69 d 时，NK2、NK3、NK4 处理的上部叶淀粉酶活性较高，其他处理的淀粉酶活性较低。从烤烟移栽 76 d 之后，各处理淀粉酶活性表现出先快速上升，再快速下降，之后缓慢上升的趋势。其中，NK4、NK5 处理的淀粉酶活性在这一阶段始终较高，而其他处理淀粉酶活性稍低。从图 4 - 6b 可以看出，在烤烟移栽 69 ～ 90 d，各处理中部叶淀粉酶活性大致呈现出先下降，再上升，再下降的趋势。各处理烤烟中部叶淀粉酶活性最大的时间为移栽后 83 d 左右。此时 NK4、NK5、NK6 处理的淀粉酶活性相对其他处理较高，而在移栽后 83 ～ 93 d，不同处理淀粉酸活性均有不同程度下降，而后缓慢上升。

综合来看，在各处理淀粉酶活性最大时期，NK4、NK5 处理的淀粉酶活性显著高于其他处理，淀粉水解效率高，避免过高的淀粉积累量影响烤后烟叶的质量。

4.3.4.2　蔗糖转化酶

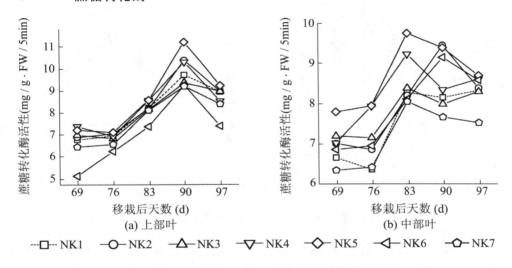

图 4 - 7　不同施肥模式烤烟打顶后蔗糖转化酶活性变化（2014 年）

蔗糖转化酶是催化蔗糖降解生成葡萄糖和果糖的关键酶，与烤烟的碳代谢密切相关，可作为衡量碳代谢强度的重要指标（王丹等，2007）。

从图 4 - 7a 可以看出，各处理烤烟打顶后上部叶蔗糖转化酶活性在移栽后90 d 达到最大，大致呈现出先缓慢降低，再快速升高，再降低的趋势。在烤烟移栽69 ～ 83 d，除 NK6 外，各处理的蔗糖转化酶差异不大；在烤烟移栽第 90 d时，NK5 的蔗糖转化酶活性最高，其次为 NK4、NK2 处理，对照和其他处理蔗糖转化酶活性稍低。在烤烟收获前，各处理（NK6 除外）蔗糖转化酶活性差异不大。由图 4 - 7b 可知，各处理烤烟打顶后，中部叶蔗糖转化酶活性变化趋势差异较大。NK1、NK3、NK6、NK7 处理在各时期蔗糖还原酶活性均较低，而NK5、NK4、NK2 处理的蔗糖还原酶活性在烤烟打顶后活性较高。其中，NK5

处理的蔗糖转化酶活性从 76 d 开始，在各处理中始终保持较高。

总体来说，上部叶中 NK4、NK5 蔗糖转化酶活性较高，中部叶 NK5、NK4、NK2 处理的蔗糖转化酶活性较高，碳代谢较其他处理较为旺盛。

4.3.4.3 硝酸还原酶

硝酸还原酶是氮同化过程中的关键酶，对作物的光合、呼吸及氮素代谢等具有重要影响。一般认为，烤烟在大田生长成熟过程中硝酸还原酶的活性会以单峰曲线的形式体现，但由于不同的营养环境会导致峰值的出现时间有差异。

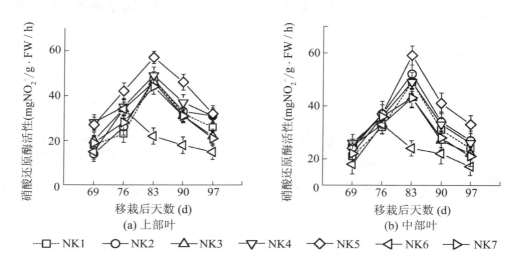

图 4-8　不同施肥模式烤烟打顶后硝酸还原酶活性变化（2014 年）

从图 4-8 可以看出，除 NK6 处理外，其他处理烤烟上部叶和中部叶的硝酸还原酶活性最大时期均出现在移栽后第 83 d，但不同处理在此时期的活性有一定的差异。上部叶中，NK2、NK4、NK5 处理的硝酸还原酶在峰值时的活性较高。其中 NK5 处理的活性最高，在移栽 83 d 后依然保持着较高的活性；NK3、NK7 处理在峰值时活性则低于对照，此后活性下降较快。中部叶以 NK2、NK5 处理的硝酸还原酶在峰值时的活性最高，此后即不断下降。NK4 的硝酸还原酶活性与对照相当，NK3、NK7 处理的活性则低于对照。NK6 处理的上部叶和中部叶的硝酸还原酶活性峰值较其他处理有所提前，且在各时期的活性均低于其他处理。

综合来说，正常施入氮、钾肥对烤烟的硝酸还原酶活性的峰值出现时间影响不大，但不同施肥模式之间各时期的硝酸还原酶活性有一定的差异。其中，NK2 和 NK5 处理的上部叶和中部叶硝酸还原酶在打顶后活性相对较高。

4.3.5　不同施肥模式对烤烟打顶后质体色素含量的影响

4.3.5.1　叶绿素

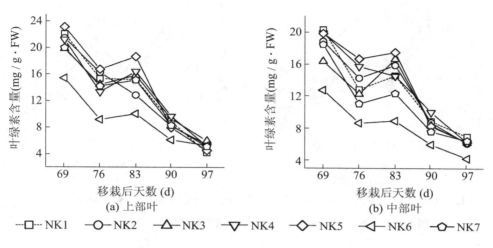

图 4 -9　不同施肥模式烤烟打顶后叶绿素含量变化（2014 年）

　　作为质体色素之一的叶绿素是烤烟进行光合作用的重要色素，是烟叶产量和质量形成的物质基础。烤烟打顶后，叶绿素含量对烤烟成熟阶段物质积累和产量形成有重要影响，也是烤烟成熟后叶片能否及时褪绿变黄的重要标志。从图 4 -9a 可以看出，各处理烤烟上部叶叶绿素含量总体呈现出先下降，后上升，之后一直下降的趋势。在移栽后 69 ～ 83 d，NK5 处理的叶绿素含量相对较高，NK6 处理的叶绿素含量相对较低，其他处理之间叶绿素含量差异不明显。烤烟移栽后 83 ～ 97 d，除 NK6 处理叶绿素含量较低外，其他处理叶绿素含量差异不大。由图 4 -9b 可知，各处理烤烟中部叶叶绿素含量差异较大。在烤烟移栽 69 ～ 83 d，NK2、NK4、NK5 处理的叶绿素含量相对较高，NK1、NK3、NK7、NK6 处理的叶绿素含量则较低；移栽 83 ～ 97 d，NK2、NK4、NK5 处理的叶绿素含量下降迅速，在成熟期采摘前，各处理的叶绿素含量相差不大。NK6 处理的叶绿素含量在各时期均为最低。综合比较，NK2 的上部叶和 NK5 的上部叶和中部叶在烤烟成熟期叶绿素含量较高，光合作用旺盛，能够为烤烟生长后期提供较好的养分条件。在烤烟接近采收时期，各处理之间叶绿素含量差异不大。

4.3.5.2 类胡萝卜素

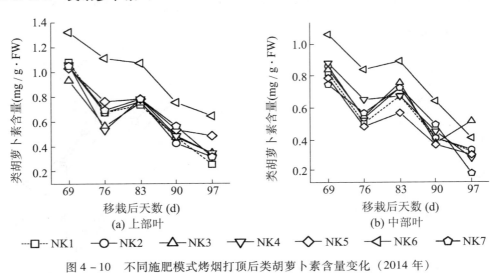

(a) 上部叶　　　　　　　　　　　(b) 中部叶

--□-- NK1　—○— NK2　—△— NK3　—▽— NK4　—◇— NK5　—◁— NK6　—○— NK7

图 4 - 10　不同施肥模式烤烟打顶后类胡萝卜素含量变化（2014 年）

烟草类胡萝卜素在烟叶成熟过程中变化的总体趋势是逐渐减少。烟草中的类胡萝卜素与烟叶品质密切相关，一方面烟叶外观质量与其直接相关，另一方面类胡萝卜素是烟草香气形成的重要前提物质（Court，1984）。由图 4 - 10a 可以看出，各处理烤烟上部叶类胡萝卜素含量变化表现为先下降，再升高，之后一直下降的趋势（NK6 除外）。在移栽后 69、83、90 d，各处理类胡萝卜素含量相当。在移栽 76 d 时，NK1、NK5、NK6、NK7 处理的类胡萝卜素含量相对较高；在移栽 97 d 时，NK6 的类胡萝卜素含量最高，其他处理的类胡萝卜素含量差异不大。各处理烤烟中部叶类胡萝卜素含量变化趋势与上部叶类似（图 4 - 10b）。在烤烟移栽 69 ～ 76 d 时，NK4 处理的类胡萝卜素的含量相对较高；从移栽后 69 ～ 97 d，NK5 处理的类胡萝卜素含量相对较低；其他处理的类胡萝卜素含量在各时期差异不大（NK6 除外）。NK6 处理上部叶和中部叶的类胡萝卜素含量始终保持较高水平。

4.3.6　不同施肥模式对烤烟打顶后化学成分变化的影响

4.3.6.1　总糖

可溶性总糖是烟叶碳代谢过程中的重要产物，适量的总糖对于烟叶品质的形成具有显著作用，其与烟碱或蛋白质的比值能够反映烟叶吃味的好坏。

从图 4 - 11a 可以看出，上部叶总糖随着时间的推移呈现出逐渐上升的趋

势。在烤烟移栽 80 ～ 87 d 时，各处理总糖含量差异不明显；从烤烟移栽 97 ～
108 d，NK4、NK5 处理的总糖明显高于其他处理，而 NK2 和 NK3 处理则与对照
相当；NK6 处理的总糖含量总体来说相对较低。中部叶总糖含量变化趋势与上
部叶类似（图 4 - 11b）。除了 NK6 处理总糖含量相对较低外，其他处理的总糖
含量在各时期含量相当，无明显差异。

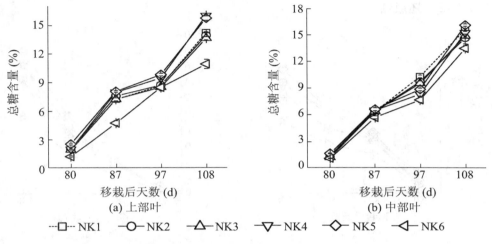

图 4 - 11　不同施肥模式下烤烟打顶后总糖含量变化（2013 年）

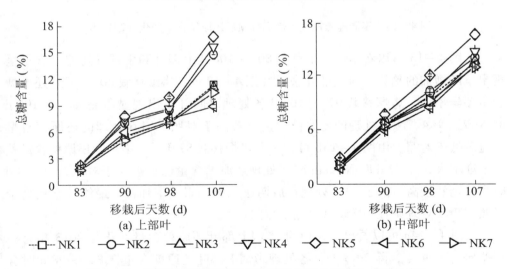

图 4 - 12　不同施肥模式下烤烟打顶后总糖含量变化（2014 年）

从图 4 - 12a 可以看出，2014 年各处理上部叶总糖含量与 2013 年稍有差异。
在烤烟移栽后第 90 d 时，总糖含量开始出现差异。从烤烟移栽 90 ～ 107 d，

NK2、NK4、NK5 处理的总糖含量始终保持较高水平，高于对照，而其他处理则低于对照。在烤烟移栽第 107 d 时，NK2、NK4、NK5 处理的总糖含量已经显著高于其他各处理。2014 年中部叶总糖含量变化与 2013 年有一定的差异。相对来说，NK5 处理的中部叶总糖从烤烟移栽 83 ～ 107 d 开始，始终处于各处理最高水平；而对照中部叶总糖含量在各时期含量均比较低。

4.3.6.2 还原糖

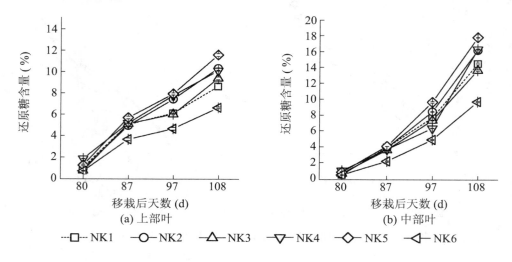

图 4 - 13　不同施肥模式下烤烟打顶后还原糖含量变化（2013 年）

从图 4 - 13 可以看出，烤烟移栽 80 ～ 108 d 上部叶和中部叶还原糖含量呈现出不断增加的趋势。对上部叶来说（图 4 - 13a），烤烟移栽 80 ～ 97 d 还原糖含量差异不大，烤烟移栽 97 ～ 108 d 各处理之间开始出现显著差异，在 108 d 时 NK2、NK4、NK5 处理的还原糖含量显著高于对照，NK6 处理的还原糖含量则显著低于对照。由图 4 - 13b 可知，在烤烟移栽 87 d 后，中部叶还原糖含量差异逐渐增大，在 97 d 时 NK2 和 NK5 处理还原糖含量已显著高于对照，至 108 d 时含量仍然较高。由于 NK4 处理在后期还原糖积累速率加快，最终其含量高于对照。NK3 处理则在 108 d 时稍低于对照。

从图 4 - 14a 可以看出，2014 年烤烟上部叶还原糖含量变化与 2013 年有一定差异。2014 年，除 NK6 外，各处理烤烟上部叶还原糖含量在 83 ～ 98 d 时含量差异不大；在 107 d 时，NK2、NK3、NK4、NK5 处理的还原糖含量显著高于对照，这与 2013 年的表现类似。2014 年烤烟中部叶还原糖含量与 2013 年大致相同，NK2、NK4、NK5 处理的还原糖含量在移栽 108 d 时均显著高于对照，NK3 还原糖含量与对照相差不大，其他处理则显著低于对照。

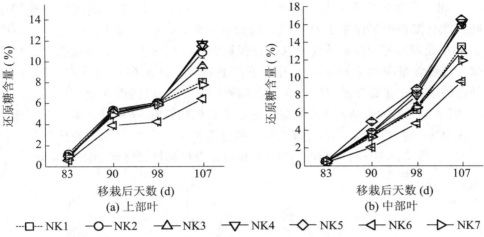

图 4-14　不同施肥模式下烤烟打顶后还原糖含量变化（2014 年）

综合来说，NK4、NK5 处理的上部叶和中部叶在生长末期还原糖积累速率显著增加，最终导致其还原糖含量相对较高。

4.3.6.3　淀粉

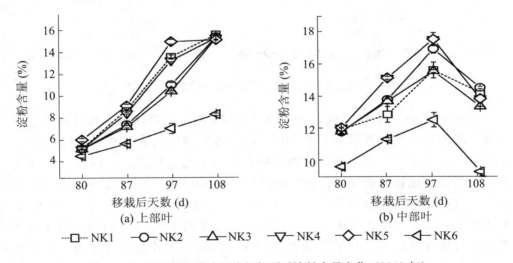

图 4-15　不同施肥模式下烤烟打顶后淀粉含量变化（2013 年）

烟叶中淀粉对烤烟质量会产生不利的影响，主要表现在两方面：一是影响燃烧速度和燃烧的安全性；二是在燃吸时产生焦糊味，直接影响卷烟的香气质及吸味口感，因此淀粉含量已成为评价烟草品质的重要指标（魏利，2007）。

图 4-15a 显示，烤烟上部叶淀粉积累速率总体表现为先快后慢。在移栽后

第97 d 时，各处理淀粉含量差异较大，NK1、NK4、NK5 处理的淀粉含量均比较高，此后淀粉积累速率下降较快，因而在 108 d 时各处理淀粉含量差异不明显。NK6 处理的淀粉含量始终较低，且积累缓慢。从图 4 - 15b 可以看出，烤烟中部叶淀粉含量整体表现出先上升后下降的趋势。在烤烟打顶后的不同时期，各处理的中部叶淀粉含量差异较大。在第 80 d 时各处理淀粉含量差异不大，在80 ～ 97 d 时 NK2 和 NK5 处理的淀粉含量增长较快，在 97 d 时显著高于其他处理，在 108 d 时 NK2 和 NK5 处理淀粉分解速度加快，因此各处理的淀粉含量差异不大。与上部叶类似，NK6 处理的中部叶淀粉积累量始终处于较低水平。

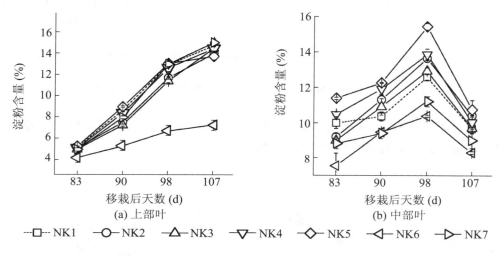

图 4 - 16　不同施肥模式下烤烟打顶后淀粉含量变化（2014 年）

如图 4 - 16a 所示，与 2013 年不同，2014 年各处理烤烟上部叶淀粉含量变化情况差异不大。在烤烟移栽 107 d 时，各处理淀粉含量相当，这与 2013 年表现一致。NK6 处理上部叶淀粉含量在各时期均比较低。2014 年烤烟中部叶淀粉含量变化趋势表现为先升高再降低，与 2013 年一致。除 NK6、NK7 处理外，其他处理从烤烟移栽 90 ～ 98 d 后淀粉含量均高于对照，其中 NK2、NK5 处理在移栽 108 d 时依然高于对照，其他处理则与对照相当。NK7 处理的淀粉含量在移栽 90 d 以后显著低于对照，NK6 处理中部叶还原糖含量及变化趋势与 2013 年类似。

4.3.6.4　总氮

总氮是氮代谢合成物质量的直观指标，其含量的高低能够影响烤烟的吸食劲头和刺激性，烟叶中的总氮含量过高，烟气浓烈辛辣，刺激性增大；总氮含量过低，则烟叶吃味平淡，枯燥无味。

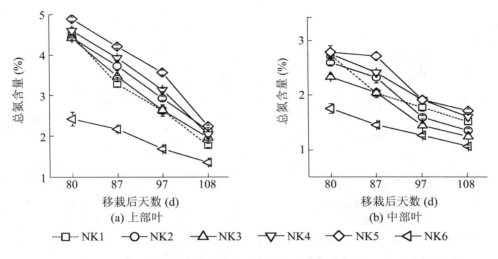

图 4 – 17　不同施肥模式下打顶后烤烟总氮含量变化（2013 年）

图 4 – 17 所示为不同施肥模式下打顶后烤烟总氮含量变化的影响。从图可以看出，烤烟打顶后，烤烟的上部叶和中部叶总氮含量呈现出不断下降的趋势。从上部叶来看，NK2、NK4、NK5 处理的烤烟总氮含量在打顶后各时期高于对照，NK3、NK6 处理的总氮含量相对较低。其中，NK5 处理总氮含量在各时期始终处于最高水平，其次为 NK4 处理。与上部叶类似，NK4、NK5 处理的中部叶总氮含量在各时期均高于对照；NK3 和 NK6 处理的总氮含量相对较低，显著低于对照。NK2 处理中部叶总氮在 80 d 时含量较高，随后分解速度相对较快，在 108 d 时低于对照。

由图 4 – 18a 可知，2014 年各处理上部叶总氮含量变化与 2013 年类似。NK4、NK5 处理的总氮含量在各时期均显著高于对照。NK2 处理在前期含量稍低，但其总氮分解速率较慢，因而在 107 d 时，总氮含量最高。NK7 处理的上部叶各时期的总氮含量与对照差异不大，而 NK3 处理的总氮含量在各时期则低于对照。2014 年 NK4、NK5 处理的中部叶总氮含量变化与 2013 年相似。不同的是，2014 年 NK2 处理的中部叶总氮含量在 98 ～ 107 d 时均高于对照。NK6 和 NK7 处理的中部叶总氮含量则在各时期均低于对照。

综合来看，上部叶和中部叶在各时期总氮含量以 NK4 和 NK5 处理较高，NK2 上部叶总氮含量在各时期较高，而中部叶表现两年不尽一致。NK6、NK7 处理的总氮含量在各时期相比对照均较低。NK3 处理的上部叶和中部叶各时期的总氮含量与对照相差不大。

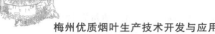

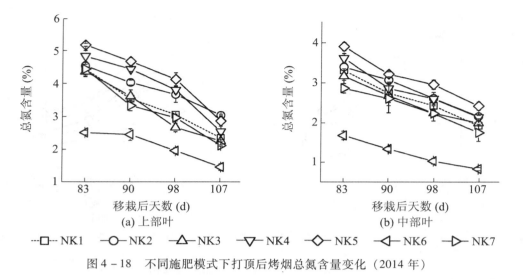

图 4-18　不同施肥模式下打顶后烤烟总氮含量变化（2014 年）

4.3.6.5　烟碱

烟碱是烟草特有的生物碱，是影响烟叶品质的重要因素之一。烟碱含量过高，烟气的劲头过大；烟碱含量过低，则烟气少香无味，不能产生吸烟应有的效应。

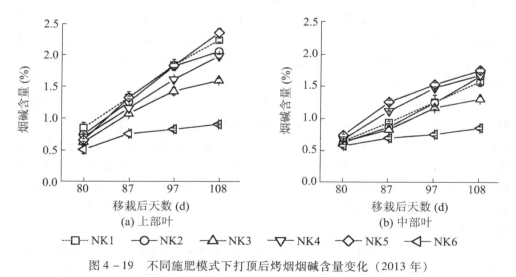

图 4-19　不同施肥模式下打顶后烤烟烟碱含量变化（2013 年）

图 4-19 所示是不同施肥模式对烤烟打顶后烟碱含量变化的影响趋势。从图可以看出，烤烟打顶后各处理烟碱含量呈现出不断积累上升的趋势。图 4-19a 显示，NK5 处理烤烟上部叶烟碱含量在后期积累量相对较高，但与对

照差异不大，其他处理中 NK2 处理和 NK4 处理含量相对适中，NK3、NK6 含量则较低。从图 4-19b 可以看出，烤烟打顶后中部叶各时期以 NK4、NK5 处理的烟碱含量较高，其次为对照和 NK2 处理，其他处理的烟碱含量则相对较低。

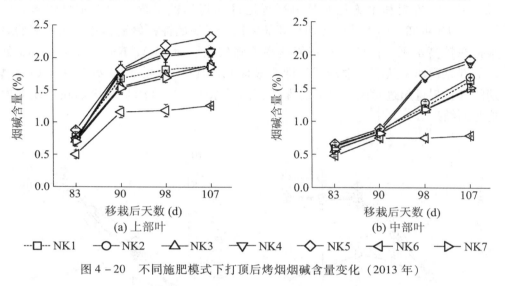

$$\text{--□-- NK1} \quad \text{--○-- NK2} \quad \text{--△-- NK3} \quad \text{--▽-- NK4} \quad \text{--◇-- NK5} \quad \text{--◁-- NK6} \quad \text{--▷-- NK7}$$

图 4-20　不同施肥模式下打顶后烤烟烟碱含量变化（2013 年）

从图 4-20a 可以看出，NK2、NK4、NK5 处理在移栽 90 ～ 107 d 时，其烤烟烟碱含量显著高于对照处理。对照的烟碱含量在烤烟移栽 90 d 后积累速度下降，烟碱含量较低，这与 2013 年的表现有一定差异。NK3、NK7 处理的烟碱含量在 90 ～ 98 d 时含量低于对照，在 98 ～ 107 d 这个阶段积累速率高于对照，因而在 107 d 时，烟碱含量与对照相当。烤烟中部叶烟碱含量与 2013 年有较大差异。由图 4-20b 可知，烤烟移栽 83 ～ 90 d 时，各处理烟碱积累速率较为平缓，在移栽 90 ～ 98 d 时，NK4、NK5 处理的积累速率加快，并在 98 d 时烟碱含量超过对照，与 2013 年有一定差异。NK2、NK3、NK7 处理与 2013 年大致相同，其烟碱含量与对照变化趋势类似。

综合来说，NK5 处理的上部叶烟碱在各时期含量较高，NK2 和 NK4 处理稍低于 NK5 处理，对照两年之间表现不一致。NK4 和 NK5 处理两年的中部叶烟碱快速积累时期有一定的差异，但其最终总量均相对较高，其他处理（除 NK6 外）在后期与对照差异不大。

4.3.7　不同施肥模式对烟株地上部分氮、钾积累及分配的影响

4.3.7.1　不同施肥模式对烟株地上部分氮、钾积累量的影响

图 4-21 为 2013 年各处理烟株地上部分氮钾积累量的变化情况。从图 4-21a 可以看出，从进入旺长初期开始，各处理的氮积累量差异逐渐变大。其中，

NK4、NK5 积累速度在此时期加快，并且 NK5 在成熟期的氮积累量最多；NK1、NK2、NK3 处理在旺长初期以后氮积累速率稍慢于前两者，因此成熟期的氮积累量相对较少。在旺长中期，NK6 处理氮积累量达到最高点，此后便开始下降，说明不施有机肥和不施化肥氮对平远地区的烤烟氮素营养均有不良影响。由图 4-21b 可知，烤烟从团棵期至旺长中期，对照的钾积累量和钾积累速率始终维持在较高水平，但此后其积累速率下降较快。而 NK2、NK3、NK4、NK5 处理的钾累积速率从旺长中期开始即明显提升，其中 NK4、NK5 处理在烤烟成熟期的钾积累量超过对照，并最终保持较高的水平。这可能是在烤烟旺长期多次追肥的结果。

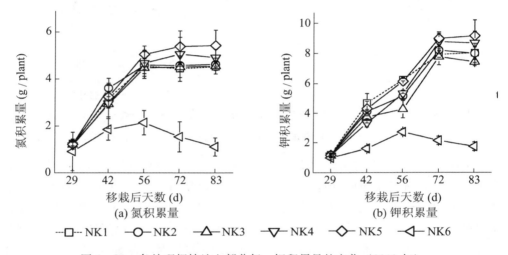

图 4-21　各处理烟株地上部分氮、钾积累量的变化（2013 年）

注：图中 29、42、56、72、83 d 分别为烤烟移栽后进入团棵期、
旺长初期、旺长中期、旺长末期、成熟期的时间。

从图 4-22a 可以看出，各处理的氮积累变化趋势与 2013 年差异不大。NK4、NK5 处理在旺长初期的积累速率开始快于其他处理，并在最终 NK4 和 NK5 处理的氮积累量均高于对照；而其他处理在此阶段的积累速率均慢于前两者，成熟期时其氮积累量少于对照。旺长至成熟阶段，各处理的积累速率均大幅下降，NK7 处理的氮积累量在此阶段出现下降。由图 4-22b 可知，追施钾肥与不追施钾肥的钾素积累速率有较大的差异。对照从团棵期至旺长初期的钾积累量相对较高，之后则迅速下降；而追施钾肥的施肥模式在旺长中期到旺长末期的钾积累速率大幅超过对照，以致其在成熟期的钾积累量高于对照。这与2013 年各处理的钾积累动态差异不大。

综合来说，各处理两年氮积累变化趋势大致相同。从进入旺长初期开始，各处理的氮积累量差异逐渐变大。NK4、NK5 处理在旺长阶段氮积累速率加快，且 NK5 在成熟期的氮积累量最多；NK1、NK2、NK3 处理在旺长初期由于氮积累速率稍慢，成熟期时的氮积累量相对较少。与氮素类似，各处理两年钾积累变化情况趋于一致。烤烟从团棵期至旺长中期，对照的钾积累速率在旺长阶段下降较快，而追肥后的处理钾积累高峰时期相比速率较快，因而能够获得相对较高的钾积累量。

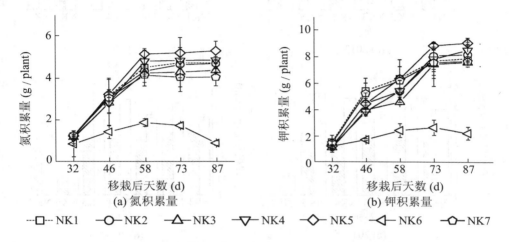

图 4 - 22　各处理烟株地上部分氮、钾积累量的变化（2014 年）

注：图中 32、46、58、73、87 d 分别为烤烟移栽后进入团棵期、

旺长初期、旺长中期、旺长末期、成熟期的时间。

4.3.7.2　不同施肥模式对成熟期烟株氮、钾分配的影响

由图 4 - 23a、图 4 - 23b 可知，烟株吸收的氮素在烟叶中的分配比例大于茎。同时，各处理之间烟株吸收总氮素在烟叶中的分配比例和分配量亦有一定的差异。NK1 ~ NK7 处理氮素在烟叶中的分配比例分别为 55.82%、65.94%、61.49%、63.46%、63.41%、68.19%、55.86%（两年平均值，NK7 除外），说明移栽后追肥使烟株吸收的氮素更多地向叶片转移；NK2、NK3、NK4、NK5 处理之间烟叶氮素的分配比例差异均不明显，但由于 NK5 氮积累总量相对较高，因此其烟叶氮积累量更多。NK7 处理烟株氮积累总量和烟叶氮积累量均少于对照。

从图 4 - 23c、图 4 - 23d 可以看出，烟株吸收的钾素在烟叶中的分配比例大于茎。除 NK6 外，两年的数据均显示，不同处理之间烟叶钾素的分配比例差异不明显，均维持在 60% 左右，说明施肥量与施肥方式对钾素在烟株中的分配比例影响不大。NK4、NK5 处理钾吸收总量较高，所以烟叶钾含量均高于其他处理。因此，提升烟叶含钾量应从如何提升烟株地上部分含钾量的角度出发。

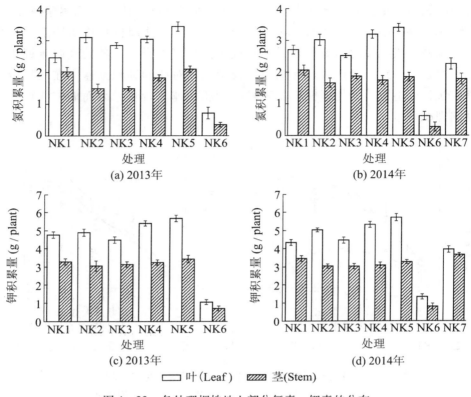

图 4 - 23　各处理烟株地上部分氮素、钾素的分布

4.3.8　不同施肥模式对烤烟氮、钾肥利用率的影响

4.3.8.1　不同施肥模式对烤烟氮肥利用率的影响

表 4 - 5 为不同施肥模式下烤烟氮肥利用率各指标之间的比较。由表 4 - 5 可知，2013 年各处理（NK6 除外）烤烟的氮肥农学利用率、偏生产力、吸收利用率和收获指数相比对照均有显著提高。其中，NK5 处理的氮肥农学利用率和吸收利用率均为最高，相比对照分别提升了 36.92%、44.39%；NK2 处理偏生产力和收获指数较高，分别高于对照 32.62%、28.82%（NK6 除外）。氮肥的烟叶生产效率和生理利用率以 NK2 处理最高，相比对照分别提升了 5.76%、7.81%。

2014 年，各处理（NK6、NK7 除外）氮肥农学利用率、偏生产力、吸收利用率、烟叶生产效率和收获指数相比对照均有一定程度的提高。其中，NK3 处理的农学利用率、偏生产力和吸收利用率最高，分别比对照高 40.65%、41.24%、29.58%；其次为 NK5 处理，分别高于对照 40.50%、31.72%、24.09%；NK2 和 NK4 这 3 项指标较对照均有不同程度的提高。除 NK6 外，

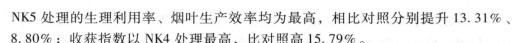

NK5 处理的生理利用率、烟叶生产效率均为最高，相比对照分别提升 13.31%、8.80%；收获指数以 NK4 处理最高，比对照高 15.79%。

综合两年数据看出，各处理（NK6、NK7 除外）的氮肥农学利用率、偏生产力、吸收利用率和收获指数相比对照（NK1）都有显著提升。总体来看，NK5 处理的农学利用率、偏生产力、吸收利用率和收获指数两年的综合表现在各处理中最好，其中，农学利用率比对照高 38.71%，吸收利用率比对照高 34.24%；其次为 NK3 处理，其农学利用率、偏生产力和收获指数分别比对照提升 26.18%、23.08% 和 17.05%；NK4 的农学利用率、吸收利用率和收获指数较高，其他指标两年不尽一致。由于空白处理（NK6）的烟株积累氮总量少，同时其烟叶氮积累量所占烟株积累氮总量的比例较高，所以空白（NK6）的烟叶生产效率和收获指数两年均为最高，说明其吸收的氮对产量的贡献度最大。与对照相比，不施有机肥处理的农学利用率、偏生产力、吸收利用率有所降低，但生理利用率、烟叶生产效率和收获指数均有不同程度的提高。

表 4-5　不同施肥模式氮肥利用率的比较

年份	处理	农学利用率 （kg/kg）	偏生产力 （kg/kg）	吸收利用率 （%）	生理利用率 （kg/kg）	烟叶生产效率 （kg/kg）	收获指数
2013	NK1	13.95b	19.07c	43.73d	32.65b	32.99b	0.55c
	NK2	18.34a	24.03ab	52.46c	35.20a	34.89a	0.67a
	NK3	17.97a	25.29a	58.13b	31.01c	31.80b	0.67a
	NK4	16.93a	23.08b	62.87a	27.42d	28.90c	0.62b
	NK5	19.10a	24.64a	63.14a	30.33c	31.07b	0.63b
	NK6	—	—	—	—	33.94a	0.69a
2014	NK1	13.21c	18.16d	52.64d	25.10c	27.94c	0.57b
	NK2	16.32b	21.82c	58.01c	28.14ab	30.41b	0.64a
	NK3	18.58a	25.65a	68.21a	27.24abc	29.87b	0.58b
	NK4	16.82b	22.76bc	65.29b	25.76bc	28.4c	0.66a
	NK5	18.56a	23.92b	65.32b	28.44a	30.4b	0.64a
	NK6	—	—	—	—	40.06a	0.69a
	NK7	12.04c	16.99d	43.36e	27.79ab	30.5b	0.56b

注：同列数据后不同小写字母表示处理间差异达 5% 显著水平。

4.3.8.2　不同施肥模式对烤烟钾肥利用率的影响

表 4-6 为不同施肥模式下烤烟钾肥利用率各指标之间的比较。从表中可以

看出，各处理烤烟钾肥农学利用率、偏生产力、吸收利用率均显著高于对照。农学利用率最高的为 NK5 处理，高于对照 36.89%。偏生产力以 NK2、NK3、NK5 处理较高，分别高出对照 26.08%、32.62%、29.12%。生理利用率、烟叶生产效率和收获指数综合表现最好的为 NK2 处理，分别较对照提高 18.63%、13.61%、3.3%。NK4 处理的吸收利用率和收获指数表现较好，分别高出对照 36.39%、6.67%。

2014 年，各处理（NK6、NK7 除外）烤烟钾肥农学利用率、偏生产力、吸收利用率和收获指数较对照均有所提高。综合比较，NK3 处理的农学利用率、偏生产力、吸收利用率表现最好，较对照分别提升 40.57%、41.29%、35.59%；其次为 NK5 处理，分别比对照高 40.31%、31.61%、31.16%。

此外，NK5 处理的钾肥生理利用率、烟叶生产效率和收获指数在各处理中均为最高，分别比对照高 7.57%、5.89%、14.29%。与 2013 年一致，NK4 处理的吸收利用率和收获指数均较对照有一定的提升。

表 4-6　不同施肥模式钾肥利用率的比较

年份	处理	农学利用率（kg/kg）	偏生产力（kg/kg）	吸收利用率（%）	生理利用率（kg/kg）	烟叶生产效率（kg/kg）	收获指数
2013	NK1	8.16c	11.16c	51.63d	16.16bc	17.27c	0.60b
	NK2	10.73a	14.07ab	56.34c	19.17a	19.62b	0.62a
	NK3	10.52ab	14.80a	65.11b	16.10c	17.31c	0.58b
	NK4	10.03b	13.68b	70.42a	14.38d	15.73d	0.64a
	NK5	11.17a	14.41ab	64.26b	17.40b	18.14c	0.63a
	NK6	—	—	—	—	21.21a	0.58b
2014	NK1	7.74c	10.63d	45.38d	17.05bc	16.82bc	0.56c
	NK2	9.56b	12.77c	53.07c	18ab	17.52a	0.62ab
	NK3	10.88a	15.02a	61.53a	17.69ab	17.26ab	0.59b
	NK4	9.97b	13.48bc	61.28a	16.28c	16.26cd	0.63ab
	NK5	10.86a	13.99b	59.25b	18.34a	17.81a	0.64a
	NK6	—	—	—	—	16.26cd	0.63ab
	NK7	7.05c	9.95d	43.61e	16.18c	16.19d	0.53c

注：同列数据后不同小写字母表示处理间差异达 5% 显著水平。

综合两年数据，NK2、NK3、NK4、NK5 处理的肥料利用率的所有指标均显著高于对照（NK1）。在两年试验中，NK5 处理的农学利用率、偏生产力、吸收利用率、生理利用率和收获指数高且稳定，分别比对照高37.99%、30.36%、27.52%、7.62%和9.64%；相反，NK4处理的农学利用率、偏生产力两年均较低，但其吸收利用率和收获指数均较高。NK2处理的农学利用率、生理利用率、烟叶生产效率和收获指数在各处理中表现较好，并且两年有较高的重复性。不施有机肥处理的钾肥利用率的所有指标均低于对照，这可能是烟叶生长前期钾肥流失严重而生长后期无足够的钾素供应所致。

4.3.9　不同施肥模式对烤烟经济性状的影响

产量、产值、均价、上等烟比例、中上等烟比例是烟叶的主要经济性状，综合反映了烟叶的质量和经济效益。表4－7为不同施肥模式下烤烟的产量与产值。从表中可以看出，2013年，NK2、NK5处理的产量、产值均高于对照，其中产量分别比对照高13.81%、19.51%，产值分别比对照高14.72%、25.01%。均价、上等烟比例、上中等烟比例以NK4和NK5处理表现最好，较对照均有显著提升。2014年，各处理烤烟经济性状数据与2013年有较高的重复性，NK2、NK4、NK5产量、产值均有一定的提升，其中NK5处理依然在各处理中最高。此外，2014年NK2、NK4、NK5处理的均价、上等烟比例、中上等烟比例综合表现均好于对照。

综合比较，不同施肥模式的烤烟产量、产值差异显著。两年试验中，各处理的产量和产值差异表现稳定，其中NK5处理的产量、产值均为最高，分别比对照高20.66%、28.39%（两年平均值）；其次为NK2、NK4处理，NK1、NK3、NK7处理的产量较低。NK4和NK5处理的均价、上等烟比例和中上等烟比例为各处理最高，两者之间差异不显著，说明其烤烟外观质量较好。其他处理与对照相比，均价、上等烟比例、中上等烟比例提升不显著或略有下降。

表4－7　不同施肥模式下烤烟的产量与产值

年份	处理	产量 （kg/hm²）	产值 （元/hm²）	均价 （元/kg）	上等烟 比例（%）	中上等 烟比例（%）
2013	NK1	2288.40±59.57c	51 649.19±344.49d	22.57±0.27b	44.14±0.21b	92.31±0.78b
	NK2	2595.27±63.09b	59 250.01±577.32b	22.83±0.23b	44.02±0.18b	93.37±0.05ab
	NK3	2124.40±103.26d	48 245.12±345.03e	22.71±0.39b	42.33±0.16b	91.22±0.45b
	NK4	2308.44±20.63c	55 933.50±240.55c	24.23±0.19a	47.01±0.15a	97.61±0.17a
	NK5	2734.78±51.39a	64 568.16±117.63a	23.61±0.23ab	49.64±0.22a	95.28±0.34ab
	NK6	615.27±22.43e	8743.28±96.2f	14.23±0.34c	9.36±1.28c	41.93±0.32c

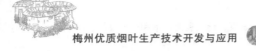

续上表

年份	处理	产量 （kg/hm²）	产值 （元/hm²）	均价 （元/kg）	上等烟 比例（%）	中上等 烟比例（%）
	NK1	2179.33±36.5c	51 221.60±857.9c	23.5±0.33cd	45.0±1.57abc	92.88±1.44a
	NK2	2356.33±94.07b	57 384.57±2290.94b	24.3±0.33bc	45.06±2.3abc	92.75±0.55a
	NK3	2154.6±77.67cd	49 471.15±1783.41c	22.9±0.24d	42.48±1.96bc	91.90±1.02a
2014	NK4	2275.6±46.54bc	56 277.24±1151.03b	24.7±1.04ab	45.81±2.35ab	94.65±1.79a
	NK5	2654.67±109.5a	67 490.48±2783.87a	25.42±0.23a	46.64±1.38a	95.53±1.08a
	NK6	594.33±52.01e	9990.74±874.34e	16.81±0.46f	10.7±1.38d	48.36±4.39b
	NK7	2039.00±50.21d	45 034.71±1108.96d	22.09±0.36e	41.92±2.04c	92.90±2.43a

注：表中数据为平均值±标准误差，同列数据后凡是有一个相同小写字母者，表示差异不显著（$P > 0.05$，Duncan's 法）。

4.3.10 不同施肥模式对烤后烟叶化学成分的影响

烤后烟叶中主要化学成分的含量，在很大程度上决定了烟叶及其制品的烟气特性，因而直接影响着烟叶品质的优劣。表 4-8 为不同施肥模式烤后烟叶 B2F、C3F 化学成分含量的比较。由表可知，2013 年，各处理烤后 B2F、C3F 烟叶总糖含量差异不大，淀粉、还原糖、全氮、烟碱、全钾含量有一定差异。NK5 处理烤后烟叶 B2F、C3F 的总氮、烟碱、钾含量均较对照有一定的提升，且含量均在合理范围之内；同时，其还原糖、淀粉含量均较对照有所减少。NK2、NK3、NK4 处理的烤后烟叶 B2F、C3F 还原糖和淀粉含量偏高，而总氮、烟碱含量偏低；NK4 处理的 B2F 和 C3F 的全钾含量相比对照有显著提升。

2014 年，各处理的烤后烟叶 B2F、C3F 还原糖含量比对照均有不同程度的降低。NK5 处理烤后烟叶 B2F、C3F 的总糖、淀粉相比对照有所降低，烟碱含量与对照差异不大，而其他处理（NK6 除外）总糖、淀粉和烟碱含量之间无明显差异。相对来说，NK5 处理的烤后烟叶 B2F 和 C3F 总氮、全钾较其他处理均有一定的提升。NK4 处理的上部叶和中部叶全钾含量较对照均有较大提升，分别高于对照 19.89%、23.83%。

综合比较，各处理的烤后 B2F 和 C3F 烟叶淀粉、还原糖、全氮、烟碱、全钾含量差异明显。与对照相比，NK5 处理烤后 B2F 和 C3F 总氮、烟碱、钾含量有一定提升，而淀粉、还原糖则降低明显。相反，NK2、NK3 处理烤后 B2F 和 C3F 淀粉含量稍高；其中，NK5 处理烤后 B2F、C3F 烟叶钾含量要高于其他处理。综合比较，NK5 处理的烤后烟叶各化学成分含量适宜，品质最好；其次为

NK4 处理；对照、NK2、NK3 处理由于淀粉和钾（上部叶）含量不符合优质烟叶对化学指标的要求，品质较差。由于氮钾元素的缺乏，无法满足烤烟生长发育需要，导致 NK6 处理烤后 B2F、C3F 部分化学成分不在适宜范围内。

表 4-8 不同施肥模式对烤后烟叶化学成分的影响

等级	年份	处理	总糖（%）	还原糖（%）	淀粉（%）	总氮（%）	烟碱（%）	钾（%）
B2F	2013	NK1	21.37±0.16a	18.21±0.24b	5.38±0.03b	1.80±0.03b	2.33±0.02b	1.87±0.03c
		NK2	19.76±0.10bc	18.60±0.35a	5.98±0.02a	1.74±0.01b	2.31±0.01b	1.92±0.05c
		NK3	18.91±0.43cd	17.69±0.21c	5.60±0.12b	1.44±0.04c	2.25±0.04bc	1.86±0.04c
		NK4	20.60±0.25ab	17.98±0.83b	5.37±0.05b	1.77±0.02b	2.15±0.02c	2.13±0.05b
		NK5	20.11±0.63b	16.43±0.22d	4.56±0.03d	1.94±0.02a	2.53±0.00a	2.45±0.03a
		NK6	18.23±0.14d	16.56±0.65d	4.88±0.18c	1.21±0.07d	0.90±0.07d	1.25±0.05d
	2014	NK1	20.05±0.54a	20.08±0.65a	4.78±0.41a	1.83±0.09b	2.61±0.19a	1.81±0.07d
		NK2	20.51±1.21a	19.24±0.74ab	4.92±0.32a	1.79±0.09b	2.79±0.03a	1.94±0.08cd
		NK3	20.08±1.68a	18.99±1.15ab	4.92±0.87a	1.82±0.03b	2.75±0.07a	2.03±0.1bc
		NK4	19.22±1.85a	16.75±0.42c	4.39±0.7a	2.04±0.07a	2.64±0.15a	2.17±0.05b
		NK5	19.18±0.76a	17.13±0.32c	3.83±0.52a	2.15±0.13a	2.84±0.06a	2.55±0.18a
		NK6	18.43±0.81a	15.34±0.2d	4.85±0.57a	1.17±0.14d	1.09±0.21b	1.33±0.15e
		NK7	19.15±0.84a	18.14±0.98bc	4.9±0.53a	1.54±0.13c	2.51±0.07a	1.87±0.08cd
C3F	2013	NK1	22.59±0.27a	19.26±0.38c	5.44±0.04ab	1.66±0.05a	1.97±0.04ab	2.12±0.03c
		NK2	21.80±0.50ab	19.76±0.62b	5.77±0.11a	1.51±0.06b	1.87±0.05bc	2.06±0.03c
		NK3	21.62±0.62ab	20.47±0.26a	5.63±0.16ab	1.18±0.03c	1.83±0.03bc	2.01±0.02c
		NK4	22.41±0.45a	19.66±0.44bc	5.41±0.08b	1.46±0.08b	1.77±0.02c	2.36±0.06b
		NK5	21.12±0.74b	16.86±0.32e	4.67±0.03c	1.69±0.05a	2.03±0.01a	2.57±0.03a
		NK6	19.52±0.46c	18.62±0.78d	3.88±0.17d	0.99±0.07d	0.91±0.02d	1.14±0.03d
	2014	NK1	22.61±0.51a	20.98±0.61a	4.56±0.4ab	1.71±0.03cd	2.26±0.2ab	1.93±0.05cd
		NK2	22.49±1.28a	19.98±1.18ab	4.82±0.41a	1.65±0.06d	2.13±0.18b	2.14±0.1c
		NK3	21.27±2.33a	18.25±0.19bc	4.76±0.57a	1.78±0.04bc	2.1±0.14b	2.1±0.14cd
		NK4	19.88±1.34ab	18.75±1.15bc	4.25±0.11ab	1.87±0.03ab	2.05±0.07b	2.39±0.05b
		NK5	20.36±0.74ab	17.26±0.16c	3.88±0.32ab	1.92±0.04a	2.47±0.12a	2.65±0.11a
		NK6	17.7±1.49b	14.05±1.14d	3.08±0.41c	1.08±0.13f	0.96±0.14c	1.44±0.09e
		NK7	21.29±1.98a	19.46±0.94ab	4.42±0.19ab	1.44±0.09e	2.18±0.21ab	1.91±0.2d

4.4　讨论与结论

4.4.1　讨论

4.4.1.1　不同施肥模式对烤烟大田生长发育的影响

　　本试验条件下，通过对烤烟生长不同阶段土壤中可利用氮、钾元素变化规律发现，当地施肥模式下烤烟移栽后旺长初期土壤中速效氮和速效钾含量即开始迅速下降，而应用 SPAD 仪的氮肥管理模式下土壤速效氮、速效钾含量从烤烟旺长中期（移栽第 48 d）开始到烤烟圆顶期始终高于对照。由于烤烟移栽后对氮素的吸收高峰在移栽后 45 d 左右，钾素则在 55 d 前后（刘国顺，2003）。因此，本试验中 NK3、NK4 处理土壤中的氮、钾养分能够充分满足烤烟此阶段生长发育所需。旺长期是烤烟干物质积累量最快的时期，此时期肥料的充足供应可显著提高烤烟的干物质积累量，对烤烟获得高产至关重要。在此阶段，采用 SPAD 的追肥方式可为烤烟生长提供充足的养分，满足烤烟生长需要。试验结果表明，旺长中期至旺长末期，NK4、NK5 处理干物质积累量速率相比对照有显著提升，在成熟时 NK4、NK5 处理的干物质积累量已显著高于对照，NK2、NK3处理干物质积累量与对照差异不大。同时，研究结果表明，充足的氮素营养可使烟株生长健壮，叶片生长速度提升，烟草能够形成较大的叶片，茎围增加（韩锦峰等，1990）。本试验发现，NK5 处理的上、中、下部叶最大叶面积均显著高于对照，中部叶叶片数多于其他施肥模式，烟株结构良好，且茎围亦有较大的提升。

4.4.1.2　不同施肥模式对烤烟碳、氮代谢及化学成分含量的影响

　　碳、氮代谢是烤烟植株两大基础代谢过程，其强度、协调程度及其在烟叶生长和成熟过程中的变化直接或间接地影响烟叶的化学成分含量及比例，对烟叶品质的影响很大（史宏志等，1998）。其中，氮肥施用量和施用方法是影响烟叶品质形成的重要农艺措施，对烤烟的碳、氮代谢水平及协调程度具有重要影响，进而影响糖类和含氮化合物的积累。然而，前人研究只是通过不同的施氮水平或方法，考察烤烟碳、氮代谢过程的变化特征，再依据烤后烟叶的产质量来确定何种施氮水平或方法下烟叶的碳、氮代谢较为协调，其最大缺陷是随着不同生产条件和季节的变化，会造成很大的差异，对烟叶生产不具有普遍的指导意义（史宏志等，1998；李春俭等，2007；岳红宾，2007）。本试验两年的结果均显示，在各处理淀粉酶活性最大时期，NK4、NK5 处理的淀粉酶活性显著高于其他处理，淀粉水解效率高；同时，NK4、NK5 处理蔗糖转化酶活性较

高，中部叶 NK5、NK4、NK2 处理的蔗糖转化酶活性较高，碳代谢较其他处理较为旺盛。表明在打顶后，烤烟在逐渐的生理成熟过程中，依据 SPAD 指导田间施肥，碳代谢强度增强高于氮代谢减弱，从而提高烟叶中可溶性糖类物质，淀粉积累更多地向分解转变，总氮、烟碱含量不至于积累过高，增加了烤后烟叶的可用性和化学成分的协调性。

史宏志等（1998）认为施氮量直接关系到硝酸还原及整个氮代谢的强弱，氮对光合氮固定代谢有显著的促进作用；增施氮肥使碳水化合物积累代谢减弱，光合产物大量用于含氮化合物的合成，淀粉积累晚且量小，碳氮比快速增长期推迟且不明显。高琴等（2013）研究发现，低氮处理的硝酸还原酶活性下降提前，烟株以氮代谢为主转向以碳代谢为主的时间提前；高氮处理的硝酸还原酶活性下降时间推迟，阻碍了烟叶碳、氮代谢的适时转化，不利于烟叶成熟落黄；中氮处理的烟株碳、氮代谢协调；烟叶品质方面，随着施氮量的增加，含氮化合物含量升高，碳水化合物含量随之下降。在本研究中，从烤烟打顶后不同处理的含氮化合物及碳水化合物含量变化可以发现，随着成熟期的推进，NK4 和 NK5 处理的淀粉酶活性较大，淀粉分解速度加快，碳代谢强度较大，从而导致其总糖和还原糖在不同时期的积累量多于其他处理。相对来说，其他处理的碳代谢相对较弱，因而其碳水化合物积累量少于前两者。通过分析各处理的质体色素含量我们可以发现，NK5 处理在打顶后质体色素含量相对高于其他处理，且其硝酸还原酶活性较大，氮代谢活动依然相对较强，因此其打顶后总氮和烟碱的含量相对其他处理处于较高水平。总体来说，基于烤烟叶片 SPAD 值的氮肥管理模式，在一定程度上能够满足烤烟成熟时期的营养需求，使烤烟在成熟期能进行正常的碳、氮代谢，避免因生长后期脱肥导致的各化学成分含量偏低，烤后烟叶化学成分不协调等问题。

4.4.1.3　不同施肥模式对烤烟氮钾积累、分配及利用效率的影响

烤烟整个生育期内对氮和钾的需求量都很大，而氮、钾素的供应主要取决于土壤的氮、钾供应水平，只有当施入土壤中的肥料及时满足烤烟生长需求时，才能够保证烟株正常的生长发育。基肥重施或过早追肥易造成土壤中氮、钾流失严重，因此，有必要在烟叶生长后期增加氮肥和钾肥的追施比例。Lopez-bellido 等（2005）指出氮肥的施用时间和基追比例比优化施氮量更重要。秦艳青等（2007）试验结果也表明，当追施氮肥为总氮量的 70% 时，施用 52.5 kg/hm^2 与 120 kg/hm^2 产量差异不大。郑宪兵等（2000）指出，在施钾方式上，采取"基肥＋分次追肥"相结合的方式对提高烟株钾素吸收利用率有明显效果。可见，烤烟氮、钾肥的施用不应单纯注重量上的优势，更应重视施肥方式的合理，不当的施肥方法极易导致烟株氮、钾营养失衡和肥料利用率下降。梅州产区将大

量氮肥和钾肥作为基肥施入土壤，由于烟株苗期生长慢，吸收利用较少，肥料易流失，而应用SPAD仪能快速诊断出烤烟的氮素营养状况，及时补充土壤中的氮、钾养分，从而使土壤中的速效氮和速效钾含量从烤烟旺长中期至成熟期高于其他处理，满足此阶段烤烟对氮、钾养分的需求，获得更高的氮、钾积累量。从烤烟地上部分的氮、钾分配状况可以看出，烟株地上部分氮素和钾素分配比例均表现为叶大于茎，这与前人研究结果一致（马兴华等，2011；李静等，2013）。其中，NK2、NK3、NK4、NK5烟叶中氮素分配比例分别比对照提升18.21%、10.32%、13.69%、13.60%（两年平均值），说明烤烟移栽后追肥可增加氮素在烟叶中的分配比例，使得烤烟吸收的氮素更多地向烤烟的经济性状转移，提升了养分在烟株体内的利用效率。

2008—2010年华南农业大学曾在广东韶关产区做过SPAD值在43时氮肥利用率的研究以及生产性验证，并于2011—2012年在梅州大埔产区进行验证性推广，均得出烤烟的氮肥吸收利用率超过50%，比当地习惯施肥模式有显著提升，而其他肥料利用率指标亦有不同程度的提高（贺广生等，2010；李超等，2014）。本试验将其研究成果应用于梅州平远产区，两年的试验均表明，基施30%的氮、钾肥、追肥以SPAD值43为标准的施肥模式所获得的氮肥利用率综合表现优于其他施肥模式，肥料利用效率得到显著提升，其氮肥农学利用率比对照高38.71%，吸收利用率比对照高34.24%，应用效果较好。虽然NK2、NK3处理在一定程度上提高了氮肥利用率，但两年的稳定性稍差，究其原因主要是气候、土壤等因素对其影响较大，施肥方式死板，不能实时动态地管理烤烟的氮素需求，因而造成年份间的差异。当地施肥模式将大量氮肥作为基肥施入土壤，由于前期烟株苗期生长较慢，吸收利用较少，大量氮肥易通过淋湿、挥发和发硝化损失，造成肥料利用效率低（秦艳青等，2007）。

罗建新等（2000）研究发现，烤烟栽后30 d施用总钾量的40%，能使烟株生长中后期的土壤供钾能力得到较大提升，土壤速效钾和缓效钾含量比钾肥一次性作基肥施用提高57.4%～60.9%和5.7%～6.2%，同时使烟株吸钾总量提高了5%～15.5%。郑宪兵（2007）指出，在施钾方式上，采取"基肥＋分次追肥"相结合的施钾方式对提高烟株钾素吸收利用率有明显效果。可见，施钾方式对土壤的供钾能力和烤烟钾吸收有重要影响。结合本试验研究结果发现，钾肥采取"基肥＋分次追肥"结合的施用方式更适宜梅州平远产区，钾肥利用率能够得到显著提升，如本试验的NK5处理，其农学利用率、偏生产力、生理利用率和收获指数比对照分别提升了38.60%、30.37%、7.62%、9.64%（两年平均值）。此外，本研究中不施氮、钾肥处理的钾肥烟叶生产效率和收获指数相对较高，一方面是由于梅州产区酸性土壤条件所致。有研究指出，pH值平均

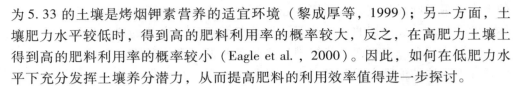

为 5.33 的土壤是烤烟钾素营养的适宜环境（黎成厚等，1999）；另一方面，土壤肥力水平较低时，得到高的肥料利用率的概率较大，反之，在高肥力土壤上得到高的肥料利用率的概率较小（Eagle et al.，2000）。因此，如何在低肥力水平下充分发挥土壤养分潜力，从而提高肥料的利用效率值得进一步探讨。

4.4.1.4 不同施肥模式对烤烟产量和品质的影响

氮和钾元素对于烤烟既是产量因素，也是品质因素，但施氮对产量的提升作用更大。在一定的施氮范围内，施氮量与产量呈现出极显著正相关（蔡晓布等，2003）。赵鹏等（2000）研究表明，烟叶含钾量与烟叶产量之间呈指数关系，且随着施钾量的增加，烟叶产量和中上等烟比例相应提高。然而，生产上农户片面地追求高氮、钾投入，忽视了氮、钾肥合理的基追比对提高烤烟种植经济效益的重要性。本研究表明，在一定的氮、钾施用范围内，氮、钾追施比例越高，烟叶的产量越高，经济效益越好。同时，通过比较 NK2 和 NK5 处理可以发现，烤烟移栽后分次追肥对于提升烤烟产量、上等烟比例和中上等烟比例有一定的作用。因此，梅州产区烤烟经济指标的提升更应注重氮、钾肥的追施比例和追肥次数的增加。

烤烟生长发育各时期氮的营养状况对烟叶品质的形成影响很大，它关系到烤烟碳、氮代谢水平及其转化时间的早迟，最终会影响到烤烟糖、淀粉、总氮、烟碱等化学成分的积累（高琴等，2013）。本研究中，由于烤烟氮素快速积累时期，NK2、NK3、NK4 处理的氮积累量过低，烤烟氮代谢减弱时间较早，碳代谢旺盛时间提前，导致淀粉积累时间早且量多，而总氮、烟碱含量较低，影响烟叶品质的形成。相比之下，NK5 处理烤后 B2F、C3F 化学成分更为协调，符合优质烟叶化学成分要求。烟叶含钾量是烤烟品质优劣的重要指标，它与烟叶的成熟度、烟叶香吃味及卷烟制品的安全性密切相关（汪邓民等，1999）。本研究发现，烤烟移栽后 17 ～ 52 d，钾肥分次施入对提升烤后烟叶钾含量具有一定的效果，如试验中 NK4、NK5 处理，烤后烟叶 B2F、C3F 钾含量显著高于其他处理。有研究表明，在一定的施钾范围内，随着施钾量的提升，烟叶的总糖、还原糖含量升高，烟碱、总氮含量减少（何承刚等，2006），这与本试验结果表现一致。因此，控制过多的钾肥投入，采用分次投入钾肥的方式，既可避免钾肥的浪费，更重要的是对调节烤烟内在化学成分的协调性、提升烟叶品质具有良好效果。

4.4.2 结论

氮、钾肥的施用方式对于调节烤烟的生长发育进程及最终的产质量形成具有重要的作用。本试验发现，"基施一定量的氮、钾肥，追肥以叶片 SPAD 值为基准"的施肥模式，烤烟生长发育时干物质积累量速度快、积累量多，成熟期的上中下最大叶面积较大，茎围变粗；同时，烤烟打顶后碳、氮代谢协调，质体色素含量高，成熟期的物质积累和转化朝着优质、高产的方向发展。烤烟常规的追肥方式在一定程度上能够满足烤烟各时期正常生长需求，但在不同的气候条件下，这种追肥方式在烤烟生长过程中表现的稳定性稍差，所得结果年际相差较大。

烤烟移栽后氮、钾肥的追肥比例及追肥次数对提高烤烟肥料利用效率具有重要影响。相比氮、钾肥一次性作为底肥投入，烤烟移栽后追肥能够显著提高氮、钾肥的农学利用率、偏生产力、吸收利用率和收获指数。相对于烤烟移栽后氮、钾肥只追施一次，氮、钾肥采用"基肥＋RTNM追肥"的施肥模式能够满足烤烟在不同生长阶段对氮、钾养分的需求，从而使烤烟对氮、钾养分的利用效率更高。本试验中，氮、钾肥采用"基肥＋RTNM追肥"的施肥模式（NK5处理）的肥料利用率最高，其氮、钾肥农学利用率分别比对照高38.71%、38.6%，吸收利用率分别比对照高34.24%、34.42%。

移栽后追肥能够使烟株积累的氮素更多地向烟叶中转移。本试验中氮肥采用"基肥＋RTNM追肥"的施肥模式烟叶氮素比例最高（达到68.19%），比氮肥全部作为基肥的施肥模式提高22.16%，氮素在烟株体内的分配利用效率更高。施钾量和施钾时间对于钾素在烟株地上部分的分配比例影响不显著。各施肥模式钾素在烟叶中的分配比例均维持在60%左右，因而提升烟叶含钾量应从如何提升烟株地上部分含钾量的角度出发。本试验发现，钾肥采用"基肥＋分次追肥"的施肥模式（NK5处理）烤后烟叶含钾量相比其他施肥模式有显著提高，其烤后B2F、C3F烟叶钾含量分别达到2.5%、2.61%。

在一定的氮、钾肥施用范围内，氮、钾肥追施比例越高，烟叶的产量越高，经济效益越好。同时，烤烟移栽后分次追肥对于提升烤烟产量、上等烟比例和中上等烟比例有一定的作用。本试验中，氮、钾肥基施一次、追施三次（氮、钾肥基追比1∶2.08）施肥模式的烤烟产量、产值均为最高，分别比对照高20.66%、28.39%，同时，其上等烟和中上等烟比例较对照也有显著提升。因此，梅州产区烤烟经济指标的提升更应注重氮、钾肥的追施比例和追肥次数的增加。

因此，必须根据土壤中氮、钾养分变化规律和烤烟氮、钾养分吸收规律进行科学施肥，才能有效降低氮、钾肥的施用量。结合本研究室近几年来在广东梅州和韶关产区的试验，认为应适当减少基肥中氮、钾的比重，增加追肥量和追肥次数，同时可根据烤烟生长需要，适当延长追肥时期。经过两年的试验和应用表明：氮、钾肥采取"基肥＋RTNM追肥"结合的施用方式不仅能够较好地改善烤后烟叶的外观质量和内在质量，提升烟叶产量，而且使肥料利用效率得到了较大的提升。

参 考 文 献

[1] 蔡晓布，钱成. 氮肥形态和用量对藏东南地区烤烟产量和质量的影响 [J]. 应用生态学报，2003，14（1）：66-70.

[2] 冯柱安，彭桂芬. 不同氮素形态对烤烟品质影响的研究 [J]. 中国烟草科学，1998（04）：13-17.

[3] 高琴，刘国顺，李姣，等. 不同氮肥水平对烤烟质体色素和碳氮代谢及品质的影响 [J]. 河南农业大学学报，2013，47（02）：138-142.

[4] 谷海红，刘宏斌，王树会，等. 应用 N^{15} 示踪研究不同来源氮素在烤烟体内的累积和分配 [J]. 中国农业科学，2008，41（09）：2693-2702.

[5] 顾少龙，何景福，苏菲，等. 成熟期氮素调亏程度对烤烟叶片生长和化学成分含量的影响 [J]. 河南农业科学，2012，41（06）：45-49.

[6] 韩锦峰，郭培国. 氮素用量、形态、种类对烤烟生长发育及产量品质影响的研究 [J]. 河南农业大学学报，1990，24（03）：275-285.

[7] 何承刚，辛培尧. 不同用量硝酸钾追肥对烤烟产量质量的影响 [J]. 干旱地区农业研究，2006，24（1）：70-72.

[8] 贺广生，文俊，叶为民，等. 基于 SPAD 值的田间氮肥管理模式对烤烟产质量及氮肥利用率的影响 [J]. 烟草科技，2010（3）：51-55.

[9] 胡国松，彭传新，杨林波，等. 烤烟营养状况与香吃味关系的研究及施肥建议 [J]. 中国烟草科学，1997（04）：25-31.

[10] 胡国松，王志彬，王凌，等. 烤烟烟碱累积特点及部分营养元素对烟碱含量的影响 [J]. 河南农业科学，1999（01）：10-14.

[11] 胡国松，赵元宽，曹志洪，等. 我国主要产烟省烤烟元素组成和化学品质评价 [J]. 中国烟草学报，1997（01）：36-44.

[12] 黄树永，陈良存. 烟草碳氮代谢研究进展 [J]. 河南农业科学，2005（04）：8-11.

[13] 黎成厚，刘元生，何腾兵，等. 土壤 pH 与烤烟钾素营养关系的研究 [J]. 土壤学报，1999（02）：276-282.

[14] 李超，林建委，曾繁东，等. 不同氮肥管理模式对烤烟产量、品质形成和氮肥利用率的影响 [J]. 华南农业大学学报，2014，35（5）：57-63.

[15] 李春俭，张福锁，李文卿，等. 我国烤烟生产中的氮素管理及其与烟叶品质的关系 [J]. 植物营养与肥料学报，2007，13（02）：331-337.

[16] 李集勤，屠乃美，易镇邪，等. 烤烟钾素吸收利用效率研究现状与展望 [J]. 作物研究，2011，25（02）：165-170.

[17] 李静，王勇，张锡洲，等. 施钾量对烤烟钾积累与分配的影响 [J]. 中国烟草科学，2013，34（06）：69-76.

[18] 李莎. 氮磷钾配比对烤烟生长发育及产质量的影响 [D]. 重庆：西南大学，2008.

［19］李淑玲，罗战勇. 烤烟的钾素营养与烟叶含钾量研究进展［J］. 广东农业科学，2004（S1）：20－22.

［20］李永梅，林克惠，战以时，等. 不同施钾量对烤烟烟叶品质的影响［J］. 云南农业大学学报，1994，9（02）：112－118.

［21］梁晓红. 不同供氮水平对烤烟碳氮代谢及烟叶品质的影响［D］. 福州：福建农林大学，2009.

［22］刘国顺. 烟草栽培学［M］. 北京：中国农业出版社，2003.

［23］刘卫群，郭群召，张福锁，等. 氮素在土壤中的转化及其对烤烟上部叶烟碱含量的影响［J］. 烟草科技，2004（05）：36－39.

［24］卢艳丽，陆卫平，刘小兵，等. 糯玉米氮肥利用效率的基因型差异［J］. 作物学报，2006，32（07）：1031－1037.

［25］罗建新，肖汉乾，彭建伟，等. 施钾方法对土壤供钾能力及烤烟钾累积的影响［J］. 湖南农业大学学报（自然科学版），2000，26（05）：352－354.

［26］马兴华，苑举民，荣凡番，等. 施氮对烤烟氮素积累、分配及土壤氮素矿化的影响［J］. 中国烟草科学，2011，32（01）：17－21.

［27］秦艳青，李春俭，赵正雄，等. 不同供氮方式和施氮量对烤烟生长和氮素吸收的影响［J］. 植物营养与肥料学报，2007，13（03）：436－442.

［28］史宏志，韩锦峰. 烤烟碳氮代谢几个问题的探讨［J］. 烟草科技，1998（02）：34－36.

［29］史宏志，韩锦峰，赵鹏，等. 不同氮量与氮源下烤烟淀粉酶和转化酶活性动态变化［J］. 中国烟草科学，1999（03）：7－10.

［30］孙玉和，牛佩兰，石屹，等. 烟草基因型间钾效率差异研究初报［J］. 烟草科技，1996（01）：33－35.

［31］汪邓民，范思锋. 钾素对烤烟成熟生理变化及成熟度影响的研究［J］. 植物营养与肥料学报，1999，5（3）：244－248.

［32］王丹，杨虹琦，周冀衡，等. 光照强度昼夜变化对烟叶蔗糖转化酶和蛋白酶活性的影响［J］. 湖南农业大学学报（自然科学版），2007，33（3）：294－297.

［33］王瑞新. 烟草化学［M］. 北京：中国农业出版社，2003.

［34］王涛，贺帆，徐成龙，等. 提高烤烟上部叶可用性技术的研究进展［J］. 南方农业学报，2011，42（09）：1127－1131.

［35］王维，陈建军，吕永华，等. 烤烟氮素营养诊断及精准施肥模式研究［J］. 农业工程学报，2012，28（09）：77－84.

［36］韦建玉，蒋艳萍，张柳丹. 基地烟叶生产存在的问题与对策探讨［C］. 中南片2003年烟草学术交流会，中国郑州，2004.

［37］魏利. 烤烟烟叶中淀粉的研究［D］. 无锡：江南大学，2007.

［38］习向银，晁逢春，陈亚，等. 不同施氮量对烤烟氮素和烟碱累积的影响［J］. 西南大学学报（自然科学版），2008，30（05）：110－115.

［39］熊福生，高煜珠，詹勇昌，等. 植物叶片蔗糖、淀粉积累与其降解酶活性关系研究［J］. 作物学报，1994，20（1）：52－58.

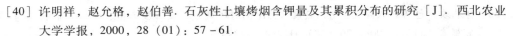

［40］许明祥，赵允格，赵伯善. 石灰性土壤烤烟含钾量及其累积分布的研究［J］. 西北农业大学学报，2000，28（01）：57－61.

［41］薛刚，杨志晓，张小全，等. 不同氮肥用量和施用方式对烤烟生长发育及品质的影响［J］. 西北农业学报，2012，21（06）：98－102.

［42］颜合洪，胡雪平，张锦韬，等. 不同施钾水平对烤烟生长和品质的影响［J］. 湖南农业大学学报（自然科学版），2005，31（01）：20－23.

［43］杨志晓，王轶，王志红，等. 烤烟氮素营养研究进展［J］. 江西农业学报，2012，24（01）：72－76.

［44］杨志新，温永琴，罗济，等. 不同施氮量对烟叶含钾量的影响［J］. 烟草科技，2001（07）：36－38.

［45］袁家富，杨林波，邹焱，等. 烤烟体内氮磷钾的浓度和积累、分配特征［J］. 中国烟草科学，1998（04）：29－31.

［46］岳红宾. 不同氮素水平对烟草碳氮代谢关键酶活性的影响［J］. 中国烟草科学，2007，28（1）：18－20.

［47］云菲，刘国顺，史宏志. 光氮互作对烟草气体交换和部分碳氮代谢酶活性及品质的影响［J］. 作物学报，2010，36（03）：508－516.

［48］邹琦. 植物生理生化实验指导［M］. 北京：中国农业出版社，1995.

［49］张生杰，黄元炯，任庆成，等. 氮素对不同品种烤烟叶片衰老、光合特性及产量和品质的影响［J］. 应用生态学报，2010，21（03）：668－674.

［50］张翔，毛家伟，李彰，等. 氮用量及基追比例对烟叶产量、品质及氮肥利用效率的影响［J］. 植物营养与肥料学报，2012，18（06）：1518－1523.

［51］张延春，陈治锋，龙怀玉，等. 不同氮素形态及比例对烤烟长势、产量及部分品质因素的影响［J］. 植物营养与肥料学报，2005，11（06）：81－86.

［52］赵鹏，谭金芳，介晓磊，等. 施钾条件下烟草钾与钙镁相互关系的研究［J］. 中国烟草学报，2000，6（1）：23－26.

［53］赵先贵，肖玲. 控释肥料的研究进展［J］. 中国生态农业学报，2002，10（03）：99－101.

［54］郑宪滨，曹一平，张福锁，等. 不同供钾水平下烤烟体内钾的循环、累积和分配［J］. 植物营养与肥料学报，2000，6（02）：166－172.

［55］郑宪滨，刘国顺，邢国强，等. 分次施用钾肥对烤烟产量和品质的影响［J］. 河南农业大学学报，2007，41（02）：138－141.

［56］智磊，罗定棋，熊莹，等. 施氮量对烤烟叶片组织结构和细胞发育的影响［J］. 烟草科技，2012（07）：81－85.

［57］钟晓兰，张德远，何宽信，等. 红壤性水稻土上钾肥运筹对烤烟产量和品质的影响［J］. 土壤，2006，38（03）：315－321.

［58］钟晓兰，张德远，李江涛，等. 施钾对烤烟钾素吸收利用效率及其产量和品质的影响［J］. 土壤，2008，40（02）：216－221.

［59］钟晓兰，张德远，周生路，等. 钾肥用量及基追肥比例对烤烟干物质累积和钾素吸收动态的影响［J］. 应用生态学报，2006，17（02）：251－255.

［60］朱肖文，赵婷，朱滕义，等. 氮素追肥比例对烤烟生长发育及产量、质量的影响 ［J］. 安徽农业科学，2008，26（28）：12294 – 12295.

［61］Collins W K，Hawks，S. N. ，Jr. Principles of flue-cured tobacco production ［J］. NC State University，Raleigh，NC27695. 1993.

［62］Court W A，Elliot J M，Hendel J G. Influence of applied nitrogen fertilization oil certain lipids，terpenses，and other characteristics of flue-cured tobacco ［J］. Tobacco Science，1984，28：69 – 72.

［63］Court W I L L，Hendel J O H N，Binns M I C H，et al. Influence of transplanting date on the agronomic，chemical and physical characteristics of flue-cured tobacco ［J］. Canadian Journal of Plantence，1989，69（3）：1063 – 1069.

［64］Eagle A J，Bird J A，Horwath W R，et al. Rice yield and nitrogen utilization efficiency under alternative straw management practices ［J］. Agronomy Journal，2000，92（6）：1096 – 1103.

［65］Evanylo G K，Sims J L. Nitrogen and potassium fertilization effects on yield and quality of burley tobacco ［J］. Soil Science Society of America Journal，1987（6）：1536 – 1540.

［66］Layten Davis D，Nielsen M T. Tobacco：production，chemistry and technology. ［J］. Tobacco：production，chemistry and technology，1999.

［67］Leyinie J P，Etourneaud F. Fertilizer and tobacco ［J］. Tob Reporter，1996（4）：69 – 72.

［68］López-Bellido L，López-Bellido R J，Redondo R. Nitrogen efficiency in wheat under rainfed mediterranean conditions as affected by split nitrogen application ［J］. Field Crops Research，2005，94（1）：86 – 97.

［69］Mccants C B，Woltz W G. Growth and mineral nutrition of tobacco 1 ［J］. Advances in Agronomy，1967：211 – 265.

［70］Novoa R，Loomis R S. Nitrogen and plant production ［J］. Plant and Soil，1981，58（1 – 3）：177 – 204.

［71］Redeout J W，Gooden D T，Fortnum BA. Influence of nitrogen application rate and tobacco rnethod on yields and leaf chemistry of tobacco grown with drip irrigation and plastic mulch ［J］. Tobacco Science，1998，42（2/3）：46 – 51.

第5章

栽培技术对烤烟烟叶结构特征及其产质量形成的影响

5.1 前言

5.1.1 研究目的与意义

烟草是我国重要的经济作物之一，我国是世界上最大的烟草生产国和消费国（黄莺等，2008）。与其他经济作物明显不同的一点是，烟草对国家财政收入的增加和地方经济的发展有十分突出的作用，它所创造的利税已经连续十几年居于全国之首。在云南、贵州、河南、山东等烟叶集中产区，烟草所带来的经济收入更是在当地财政收入中占主导地位，成为当地农民种植致富的首选作物。各级政府也十分重视发展烟叶生产，把它作为发展地方经济的优势产业及支柱产业来抓，大力加强烟草行业各个环节的发展。烤烟是我国烟草栽培的主要类型，种植面积和总产量都占全国烟草种植的90%左右，我国烤烟种植面积和产量都居世界第一。烤烟是一种重要的叶用经济作物，优质烤烟栽培在取得合理产量的基础上，如何进一步提高烟叶的工业可用性并获得优良的烟气质量是烟草行业当前关注的热点问题。

当前，国家烟草专卖局针对烟叶库存量大（刘国顺，2009）、等级结构和部位结构不平衡的实际，提出优化烟叶结构、提高质量的战略决策和部署（雷天义，2012）。近年来，烟叶生产虽然取得了较大发展，但是由于品牌规模的扩张，烟叶生产的供求矛盾变得比较突出，主要表现在烟叶原料供应等级结构与部位结构两个方面，产生了上等烟和中部烟供不应求的现象（李洪勋，2008；宗会等，2004）。而如何提高烟叶的上等烟比例和中部烟比例成为当前研究的热点问题。有关研究认为，烤后烟叶的等级结构和部位结构与施肥、打顶、留叶及打脚叶等众多栽培因素密切相关，氮磷钾是烤烟生长的三大营养元素（陈玉仓等，2007），其施用的合理与否对烤烟的产量具有决定性的影响（江豪等，2002；赵莉等，2012；张丹等，2006）；烤烟打顶是调节烟叶营养水平的重要手段，打顶可以改变烟叶特别是上部叶内在化学成分（潘和平等，2010），打顶时间不同对烟叶中烟碱含量的影响很大（AhlrichsJS，et al.，1983；汪安云等，2007）；合理的留叶数可改善烟叶等级结构和部位结构（高贵等，2006；邓云龙等，1998；李良勇等，2007）；选择适当的打脚叶时间和打脚叶数有利于优化烟叶等级结构，提高烟叶质量（陈占省，2003；闫克玉等，2003）。现有的研究多关注单一栽培措施或某两种栽培措施组合对烤烟经济性状与烟叶结构的影响，而鲜有对烟叶综合栽培措施的系统研究。而我国一些烟叶产区优化烟叶结构主要是通过加强组织管理，处理田间不适用烟叶，达到提高上等烟比例，但由于烟农生产的大量低次烟积压，不可避免地影响到了烟农利益，对此项工作的顺利进行带来了极大难度。基于此，要真正实现优化烟叶结构，增加上等烟和中部烟比例且要均衡烟农利益，就必须有配套的烤烟栽培技术措施，促进烟叶良好生长，达到烟叶结构优化的目的。本试验针对烟叶原料结构与卷烟工业需求结构间存在的矛盾，开展田间施肥、打顶、留叶及打脚叶试验，旨在探索出适合梅州五华产区烟叶结构优化的配套栽培技术措施，提高烤烟生产整体水平，减少不适销烟叶等级。

5.1.2 国内外研究动态

5.1.2.1 施肥模式对烤烟产质量及烟叶结构特征的影响

众多研究表明，施氮量、施氮种类和施肥方式不同，肥料氮的利用率存在差异，对烟株的生长发育、烟叶的产量和品质有不同程度的影响（中国烟草栽培学，1987；陈顺辉等，2003；袁仕豪等，2008）。另有学者研究表明，在相同施肥量条件下随追肥比例增加，烤烟对基肥的吸收量减少，对追肥氮的吸收量增加，但各生育期对追肥的利用率都显著高于基肥；适当增加追肥比例可以提高多雨地区烤烟氮肥利用率（Broge，et al.，2002）。张翔等（2004）分析了河南植烟土壤与烤烟施肥的现状，指出由于河南地形和土壤类型复杂，对不同的烟区应根据实际情况进行不同的分析，注意基肥和追肥相结合，以提高烟叶的质量和产量（张翔等，2004）。刘卫群等（2005）研究表明，增加氮肥追肥量能促进烟株的生长发育，提高株高，增加有效叶片数。但追氮量和追氮时期，各烟区间尚未取得共识（刘齐元，2003；王少先等，2004）。近年来，为减少用工成本，部分烟区将肥料作为基肥一次性施入，氮素在土壤中容易淋失和挥发（刘国顺，2003），影响大田中、后期烤烟的生长发育，降低烟叶的产量和品质。

（1）氮营养与氮肥基追比对烤烟产质量的影响

氮素对烟株的生长发育、产量及品质具有非常重要的作用（周冀衡，2003）。随着氮肥用量的增加，烤烟的株高、叶面积增加，现蕾期、圆顶期以及各部位烟叶成熟期推迟，产量、产值增加，上等烟比例提高（陈顺辉等，2003）。只施氮不施钾的烟株长势虽好，但贪青迟熟，中、上等烟比例下降，产量产值较低。随着氮肥施用量增加，烟叶中总氮、烟碱、蛋白质含量相应提高（郭群召，2004）。在烟株生长过程中，氮的吸收，在移栽时吸收速率很低，在移栽后 20 d 开始，烟株对氮素的吸收速率急剧增加，移栽后 40 d 对氮的吸收达到最大值，已吸收总量的 80% 以上，且主要发生在植株生长前期，伸根期烟株养分积累速度快于干物质积累量速度，而旺长期相反，在移栽后 70 d 左右吸收速率减慢，在成熟期吸收很少（Hoving-Bolink, et al.，2005）。不同施肥方法的氮肥利用率、总氮含量以肥料 1/3 基施、2/3 追施处理较高，2/3 基施、1/3 追施处理居中，全部条施处理较低。氮肥利用率以栽后 100 d 左右较高。贵州省的试验结果表明：基肥中氮素减少，追肥中氮素增加，给上部叶的化学成分和评吸结果带来很大影响。追肥中氮素用量增加时，为烟株提供氮素的能力加强，供氮的时间相应增加，其结果是烟叶中总氮和蛋白质含量增加，烟碱含量也随之增加。氮肥在基肥中比例的改变对中部叶的化学成分影响较小（只有烟叶含钾量随氮肥在基肥中比例的增加而增加），对上部叶的化学成分影响较大。60%的氮肥作基肥时，烟叶的整体协调性没有 70% 的氮肥作基肥好，如烟气粗糙、刺激性增大、吃味变坏等。同样，在四川的试验表明，70% 的氮素作基肥，30% 的氮素作追肥，能够较好地满足烟株的需肥规律，获得的产量、产值、上等烟比例较高。总的看来，基追肥比例以 7∶3 为宜，即重施基肥、早施追肥的原则。

（2）钾营养与氮肥基追比对烤烟产质量的影响

烟草是喜钾作物，增施钾肥可以提高烟叶含钾量，提高烟叶的生理活性，提高其内在品质，不同程度地提高烟叶产量、产值、均价、上等烟叶比例（张雪芹，2002）。钾元素不仅直接参与烟草的碳水化合物代谢以及多种物质的合成和运输，而且其含量多寡还影响烟叶的水分含量、弹性程度、柔软性能、色泽、产量、香气质、香气量、燃烧性和持火力等因子（Marchand，1997）。此外，钾元素还可以增强烟株的抗逆性（刁操铨，1994；汪定民，1996）。河南的平衡施肥试验表明：烟田钾肥适宜基追比例与追施时期是钾肥施用的关键，在养分总量一致的情况下，钾肥的施用以基追比 3∶7，团棵期追钾，可以促进烟株生长健壮，钾素动态供应比较有利于烟草提高产量和改善品质，从而获得较好的经济效益。其次是钾肥全部作基肥施用，也可获得较好的经济效益，而 7∶3 和 5∶5 的基追比例并不利于烟草生长发育和产量品质的提高（中国烟草总公司，1982）。

5.1.2.2 打顶时间对烤烟产质量及烟叶结构特征的影响

打顶后，各部位叶片都有所增大，同时，由于有机养料集中于叶片，可以增加叶面积和单位面积重量，有利于烟叶产量的增加。尤其是在干燥条件下，早打顶有助于根系的发育，有利于烟株的生长和发育，而晚打顶会因烟株发育不良而导致低产。实践表明，延迟打顶，每公顷烟叶产量将会降低约 1000 kg（谈文，1989）。因此，适时打顶对提高烟叶的产量是十分重要的。但不同时期打顶对不同烤烟品种烟叶产量的影响不尽一致。林桂华、周冀衡等（2002）研究表明，云烟 85、K326 两个品种，初蕾打顶处理的烟叶产量最高，初花期打顶产量次之，盛花期打顶产量最低。翠碧 1 号产量以中心花开放打顶处理的产量最高，初蕾期深打顶其次，最低的是抽苔高打顶。江豪、陈朝阳（2002）对K326 的试验结果表明，单株留叶 21 ～ 22 片，推迟打顶烟叶产量稍有增加。而对云烟 85 的研究表明，含蕾打顶比现蕾打顶、初花打顶产量高。据赵光伟、刘德育等（1996）研究表明，随着打顶时间的推迟，烟叶单叶重和产量有所下降（徐增汉等，2002）。陈胜利（1996）研究表明，随打顶时间的推迟，平均亩产逐渐降低，初花打顶较现蕾打顶平均减产 10.56%，盛花打顶较现蕾打顶平均减产 24.84%。

烟叶既是养分的"源"，又是产、质的"库"。打顶能实现烟草"源""库"的转换，有利于有机营养贮存于叶片，增进品质，提高上等烟比率（雷吕英等，2000；成巨龙等，1998）。适当推迟打顶，能有效降低上部叶比例，但不同打顶方式对不同品种的质量影响是不一致的。林桂华等（2002）研究表明，云烟 85品种初花打顶烟叶产值和上等烟比例最高；初蕾期打顶产值其次，但上等烟比例最低；盛花期打顶上等烟比例较高，但由于产量下降，产值也降低。而对K326 而言，初蕾期打顶产值、上等烟比例均最高；初花打顶产值其次，上等烟比例最低；盛花期打顶产值最低，上等烟比例居中。江豪等（2002）研究表明，含蕾打顶比现蕾打顶、初花打顶烟叶产值高。而种植密度为 110 cm × 50 cm 时，现蕾打顶上、中等烟比例最高；种植密度为 120 cm × 50 cm 时，含蕾打顶上、中等烟比例最高。赵光伟、刘德育（1996）研究表明，随着打顶时间的延迟，均价和上等烟比例均呈现"低—高—低"的变化规律。而产值变化趋势两年结果不一致，但都表明现蕾期和伸蕾期打顶产值高于第一朵花开放期打顶。

5.1.2.3　留叶数对烤烟产质量及烟叶结构特征的影响

烟草是一种叶用经济作物，烟草栽培一方面要追求高产量，更重要的一方面是烟叶要具有良好的工业可用性和优良的烟气质量，这才是栽培的最终目的（汪安云等，2007）。因此，适当控制留叶数也可以在获得适宜产量的同时保证烟叶的质量（高贵等，2005；王东胜，1989；韩锦峰，1984；王广山，2001；闫玉秋，1996）。如上所述，烤烟是叶用经济作物，叶片质量的好坏是我们首要关注的焦点，但如果不采取有效措施而任其开花结实，烟叶生长就会受到影响，对烟叶最后产质量的形成产生负面影响。因此，烟株现蕾后的打顶留叶措施对于增进烟叶品质和提高产量有很重要的作用，栽培上必须采用打顶留叶措施（杨文钰等，2003）。烟株整个生长过程的总叶片数目是一种固有的遗传特性，有效叶则是最后能采收的叶，而在烟株生长过程中通过打顶、去脚叶等措施去除的叶片则不能称为有效叶。烟草产量的形成换句话说也就是叶片的产量，即叶片数的多少，形成了最后烟草产量的多少。因此作为烤烟品种重要的经济性状，叶片数是影响产量的因素之一，产量的形成离不开叶片数的积累，同时烟株留叶数的多少也能影响烟叶质量的高低。品种、气候以及栽培条件等均是打顶时期留叶必须考虑的因素。优质烟的田间长相、长势为最终衡量烤烟长势好坏的标准，"桶形"或"腰鼓形"的烟株长势是圆顶期优质烟的标志，而此时我们应该避免"塔形"烟或"伞形"烟的出现。

刘洪祥（1980）对 29 个品种之间叶数与产量的关系进行了研究，得出叶数与产量呈极显著正相关的关系，相关系数为 $r = 0.6583$。也就是说，叶数越多，产量也就越高。叶数与级数呈极显著负相关的关系，相关系数 $r = -0.5219$。也就是说，叶数越多，烟叶供烤品质越差。左天觉（1993）通过 4 个等级留叶数即 14、18、22、26，发现随着留叶数的增加，烟叶产量也得到提高，留叶数增加到 26 片，既能增加产量产值，也能保证烟叶品质及烟叶等级指数。烤烟品质不仅受通风透光条件的影响，也受留叶数的影响。留叶数可以通过改变各种养分的供给状况来改善烤烟的品质（戴勒等，2009；朱启法等，2009）。研究表明，上部叶中糖碱比值会随着留叶数的增加而变大，从而使烟叶中各化学成分的不平衡性加强（方明等，2010；杨宇虹等，2006）。

5.1.2.4　打脚叶对烤烟产质量及烟叶结构特征的影响

烟叶在烟草植株上是自下而上成熟、分批采收的，由于不同部位烟叶所处的环境条件不尽一致，导致各部位烟叶的内在化学成分、产质量及品质存在明显差异（赵正雄等，2002）。随着"532""461"国家烟草专卖局战略和"卷烟上水平"工作的深入推进，生产足够数量的优质烟叶原料，才能进一步满足卷烟工业的需求。美国烟叶生产采取不采收底脚叶的办法，烟叶质量优良。在生产中，为获得适宜的烟叶产量和优质烟叶，适时打掉脚叶并确定适宜的留叶数是一项调节烟株营养的重要技术措施（李永平等，1994；赵正雄等，2002）。脚叶生长于低光照、温度低、湿度大的环境下，因而水分含量多，干物质积累量少，叶片薄，烟叶油分低，吃味平淡，香气较少。摘除底脚叶后，可以改善中、上部叶的通风透光条件，促进中、上部叶片在较好的环境条件下生长发育，增强烟株的代谢功能，提高中、上部叶的单重，改善烟叶的等级结构，提高产量和质量。李永平、谭彩兰等研究表明，烤烟在现蕾期分别摘除底脚叶 3 片、4 片、5 片后，烟叶产量略有减少，但上等烟比例、均价和亩收益则呈明显上升的趋势，尤其以摘除 4 片脚叶后，对提高烟叶质量和增加经济效益的效果最明显（李永平等，1994；Jasdzewski，et al.，2003）。高打脚叶与二次打顶后，烟叶质量提高，等级结构优化，高打脚叶不仅能提高烟叶产量、产值，而且还大大改善了等级结构，明显提高了烟叶质量，是减少低次烟的有效技术措施。在正常供钾条件下，烟株下部叶含钾量高于中部叶和上部叶，而在供钾不足的时候，则出现相反情况（张振平等，2002；Kirsch，et al.，1999）。赵正雄等（2002）研究表明，在打顶时继续保留底脚叶，让其自然衰老，可以提高根系的代谢活性，增强打顶后烟株根系的光合产物供应，有利于烟株从生长环境中进一步吸收钾，同时由于底部叶片在打顶时含有丰富的钾，这部分钾随着叶片后期的正常衰老可以向植株其他生长中心转运，从而提高烟株其他叶片的含钾量和改善烟叶的内在品质，保留底脚叶有助于改善烟叶的含钾量和内在品质。

5.1.3 小结

肥料基追配施比例、打顶时间、留叶数和打脚叶时间等栽培措施是烤烟栽培中影响烤后烟叶质量的重要措施，研究者们针对这四项栽培措施分别开展了许多研究，也取得了一定的成果。而多种因素之间究竟存在什么样的联系，又会表现出什么相关的线性关系，这些都需要我们通过大量的试验以取得许多有效的试验数据，从而建立合适的模型来预测它们之间的交互作用，对烤烟生长及其化学成分的影响才能得到很好的诠释。所以综合肥料基追配施比例、打顶时间、留叶数和打脚叶时间 4 个因素，采用田间正交试验方法，通过分析和比较不同处理下烤烟的产量产值、外观特征、物理指标及烤后烟叶内在化学成分等方面的差异，最终得到最优的栽培组合，为生产实践提供帮助。

5.2 材料与方法

5.2.1 试验材料与土壤背景

田间试验于 2013—2014 年在广东省梅州市五华县和华南农业大学实验室内进行，供试品种为云烟 87。选择地面平整、肥力中等的水田进行试验，前茬为水稻，基本土壤肥力指标见表 5-1。

表5-1　试验地土壤基本理化性质

pH 值	有机质（%）	全氮（%）	全磷（%）	全钾（%）	碱解氮（mg/kg）	速效磷（g/kg）	速效钾（g/kg）
6.72	2.52	0.247	0.68	2.12	35.45	23.32	108

5.2.2　试验设计

试验品种选用云烟87，试验采用4因素3水平正交试验方法，共9个处理。因素、水平为：

不同施肥模式（A）：A1，70%基施（N，K）、P肥全部基施，30%追肥（N，K）（参照生产上常规施肥）；A2，50%基施（N，K）、P肥全部基施，50%追肥（N，K），施肥量（N、K）为生产上90%；A3，30%基施（N，K）、P肥全部基施，70%追肥（N，K），施肥量（N、K）为生产上70%。

不同时期打顶（B）：B1，扣心打顶；B2，现蕾打顶；B3，初花打顶。

不同留叶数（C）：C1，留15片叶；C2，留17片叶；C3，留19片叶。

不同时期打脚叶（D）：D1，打顶时打脚叶；D2，打顶后10 d；D3，打顶后20 d。

采用正交试验方法 $L_9(3^4)$ 设计成9个处理组合（表5-2），其中处理2为对照组。田间采用随机区组排列，3次重复，共27个小区。

表5-2　试验处理组合

因素处理	施肥模式	打顶时间	留叶数	打脚叶时间	水平组合
1	A1	B1	C1	D1	$A_1B_1C_1D_1$
2（CK）	A1	B2	C2	D2	$A_1B_2C_2D_2$
3	A1	B3	C3	D3	$A_1B_3C_3D_3$
4	A2	B1	C2	D3	$A_2B_1C_2D_3$
5	A2	B2	C3	D1	$A_2B_2C_3D_1$
6	A2	B3	C1	D2	$A_2B_3C_1D_2$
7	A3	B1	C3	D2	$A_3B_1C_3D_2$
8	A3	B2	C1	D3	$A_3B_2C_1D_3$
9	A3	B3	C2	D1	$A_3B_3C_2D_1$

5.2.3 测定项目与方法

5.2.3.1 主要经济性状

分区计产，每小区定 30 株烟测产，分别标记采收烘烤，烟叶烤后经济性状按国家烤烟分级标准（GB 2635—1992）进行分级（中国国家烟草专卖局，1992；唐启义，2002），各级烟叶价格参照当地烟叶收购价格，并按处理取样。

5.2.3.2 生物参数测定

样品采摘后立即放入封口塑料袋以避免过多失水，同一叶片测定化学成分及单叶光谱。样本用无离子水擦拭干净后去除叶脉，105 ℃杀青 30 min，于80 ℃下烘干至恒重，粉碎，过 60 目筛。

叶绿素和凯氏定氮法测定总氮：采用化学方法（丙酮：乙醇 = 1：1 混合）提取叶绿素，利用 722 分光光度计比色，测定叶绿素含量。将另一半叶片在105 ℃下杀青，80 ℃下烘干至恒重并过 40 目筛，制成杀青样品，以 $H_2SO_4 - H_2O_2$ 法消化，在 FOSS Kjeltec 2300 全自动凯氏定氮仪上测定叶片总氮含量。

紫外分光光度计法测定烟碱：参照王瑞新（2003）的方法。称取样品 0.5 g 置于 500 mL 凯氏瓶中，加入 NaCl 25 g、NaOH 3 g，蒸馏水约 25 mL。将凯氏瓶连接于蒸汽蒸馏装置，用装有 10 mL 1：4 盐酸溶液的 250 mL 三角瓶收集 220 ～ 230 mL 馏出液。将馏出液转移到 250 mL 容量瓶中定容。吸取 1.5 mL 于试管，稀释到 6 mL，用 0.05 mol/L 盐酸溶液作参比液，紫外分光光度计在 259 nm、236 nm、282 nm 波长处测定待测液的吸光度，计算烟碱含量。

蒽酮比色法测定总糖、淀粉：采用邹琦（2000）的方法。称取剪碎叶片 0.1 g 共 3 份，分别放入 3 支试管。加 5 ～ 10 mL 蒸馏水，加盖封口，沸水中提取 30 min，提取 2 次，提取液过滤入 25 mL 容量瓶中，定容至刻度。吸取 0.2 mL 样品液于试管中，加蒸馏水 1.8 mL 稀释。加入 0.5 mL 蒽酮乙酸乙酯，再加入 5 mL 浓硫酸，立刻将试管放入沸水中，准确保温 1 min，取出自然冷却至室温。630 nm 比色，查蔗糖标准曲线，计算可溶性糖含量。

将提取可溶性糖以后的残渣，移入原来的试管，加入 10 ～ 15 mL 蒸馏水，放入沸水中煮 15 min。加入 1.75 mL 高氯酸，提取 15 min，取出冷却。滤纸过滤到 25 mL 容量瓶，定容。吸取 0.1 ～ 0.2 mL 提取液，稀释到 2 mL，加入蒽酮、乙酸乙酯和浓硫酸，剩下方法同可溶性糖的测定。

DNS 比色法测定还原糖：参照王瑞新（2003）的方法。称取均匀样品 0.2 g 于消化管，加沸水约 30 mL，微沸约 5 min，冷却，加水至恰好 35 mL，充分振荡后经干滤纸干过滤。取 2 支 10 mL 刻度试管，各移入上述试样溶液 0.2 mL，加水 0.3 mL，然后依次移入 5 g/kg 苦味酸 0.3 mL 及 200 g/kg 碳酸钠1.5 mL，一支试管放沸水浴中加热 10 min，再用冷水冷却 2 min，另一支试管不经过加热处理

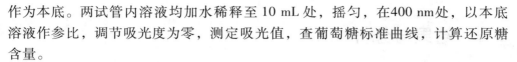

作为本底。两试管内溶液均加水稀释至 10 mL 处，摇匀，在400 nm 处，以本底溶液作参比，调节吸光度为零，测定吸光值，查葡萄糖标准曲线，计算还原糖含量。

原子吸收光谱法测定钾：参照王瑞新（2003）的方法。用灰化制备的待测液，吸取该待测液 5 mL 于 100 mL 容量瓶中，定容，摇匀，直接在上海分析仪器厂生产的 6400 - A 型火焰光度计上测定，记录检流计的读数，然后从标准曲线上查得待测液的钾浓度（mg/kg）。

叶面积 = 长 × 宽 × 0.6345；

叶面积系数 = 单位叶面积上的绿叶面积与上地面积相比的倍数（比值）；

叶鲜重（取回后称重）；

叶片干重（105 ℃杀青 30 min，80 ℃烘干恒重）；

叶片含水率 =（鲜重 - 干重）/鲜重 ×100％；

比叶重 = 单位叶面积的叶片重量；

施木克值 = 水溶性糖类/蛋白质含量。

5.2.3.3　烤烟外观质量测定

取各处理中部叶（B2F）对外观质量及感官质量因素进行评定。评分标准参考行业专家研究结果，并结合广东中烟卷烟品牌原料质量要求制定。根据各外观质量指标的评分值及该指标所占权利，采用指数和法进行评判。

烤烟外观质量因素评分标准：

颜色档次橘黄、柠檬、红棕、微带青、青黄和杂色分别为 7 ～ 10、6 ～ 9、3 ～ 7、3 ～ 8、1 ～ 4 和 0 ～ 6 分；成熟度档次成熟、完熟、尚熟、欠熟和假熟分别为 7 ～ 10、6 ～ 9、4 ～ 7、0 ～ 7 和 3 ～ 8 分；结构档次疏松、尚疏松、稍密和紧密分别为 8 ～ 10、5 ～ 8、3 ～ 5 和 0 ～ 3 分；身份档次中等、稍薄、稍厚、薄和厚分别为 7 ～ 10、4 ～ 7、4 ～ 7、0 ～ 4 和 0 ～ 4 分；油分档次多、有、稍有和少分别为 8 ～ 10、5 ～ 8、3 ～ 5 和 0 ～ 3 分；色度档次浓、强、中、弱和淡分别为 8 ～ 10、6 ～ 8、4 ～ 6、2 ～ 4 和 0 ～ 2 分。

烤烟外观质量因素指标（C）权重（P）标准：颜色 0.30、成熟度 0.25、叶片结构 0.15、厚度 0.12、油分 0.10 和色度 0.08 。

5.2.3.4　烤烟感官质量测定

取各处理中部叶（B2F），按照广东中烟工业有限责任公司技术研发中心《卷烟、原料和试样感官质量评价规程》进行感官质量测定。

5.2.4　数据分析

试验数据采用 Excel 和 DPS 软件（3.01 专业版）进行数据处理（唐启义等，2002）。

5.3 结果与分析

5.3.1 不同栽培措施对烤烟农艺性状的影响

5.3.1.1 不同栽培措施对烤烟打顶时农艺性状的影响

如表5-3所示，在打顶时各处理对株高、茎围、最大叶长、最大叶宽、平均叶倾角和叶面积指数方面所表现出来的差异显著，株高以处理3最高，达116.00 cm，处理7最低，为74.33 cm；处理1茎围最粗，为8.83 cm，处理9最小，为7.17 cm；最大叶长处理1显著高于其他处理；处理8平均叶倾角最大，为37.86°，而处理7最小，为28.87°；处理5的叶面积指数最大，为2.21，处理2的最小，为1.96。通过极差R分析发现，打顶时期对打顶时烤烟的株高和茎围的影响最大，随着打顶时间的推迟，烤烟的株高有变高而茎围有变小的趋势。施肥模式对打顶时烤烟的叶面积指数的影响最大，A2施肥模式时叶面积指数是最大的。同时，留叶数对叶面积指数的影响也是较大的，留叶数过少虽然单叶叶长、叶宽增大，但叶面积指数还是偏小。

表5-3 打顶时不同处理对烤烟农艺性状的影响

处理	株高 （cm）	茎围 （cm）	最大叶长 （cm）	最大叶宽 （cm）	平均叶倾角 （°）	叶面积指数
1	84.33 ± 0.58e	8.83 ± 0.29a	70.67 ± 1.53a	26.77 ± 0.68cd	35.91 ± 0.29abc	2.03 ± 0.05c
2	96.67 ± 1.53c	8.33 ± 0.29ab	63.00 ± 1.00c	25.50 ± 0.50f	34.31 ± 0.27bc	1.96 ± 0.57c
3	116.00 ± 1.00a	8.17 ± 0.27bc	66.33 ± 0.58b	24.13 ± 0.23d	36.33 ± 0.42ab	2.11 ± 0.04b
4	93.33 ± 1.53d	7.33 ± 0.18d	63.33 ± 1.15c	22.17 ± 0.28f	37.53 ± 0.25a	2.02 ± 0.15c
5	92.33 ± 1.64d	7.67 ± 0.00cd	63.27 ± 0.59c	24.53 ± 0.50a	36.55 ± 0.40ab	2.21 ± 0.03a
6	95.33 ± 0.58c	8.17 ± 0.29bc	64.00 ± 1.00c	27.90 ± 0.36ab	33.62 ± 0.19c	2.17 ± 0.04b
7	74.33 ± 1.51f	8.33 ± 0.18ab	60.67 ± 0.58d	24.57 ± 0.51e	28.87 ± 3.40d	1.97 ± 0.09c
8	92.33 ± 1.17d	8.17 ± 0.29bc	64.33 ± 0.34c	26.40 ± 0.53cd	37.86 ± 1.86a	2.13 ± 0.06b
9	104.67 ± 0.58b	7.17 ± 0.00	62.67 ± 0.58c	27.17 ± 0.21bc	34.65 ± 0.31bc	2.12 ± 0.04b
因素			极差 R			
施肥模式	13.00	1.00	4.67	3.67	3.73	0.48
打顶时期	25.00	1.33	1.33	2.67	3.15	0.21
留叶数	8.67	0.83	4.00	3.00	3.05	0.38
打脚叶时期	14.00	0.50	3.67	2.67	5.73	0.17

注：同列数据进行比较，不同字母代表5%水平差异显著，相同字母代表不显著；R越大，表示此因素对结果的影响越大，下同。

5.3.1.2 不同栽培措施对烤烟打顶后10 d农艺性状的影响

如表 5 - 4 所示，在打顶后 10 d 时各处理的株高、茎围、最大叶长、最大叶宽、平均叶倾角和叶面积指数方面均表明出明显差异。株高以处理 3 最高，为112.34 cm，而处理 8 最低，为 88.33 cm；处理 2 的茎围最大，为 9.13 cm，而处理 8 的茎围最小，为 7.30 cm；最大叶长和最大叶宽均为处理 2 的最大；处理3 的平均叶倾角最大，为 43.80°，处理 8 的平均叶倾角最小，为 33.37°；叶面积指数为处理 3 的最大，为 3.10，而处理 8 的叶面积指数最小，为 2.18。通过极差 R 分析发现，施肥模式对打顶后 10 d 时烤烟的最大叶长、平均叶倾角及叶面积指数的影响最大；打顶时期和留叶数对打顶后 10 d 烤烟的株高影响最大；打脚叶时期对打顶后 10 d 时烤烟最大叶宽的影响最大。

表 5 - 4　打顶后 10 d 不同处理对烤烟农艺性状的影响

处理	株高（cm）	茎围（cm）	最大叶长（cm）	最大叶宽（cm）	平均叶倾角（°）	叶面积指数
1	95.33 ± 16.50e	8.17 ± 0.15c	75.67 ± 1.53abc	29.33 ± 0.58bc	39.62 ± 0.35b	2.67 ± 0.02c
2	100.29 ± 3.06bc	9.13 ± 0.16a	80.65 ± 0.58a	33.00 ± 1.00a	38.86 ± 0.28c	2.92 ± 0.03b
3	112.34 ± 3.06a	9.03 ± 0.35a	76.33 ± 1.53ab	29.17 ± 0.29bc	43.80 ± 0.30a	3.10 ± 0.07a
4	95.67 ± 0.58cd	8.30 ± 0.26bc	69.00 ± 4.00def	26.57 ± 0.51d	38.00 ± 0.19d	2.21 ± 0.06f
5	99.67 ± 2.08bc	8.20 ± 0.17c	66.67 ± 1.53ef	28.77 ± 0.68c	36.21 ± 0.43e	2.56 ± 0.05d
6	109.33 ± 3.21ab	8.97 ± 0.25a	70.33 ± 2.08cde	29.13 ± 0.12bc	38.44 ± 0.44cd	2.39 ± 0.03e
7	104.20 ± 1.53abc	7.40 ± 0.40d	64.67 ± 4.51f	28.83 ± 0.29c	36.38 ± 0.56e	2.31 ± 0.03e
8	88.33 ± 4.16e	7.30 ± 0.26d	73.33 ± 4.51bcd	25.60 ± 0.56e	33.37 ± 0.21f	2.18 ± 0.12f
9	107.33 ± 3.21ab	8.76 ± 0.15ab	74.33 ± 3.06bcd	30.30 ± 0.40b	38.66 ± 0.22c	2.88 ± 0.09b
因素	极差 R					
施肥模式	2.00	1.16	10.67	2.00	4.58	0.55
打顶时期	15.67	1.17	6.67	1.00	4.38	0.44
留叶数	15.67	0.50	6.33	2.00	1.44	0.29
打脚叶时期	11.00	0.33	2.00	3.00	0.25	0.24

5.3.1.3 不同栽培措施对烤烟打顶后20 d农艺性状的影响

如表 5 - 5 所示，在打顶后 20 d 时各处理的株高、茎围、最大叶长、最大叶宽、平均叶倾角和叶面积指数等方面的影响表现出一定差异。株高以处理 3 最大，为 117.33 cm，而处理 1 最小，为 96.67 cm；处理 2 的茎围最大，为9.17 cm，而处理 6 的最小，为 8.00 cm；最大叶长以处理 4 的最大，为71.10 cm，而处理 7 的叶长最小，为 60.57 cm；处理 1 的叶宽最大，为31.23 cm，而处理 8 的最小，为 27.33 cm；平均叶倾角以处理 2 的最大，为

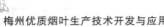

49.77°；叶面积指数则是以处理 1 的最大，为 3.09，而处理 8 的最小，为
2.28。通过极差 R 分析发现，施肥模式对打顶后 20 d 烤烟的茎围、最大叶长以
及叶面积指数的影响最大；打顶时期对打顶后 20 d 烤烟的平均叶倾角的影响最
大；而打脚叶时期对打顶后 20 d 烤烟的株高和最大叶宽的影响最大。

表 5-5　打顶后 20 d 不同处理对烤烟农艺性状的影响

处理	株高 （cm）	茎围 （cm）	最大叶长 （cm）	最大叶宽 （cm）	平均叶倾角 （°）	叶面积指数
1	96.67 ± 6.66e	8.63 ± 0.12b	69.37 ± 0.35c	31.23 ± 0.21a	41.82 ± 0.63c	3.09 ± 0.06a
2	100.67 ± 1.53d	9.17 ± 0.21a	67.97 ± 0.06d	30.37 ± 0.32b	49.77 ± 0.21a	2.96 ± 0.06b
3	117.33 ± 1.53a	8.93 ± 0.06a	70.20 ± 0.20b	28.17 ± 0.38de	45.30 ± 0.45b	2.88 ± 0.03b
4	112.00 ± 2.65bc	8.07 ± 0.12c	71.10 ± 0.26a	27.43 ± 0.45f	39.76 ± 1.80d	2.36 ± 0.06e
5	114.33 ± 1.15c	8.53 ± 0.06b	63.47 ± 0.45f	29.97 ± 0.25b	45.87 ± 0.81b	2.88 ± 0.04b
6	107.33 ± 1.15c	8.00 ± 0.20c	68.03 ± 0.25d	27.87 ± 0.12ef	44.69 ± 0.89b	2.65 ± 0.03c
7	112.67 ± 1.15ab	9.07 ± 0.21a	60.57 ± 0.60g	29.30 ± 0.26c	40.07 ± 1.80d	2.49 ± 0.02d
8	114.67 ± 1.53ab	8.17 ± 0.15c	68.47 ± 0.42d	27.33 ± 0.29f	45.91 ± 0.79b	2.28 ± 0.07e
9	107.33 ± 1.53c	8.07 ± 0.21c	64.17 ± 0.15e	28.50 ± 0.56d	19.90 ± 0.26a	2.32 ± 0.09e
因素			极差 R			
施肥模式	10.00	0.67	5.00	1.67	3.23	0.65
打顶时期	8.33	0.17	1.00	1.00	8.03	0.08
留叶数	13.00	0.67	4.00	0.67	2.73	0.20
打脚叶时期	13.67	0.33	4.33	2.33	2.42	0.29

5.3.2　不同栽培措施对烤烟生育期化学指标的影响

5.3.2.1　不同栽培措施对烤烟打顶时化学指标的影响

如表 5-6 所示，打顶时，处理 7 的上部叶总糖及钾含量显著高于其余几个
处理；而淀粉除处理 6 略低外，其余均无显著差异；处理 6 的上部叶烟碱含量
显著高于其他处理。此时，施肥模式对烤烟上部叶淀粉、还原糖和全氮含量影
响最大；打顶时期对烤烟上部叶的钾含量影响最大；留叶数对烤烟上部叶总糖
和烟碱含量影响最大。

表 5-6　打顶时上部叶化学指标

处理	总糖（%）	淀粉（%）	还原糖（%）	全氮（%）	烟碱（%）	钾（%）
1	8.23 ± 0.45bc	4.72 ± 0.59ab	6.58 ± 0.19a	6.84 ± 0.06c	0.18 ± 0.03cd	7.58 ± 0.09c
2	6.38 ± 0.66bc	5.53 ± 0.53ab	4.90 ± 0.13c	6.94 ± 0.02b	0.19 ± 0.01c	7.91 ± 0.04b
3	9.03 ± 2.76b	3.92 ± 0.34ab	6.73 ± 0.11a	7.07 ± 0.05a	0.10 ± 0.01e	7.36 ± 0.07d

续上表

处理	总糖（%）	淀粉（%）	还原糖（%）	全氮（%）	烟碱（%）	钾（%）
4	6.74±0.21bc	4.84±0.25ab	4.94±0.22c	5.79±0.03h	0.12±0.00cde	7.32±0.04d
5	8.75±0.11b	4.74±0.25ab	5.51±0.20b	6.41±0.02e	0.19±0.09c	6.39±0.03f
6	8.19±0.28bc	3.33±2.95b	5.31±0.14b	6.28±0.04f	0.40±0.05a	6.68±0.08e
7	12.41±2.92a	5.26±1.39ab	6.90±0.10a	5.98±0.07g	0.19±0.01cd	8.66±0.06a
8	6.01±0.49bc	6.44±2.07a	3.52±0.46c	6.78±0.06c	0.26±0.02b	5.27±0.27g
9	6.96±0.10c	6.23±0.72a	4.63±0.03c	6.70±0.02d	0.30±0.02b	7.83±0.16b
因素	极差 R					
施肥模式	0.10	1.67	0.90	0.79	0.09	0.82
打顶时期	2.08	1.08	0.25	0.51	0.10	1.33
留叶数	4.03	0.89	0.35	0.16	0.12	1.18
打脚叶时期	1.73	0.52	0.16	0.25	0.10	1.10

如表5-7所示，打顶时处理4和处理5中部叶的还原糖的含量显著高于其余几个处理，处理2的钾含量最高，处理4和处理5中部叶的烟碱含量显著低于其他几个处理。施肥模式对打顶时烤烟中部叶的总糖、淀粉、还原糖及全氮的含量影响最大；而打顶时期则对此时中部叶的烟碱和钾含量影响最大。

表5-7 打顶时中部叶化学指标

处理	总糖（%）	淀粉（%）	还原糖（%）	全氮（%）	烟碱（%）	钾（%）
1	7.10±0.92c	3.49±0.13abc	6.46±0.14d	6.29±1.45a	0.29±0.07cd	3.53±0.06de
2	8.19±0.23d	3.40±0.65abc	5.60±0.07e	5.96±0.12cd	0.26±0.06d	5.93±0.18a
3	7.95±0.83d	2.48±0.24c	5.86±0.07d	6.88±0.33a	0.28±0.02cd	3.25±0.13f
4	11.05±0.62a	4.78±0.59ab	8.42±0.23a	4.73±0.06e	0.18±0.02e	3.56±0.07de
5	10.25±0.32a	4.29±0.35ab	8.78±0.31a	5.25±0.05de	0.19±0.05e	3.59±0.03de
6	9.29±1.16ab	4.96±0.53ab	7.82±0.25b	5.38±0.11de	0.34±0.02bc	4.16±0.04b
7	9.69±0.26ab	4.58±1.41ab	7.95±0.08b	5.28±0.08de	0.39±0.04b	3.49±0.08e
8	8.02±2.33bc	3.23±1.90bc	7.34±0.50c	6.41±0.19bc	0.57±0.01a	3.96±0.12c
9	8.23±0.33c	3.18±0.36bc	5.48±0.16e	5.59±0.17cde	0.34±0.04bc	3.71±0.10d
因素	极差 R					
施肥模式	5.12	1.55	2.03	2.59	0.19	0.52
打顶时期	2.79	0.74	0.89	0.89	0.26	0.97
留叶数	0.98	0.11	1.36	1.93	0.14	0.96
打脚叶时期	0.18	0.82	0.64	1.51	0.07	0.93

如表 5 - 8 所示，打顶时烤烟下部叶处理 4 总糖和淀粉、还原糖含量最高，而处理 3 总糖、淀粉、还原糖及钾含量最低；处理 7 烟碱含量最高，处理 1 的全氮含量最高；处理 6 下部叶钾含量最高。施肥模式对打顶时下部叶的总糖、淀粉、还原糖及全氮含量的影响最大；而留叶数对此时下部叶的烟碱和钾含量影响最大，当留叶数选择 C1 模式时，下部叶的烟碱和钾含量值最大。

表 5 - 8　打顶时下部叶化学指标

处理	总糖（%）	淀粉（%）	还原糖（%）	全氮（%）	烟碱（%）	钾（%）
1	6.01 ± 1.51c	3.11 ± 0.30ab	5.37 ± 0.07b	6.02 ± 0.28a	0.43 ± 0.03ab	4.18 ± 0.08c
2	5.89 ± 0.13cd	3.04 ± 0.28ab	3.31 ± 0.03d	5.96 ± 0.25a	0.35 ± 0.02c	3.37 ± 0.11f
3	4.98 ± 1.51d	2.36 ± 0.19b	2.39 ± 0.13d	5.36 ± 0.22b	0.40 ± 0.01b	3.35 ± 0.05f
4	9.62 ± 0.19a	4.46 ± 0.24a	7.21 ± 0.13a	4.51 ± 0.25ef	0.31 ± 0.01d	3.75 ± 0.08e
5	7.66 ± 1.06b	3.65 ± 0.65ab	4.94 ± 0.50b	4.24 ± 0.19f	0.35 ± 0.01c	3.46 ± 0.06f
6	7.51 ± 0.51ab	3.72 ± 1.06ab	4.44 ± 0.03b	4.97 ± 0.20cd	0.39 ± 0.03b	4.70 ± 0.11a
7	8.83 ± 0.28a	3.36 ± 0.98ab	4.28 ± 0.28b	4.38 ± 0.13ef	0.44 ± 0.03a	4.03 ± 0.07d
8	7.87 ± 0.69b	2.82 ± 2.12ab	4.19 ± 0.25bc	5.24 ± 0.07bc	0.42 ± 0.03ab	4.34 ± 0.06b
9	6.89 ± 0.43bc	2.96 ± 0.65ab	5.46 ± 0.10b	4.71 ± 0.09ef	0.36 ± 0.02c	4.56 ± 0.11a

因素	极差 R					
施肥模式	3.40	1.11	1.84	1.87	0.05	0.68
打顶时期	0.99	0.63	0.86	0.47	0.02	0.48
留叶数	1.64	0.36	0.88	1.08	0.08	0.79
打脚叶时期	2.11	0.16	1.09	0.40	0.02	0.26

5.3.2.2　不同栽培措施对烤烟打顶后 10 d 化学指标的影响

如表 5 - 9 所示，打顶后 10 d 时处理 7 的上部叶总糖、还原糖及全氮含量最高，处理 5 和处理 3 的上部叶总糖含量相对较低；处理 4 的淀粉含量较高；处理 1 的烟碱含量最高；处理 5 的钾含量最高。施肥模式对打顶后 10 d 烤烟上部叶的淀粉、还原糖和烟碱含量影响最大。打顶时期对此时烤烟上部叶总糖及钾含量影响最大，选择 B1 打顶模式时，上部叶总糖含量达到最高；打脚叶时期对此时烤烟上部叶全氮含量影响最大，选择 D2 打脚叶模式时，上部叶全氮含量达到最大。

表5-9 打顶后10 d 上部叶化学指标

处理	总糖（%）	淀粉（%）	还原糖（%）	全氮（%）	烟碱（%）	钾（%）
1	15.54±0.80abc	7.40±0.18bc	9.97±0.32d	3.30±0.06c	2.05±0.15a	3.61±0.06e
2	16.75±1.20abc	4.84±0.39d	8.09±0.16e	3.44±0.04c	1.30±0.09bc	4.06±0.05cd
3	10.75±0.25cd	9.02±2.37abc	7.57±0.53e	3.16±0.04c	1.03±0.01d	4.03±0.09cd
4	18.81±0.80ab	10.34±0.99a	15.39±0.51b	3.08±0.05c	1.17±0.04cd	3.74±0.07de
5	10.46±0.55d	9.17±0.87ab	9.42±0.27d	4.20±0.07b	1.43±0.06b	5.55±0.63a
6	13.23±1.51bcd	8.66±1.16abc	11.71±0.53c	4.15±0.06b	1.08±0.08d	4.83±0.04b
7	20.70±0.59a	7.12±0.82c	18.47±0.54a	4.84±1.02a	0.82±0.09e	3.96±0.06cde
8	15.06±1.51abc	7.19±0.36bc	11.33±0.93c	3.52±0.04c	1.28±0.01c	4.26±0.12c
9	15.09±0.61abc	7.37±0.42bc	13.92±0.43b	3.42±0.03c	0.86±0.07e	4.83±0.13b
因素			极差 R			
施肥模式	3.45	2.30	9.03	0.62	0.48	0.81
打顶时期	5.33	1.28	4.21	0.16	0.36	0.85
留叶数	3.58	0.92	0.87	0.75	0.38	0.30
打脚叶时期	3.86	1.97	2.98	0.89	0.38	0.65

　　如表5-10所示，打顶后10 d时，处理4烤烟中部叶总糖和还原糖含量显著高于其他处理；处理1和处理2的中部叶烟碱含量均较高；处理3的中部叶钾含量显著高于其他处理，处理1的钾含量最低。施肥模式对打顶后10 d烤烟中部叶淀粉、还原糖和烟碱含量影响最大；打顶时期对此时的烤烟中部叶总糖、全氮及钾含量影响最大，选择B1打顶模式时中部叶的总糖和钾含量达到最大，而选择B2打顶模式时中部叶的全氮含量达到最大。

表5-10 打顶后10 d 中部叶化学指标

处理	总糖（%）	淀粉（%）	还原糖（%）	全氮（%）	烟碱（%）	钾（%）
1	17.63±1.27cd	7.46±1.52ab	12.27±0.54c	3.03±0.02a	2.09±0.02a	2.13±0.04e
2	16.14±0.22def	5.09±1.75b	11.92±0.24d	3.25±0.08a	2.08±0.10a	2.82±0.11b
3	19.36±1.39bc	8.76±1.23a	11.46±0.08d	2.61±0.14c	0.89±0.02e	3.19±0.04a
4	23.48±0.86a	9.92±1.47a	20.14±0.62a	2.36±0.11d	1.03±0.04d	2.32±0.15d
5	16.88±0.45de	9.44±1.46a	14.11±0.53b	2.97±0.05b	1.23±0.02e	2.60±0.06c
6	15.13±0.94efg	6.70±0.25ab	12.14±1.18b	3.08±0.04b	1.43±0.05b	2.87±0.06b
7	20.89±0.82b	6.42±0.84ab	16.39±0.42b	2.33±0.13d	0.75±0.02f	2.54±0.08c
8	14.03±0.16g	4.07±1.25b	11.48±0.13d	3.35±0.07a	1.10±0.04d	2.28±0.04d

续上表

处理	总糖（%）	淀粉（%）	还原糖（%）	全氮（%）	烟碱（%）	钾（%）
9	14.49 ± 1.76fg	4.99 ± 0.88b	11.70 ± 0.28d	3.34 ± 0.08a	0.90 ± 0.03e	2.95 ± 0.08b
因素	极差 R					
施肥模式	2.03	3.53	6.25	0.20	0.77	0.12
打顶时期	4.98	1.74	4.10	0.62	0.40	0.67
留叶数	3.44	2.13	1.29	0.51	0.58	0.35
打脚叶时期	2.63	1.51	2.45	0.34	0.41	0.19

如表 5 – 11 所示，打顶后 10 d 时处理 4 的烤烟下部叶的总糖及还原糖含量最高，处理 1 的下部叶淀粉含量低于其他几个处理，而烟碱和钾含量则显著高于其他处理；处理 7 的下部叶全氮和钾含量较低。施肥模式对打顶后 10 d 时烤烟下部叶淀粉和钾含量影响最大；留叶数对烤烟此时的下部叶烟碱含量影响最大，选择 C1 留叶模式时，下部叶的烟碱含量可以达到最大；打脚叶时期对此时的下部叶总糖、还原糖和全氮含量影响最大，选择 D3 打脚叶模式时，下部叶总糖和还原糖含量达到最大，而选择 D1 打脚叶模式时全氮含量则达到最大。

表 5 – 11　打顶后 10 d 下部叶化学指标

处理	总糖（%）	淀粉（%）	还原糖（%）	全氮（%）	烟碱（%）	钾（%）
1	16.76 ± 0.42d	3.75 ± 0.45c	13.23 ± 0.60e	3.42 ± 0.04a	1.30 ± 0.08a	3.85 ± 0.05a
2	19.04 ± 0.28bcd	4.18 ± 0.97c	14.99 ± 0.24b	3.44 ± 0.07a	0.75 ± 0.08ef	3.72 ± 0.04b
3	17.41 ± 0.79ab	8.85 ± 0.79a	14.07 ± 0.49cd	2.65 ± 0.14cd	0.58 ± 0.02g	2.88 ± 0.06d
4	22.40 ± 2.08a	8.00 ± 0.41ab	18.69 ± 0.75a	2.51 ± 0.18d	0.89 ± 0.04c	2.63 ± 0.06ef
5	17.79 ± 6.16cd	7.08 ± 0.93b	11.50 ± 0.08g	3.30 ± 0.19a	0.72 ± 0.02ef	3.09 ± 0.02c
6	16.34 ± 2.04a	8.05 ± 1.85ab	14.57 ± 0.19bc	2.82 ± 0.11c	1.15 ± 0.06b	3.16 ± 0.05c
7	18.97 ± 0.06bcd	6.84 ± 1.16b	13.61 ± 0.40de	2.59 ± 0.05d	0.87 ± 0.05cd	2.51 ± 0.16f
8	19.84 ± 1.14bc	4.92 ± 0.37c	12.94 ± 0.58e	3.02 ± 0.07b	0.79 ± 0.02de	3.06 ± 0.07c
9	16.41 ± 1.20bcd	4.44 ± 0.29c	8.82 ± 0.18f	3.39 ± 0.06a	0.68 ± 0.07f	2.70 ± 0.07e
因素	极差 R					
施肥模式	3.77	2.31	2.31	0.29	0.14	0.73
打顶时期	3.50	1.72	4.04	0.41	0.27	0.38
留叶数	1.59	2.05	3.11	0.27	0.35	0.53
打脚叶时期	5.89	2.17	6.05	0.64	0.17	0.36

5.3.2.3　不同栽培措施对烤烟打顶后20 d化学指标的影响

如表5-12所示，打顶后20 d时处理8的上部叶总糖含量最高，而处理6的总糖含量最低；处理7的上部叶淀粉含量最高；处理9的上部叶还原糖含量最高，处理4的上部叶还原糖含量最低；处理3的上部叶全氮、烟碱含量显著高于其余几个处理。施肥模式在打顶后20 d时对烤烟上部叶总糖和烟碱含量影响最大，选择A3施肥模式时，上部叶总糖含量达到最大，而选择A1施肥模式时，烟碱含量最大；打顶时期对上部叶全氮含量影响最大；留叶数则对上部叶钾含量影响最大；打脚叶时期对上部叶淀粉和还原糖含量影响最大，选择D1打脚叶时期时上部叶还原糖含量达到最大，而选择D2打脚叶时上部叶淀粉含量达到最大。

表5-12　打顶后20 d上部叶化学指标

处理	总糖（%）	淀粉（%）	还原糖（%）	全氮（%）	烟碱（%）	钾（%）
1	19.75 ± 0.22bcd	20.70 ± 3.79b	15.25 ± 0.20a	2.97 ± 0.06c	1.09 ± 0.05bc	2.70 ± 0.06b
2	20.33 ± 0.21bc	25.16 ± 1.10ab	14.79 ± 0.21b	2.96 ± 0.02c	1.20 ± 0.06b	3.98 ± 1.91a
3	19.92 ± 0.15bcd	19.03 ± 3.68b	14.66 ± 0.06bc	3.46 ± 0.05a	1.51 ± 0.02a	3.31 ± 0.05ab
4	19.42 ± 0.14cd	18.86 ± 4.94b	14.35 ± 0.19d	2.72 ± 0.08de	1.03 ± 0.03cd	3.71 ± 0.03ab
5	19.19 ± 0.83d	22.44 ± 2.05b	14.68 ± 0.03bc	3.01 ± 0.06c	1.01 ± 0.09cd	3.47 ± 0.04ab
6	18.30 ± 0.30d	16.95 ± 2.19b	14.52 ± 0.04cd	3.22 ± 0.05b	1.17 ± 0.14b	3.71 ± 0.06ab
7	19.48 ± 0.34cd	33.77 ± 2.85a	14.79 ± 0.07b	2.63 ± 0.09e	0.92 ± 0.02d	3.79 ± 0.04ab
8	21.95 ± 0.69a	17.44 ± 0.82b	14.70 ± 0.13bc	2.98 ± 0.04c	1.01 ± 0.02cd	2.54 ± 0.22b
9	20.52 ± 0.84b	18.79 ± 1.19b	15.46 ± 0.10a	2.77 ± 0.12d	1.02 ± 0.07cd	3.48 ± 0.05ab
因素	极差R					
施肥模式	1.35	3.92	0.47	0.34	0.28	0.36
打顶时期	0.94	6.19	0.15	0.38	0.22	0.17
留叶数	0.81	6.72	0.16	0.24	0.07	0.74
打脚叶时期	0.73	6.85	0.56	0.14	0.14	0.64

如表5-13所示，打顶后20 d时处理8中部叶总糖含量最高，而处理4中部叶总糖含量则最低；处理4淀粉含量最高；处理1中部叶还原糖含量最高，而处理6、处理7和处理4中部叶还原糖含量则较低；处理3中部叶全氮和烟碱含量明显高于其他处理；打顶后20 d时各处理中部叶钾含量之间无显著差异。施肥模式对打顶后20 d时烤烟中部叶总糖、全氮和烟碱含量影响最大，选择A1

施肥模式时，中部叶全氮含量可以达到最大，而选择 A3 施肥模式时，中部叶的总糖和烟碱含量可以达到最大。

表 5 – 13　打顶后 20 d 中部叶化学指标

处理	总糖（%）	淀粉（%）	还原糖（%）	全氮（%）	烟碱（%）	钾（%）
1	18.34 ± 0.47ab	16.56 ± 0.39cd	16.34 ± 0.48a	3.10 ± 0.05b	1.12 ± 0.01b	2.40 ± 0.03a
2	17.98 ± 0.61ab	21.02 ± 1.27b	15.33 ± 0.13cd	3.02 ± 0.03b	1.19 ± 0.03b	2.08 ± 0.10a
3	17.58 ± 1.26b	18.29 ± 0.81c	15.20 ± 0.19de	3.34 ± 0.04a	1.54 ± 0.04a	2.02 ± 0.17a
4	17.54 ± 1.09b	23.53 ± 0.85a	14.85 ± 0.28ef	2.74 ± 0.06c	1.00 ± 0.35bc	2.08 ± 0.06a
5	18.11 ± 0.21ab	17.22 ± 0.20cd	15.83 ± 0.10b	3.12 ± 0.02b	1.21 ± 0.13b	2.11 ± 0.03a
6	18.23 ± 0.69ab	15.21 ± 2.54de	14.76 ± 0.13f	3.07 ± 0.05b	0.82 ± 0.09c	2.23 ± 0.02a
7	19.19 ± 0.19ab	21.67 ± 1.74ab	14.79 ± 0.16f	2.58 ± 0.27c	0.99 ± 0.02bc	1.98 ± 0.06a
8	19.66 ± 0.10a	13.52 ± 0.86e	15.60 ± 0.16bcd	3.21 ± 0.05ab	1.10 ± 0.03b	2.14 ± 0.07a
9	19.44 ± 1.37ab	20.97 ± 1.64b	15.71 ± 0.03bc	2.69 ± 0.15c	0.80 ± 0.03c	2.21 ± 0.64a

因素	极差 R					
施肥模式	1.14	0.10	0.48	0.33	0.32	0.06
打顶时期	0.17	3.33	0.36	0.31	0.13	0.04
留叶数	0.11	6.74	0.29	0.31	0.25	0.22
打脚叶时期	0.71	1.05	1.00	0.21	0.21	0.16

如表 5 – 14 所示，打顶后 20 d 时下部叶的总糖含量无显著差异；处理 4、处理 6 和处理 7 的下部叶淀粉含量显著高于其余处理；处理 1 和处理 9 的还原糖含量显著高于其余处理；处理 2 的下部叶全氮含量最高；处理 3 的下部叶烟碱含量最高；处理 6 的下部叶钾含量最高。施肥模式对打顶后 20 d 时烤烟下部叶总糖、淀粉、全氮和钾含量影响最大；打脚叶时期对烤烟下部叶还原糖和烟碱含量影响最大。

表 5 – 14　打顶后 20 d 下部叶化学指标

处理	总糖（%）	淀粉（%）	还原糖（%）	全氮（%）	烟碱（%）	钾（%）
1	15.09 ± 0.38a	10.43 ± 0.89bc	12.13 ± 0.35a	3.17 ± 0.02b	0.45 ± 0.12e	2.56 ± 0.10b
2	14.04 ± 0.31a	8.73 ± 1.53cd	11.46 ± 0.09bc	3.46 ± 0.05a	1.01 ± 0.02ab	2.37 ± 0.04c
3	15.17 ± 0.29a	10.10 ± 0.57bc	11.52 ± 0.22b	3.17 ± 0.03b	1.12 ± 0.14a	2.20 ± 0.02de
4	14.08 ± 0.28a	16.66 ± 1.45a	11.19 ± 0.18bc	2.81 ± 0.14cd	0.88 ± 0.03bc	2.34 ± 0.06cd

处理	总糖（%）	淀粉（%）	还原糖（%）	全氮（%）	烟碱（%）	钾（%）
5	14.97 ± 3.18a	11.22 ± 1.52b	11.25 ± 0.18bc	3.16 ± 0.05b	0.92 ± 0.02bc	2.57 ± 0.03b
6	14.31 ± 0.10a	17.93 ± 0.43a	10.67 ± 0.11d	2.72 ± 0.18d	1.08 ± 0.04a	2.83 ± 0.06a
7	15.19 ± 0.27a	16.72 ± 0.59a	11.10 ± 0.26c	2.48 ± 0.21e	0.84 ± 0.11c	1.96 ± 0.19f
8	15.13 ± 0.61a	7.78 ± 0.17d	11.29 ± 0.13bc	3.00 ± 0.06bc	0.84 ± 0.02c	2.12 ± 0.05e
9	14.54 ± 0.14a	9.24 ± 0.49cd	11.90 ± 0.19a	2.97 ± 0.05bc	0.66 ± 0.01d	1.91 ± 0.12f
因素			极差 R			
施肥模式	1.50	5.52	0.67	0.45	0.18	0.58
打顶时期	0.11	5.36	0.14	0.38	0.23	0.07
留叶数	0.89	1.14	0.22	0.14	0.17	0.30
打脚叶时期	0.36	4.17	0.68	0.21	0.30	0.17

5.3.3　不同栽培措施对烤烟株型结构的影响

5.3.3.1　不同栽培措施对烤烟单株干物质积累量动态的影响

如图5-1所示，单株干物质积累量在打顶时以处理3最大，而处理1最小；打顶后10 d时，处理6的干物质积累量较高，而处理4的最小；打顶后20 d时，处理2、处理5和处理6的干物质积累量较高。由图可知，处理5和处理6有利于烤烟的干物质积累量，处理5在打顶后10 d到打顶后20 d为干物质积累量的高峰期，而处理6则是在打顶时到打顶后20 d为干物质积累量的高峰期；处理2的干物质积累从打顶时到打顶后10 d、20 d比较均衡。

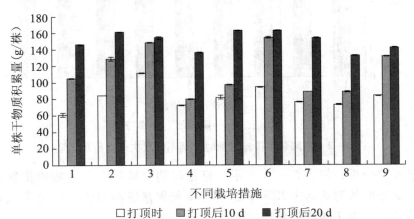

图5-1　不同栽培措施的烤烟单株干物质积累量

通过极差 R 分析，由表 5 - 15 可知，打顶时和打顶后 10 d 均以打顶时期对烤烟单株的干物质积累量影响最大，而打顶后 20 d 则是打脚叶时期对烤烟干物质的积累影响最大，打顶时期在这时则影响最小；打顶时施肥模式对烤烟干物质积累量影响最小；打顶后 10 d 留叶数对烤烟的单株干物质积累量的影响最小。

表 5 - 15　各因素对烤烟单株干物质积累量影响的极差分析

因素	极差 R		
	打顶时	打顶后 10 d	打顶后 20 d
施肥模式	7.61	24.92	10.95
打顶时期	26.34	53.96	8.34
留叶数	14.03	4.23	10.38
打脚叶时期	9.92	18.69	18.52

5.3.3.2　不同栽培措施对打顶时烤烟不同层次干物质积累量动态的影响

如图 5 - 2 所示，打顶时处理 3 的烤烟上部、中部和下部干物质积累量均最高，处理 7 的上部烤烟干物质积累量最低，中部烤烟的干物质积累量为处理 1 的最低，而下部烤烟干物质积累量则是处理 1 和处理 8 均较低。

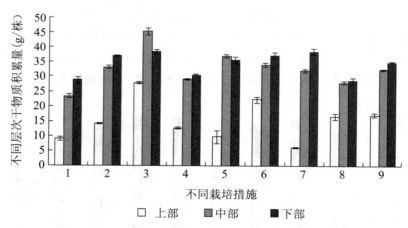

图 5 - 2　不同栽培措施打顶时烤烟不同层次干物质积累量

通过极差分析，如表 5 - 16 所示，打顶时期对烤烟上部干物质积累量的影响最大，而留叶数对烤烟中部和下部干物质积累量影响最大；施肥模式对打顶时烤烟中部及下部干物质积累量的影响最小。

表5-16　各因素对打顶时烤烟不同层次干物质积累量影响的极差分析

	极差 R		
因素	上部	中部	下部
施肥模式	3.74	3.13	0.75
打顶时期	13.13	9.00	4.21
留叶数	1.47	9.58	5.93
打脚叶时期	7.08	3.28	4.89

5.3.3.3　不同栽培措施对打顶后10 d烤烟不同层次干物质积累量动态的影响

由图5-3可知，打顶后10 d处理3和处理6的上部和中部干物质积累量均大于其余的处理，处理6的烤烟下部干物质积累量最高；处理5的上部干物质积累量最低，而处理7和处理8的中部和下部干物质积累量均较低。

通过极差分析发现（见表5-17），打顶时期对打顶后10 d烤烟的上部、中部以及下部的干物质积累量影响均最大；打脚叶时期对打顶后10 d的烤烟上部干物质积累量的影响最小，而留叶数则对烤烟中部及下部干物质积累量影响最小。

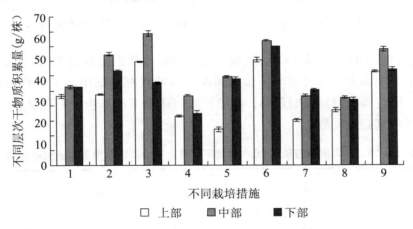

图5-3　不同栽培措施打顶后10 d烤烟不同层次干物质积累量

表5-17　各因素对打顶后10 d烤烟不同层次干物质积累量影响的极差分析

	极差 R		
因素	上部	中部	下部
施肥模式	4.18	4.42	1.49
打顶时期	15.22	15.80	6.20
留叶数	4.15	1.71	0.89
打脚叶时期	0.57	5.07	5.57

5.3.3.4 不同栽培措施对打顶后20 d烤烟不同层次干物质积累量动态的影响

由图 5 - 4 可知，打顶后 20 d 时，处理 1、处理 2、处理 3 和处理 6 的上部干物质积累量均较大，处理 4 的则最低；处理 5 的中部干物质积累量最高，处理 1 和处理 8 的较低；处理 4 的下部干物质积累量最高，而处理 9 的最低。

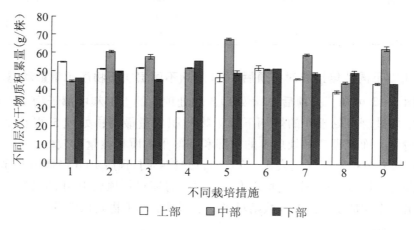

图 5 - 4　不同栽培措施打顶后 20 d 烤烟不同层次干物质积累量

通过极差分析（表 5 - 18）发现，施肥模式对烤烟打顶后 20 d 上部干物质积累量的影响最大，而打顶时期影响最小；留叶数对烤烟中部干物质积累量影响最大，而打脚叶时期影响最小；施肥模式对烤烟下部干物质积累量影响最大，影响最小的则是留叶数。

表 5 - 18　各因素对打顶后 20 d 烤烟不同层次干物质积累量影响的极差分析

因素	极差 R		
	上部	中部	下部
施肥模式	10.25	7.28	5.10
打顶时期	5.78	5.86	3.54
留叶数	7.86	14.91	1.91
打脚叶时期	9.96	5.79	3.87

5.3.4　不同栽培措施对烤烟烤后化学成分的影响

影响烤后烟吃味的主要因素是烟叶燃烧时热解呈酸性及碱性物质的平衡及协调，优质烟叶要求各种成分含量要适宜，成分之间要协调。优质烟叶化学成分：总糖15%～25%，还原糖14%～18%，淀粉≤5%，总氮1.5%～3.5%，烟碱含量：下部叶1.5%左右、中部叶2.5%左右、上部叶不超过3.5%，糖碱比8～10，钾离子含量≥2.0%，氯离子含量≤1.0%，石油醚提取物≥7.0%。氮碱比则与烟叶颜色香味有关，比值增大，色淡香味不足，过低则味浓且刺激性大。从表5-19可以看出，不同处理对烤后烟叶化学成分及其协调性有显著影响。

烟叶中含有大量的糖类物质，与烟叶品质关系密切。前人研究表明，总糖及还原糖与香气质呈正相关关系。总糖在一定范围内，有利于增加烟叶的香气和改善吃味，降低由蛋白质燃烧所产生的不良气味及烟气的刺激性。当烟叶含糖量过低时，刺激性增强；含糖量过高时，则使烟气呈酸性，影响烟气的酸碱平衡，使烟气平淡无味，同时增加烟气的焦油量。

5.3.4.1　不同栽培措施对烤烟烤后 B2F 化学成分的影响

如表5-19所示，处理5、处理7和处理8烤后烟叶总糖、淀粉和还原糖含量较高，而处理3和处理4的烤后上部叶总糖和还原糖含量则较低；处理3的烤后上部叶钾含量较高，而处理5的全氮含量最低，处理7的上部叶烟碱含量最低。施肥模式对烤烟烤后上部叶总糖、淀粉、烟碱、钾含量、糖碱比影响最大，选择A3施肥模式时烤烟上部叶总糖、淀粉和钾含量最高，而选择A1施肥模式时烤烟上部叶烟碱含量最高；打脚叶时期对此时烤烟上部叶的还原糖和全氮含量影响最大，选择D3施肥模式时烤烟上部叶全氮含量最高，而选择D1施肥模式时烤烟上部叶还原糖含量最高。按照A3B2C3D2的种植方式进行种植时，烤烟上部叶的总糖和淀粉含量最高，而按照A1B3C2D3的种植方式进行种植时，烤烟上部叶的总氮及烟碱含量最高。

5.3.4.2　不同栽培措施对烤烟烤后 C3F 化学成分的影响

如表5-20所示，烤烟烤后处理6的中部叶总糖、淀粉和还原糖的含量较高，而处理1的中部叶总糖、淀粉和还原糖的含量显著低于其他处理，而烟碱含量最高；处理8的全氮和烟碱含量较低；处理3和处理7的钾含量最高。施肥模式对烤烟烤后中部叶的总糖、淀粉、全氮及烟碱含量的影响最大，选择A1施肥模式时中部叶全氮和烟碱含量最高，而选择A3施肥模式时烤烟中部叶总糖和淀粉含量最高；留叶数对此时烤烟中部叶钾含量影响最大，选择C1留叶模式时烤烟中部叶钾含量最高；打脚叶时期对烤烟中部叶还原糖含量影响最大，选择D2打脚叶模式时中部叶还原糖含量最高。按照A3B2C1D2种植模式进行种植时烤烟中部叶总糖、淀粉、还原糖和钾含量均较高，而按照A1B1C1D1种植模式进行种植时烤烟中部叶全氮和烟碱含量较高。

表5-19 不同栽培措施对烤烟烤后B2F化学成分的影响

处理	总糖（%）	淀粉（%）	还原糖（%）	全氮（%）	烟碱（%）	钾（%）	氮碱比	糖碱比
1	22.88±0.35e	4.31±0.35cd	18.37±0.24b	2.72±0.04c	3.16±0.03b	2.18±0.04b	0.86±0.02ab	7.24±0.15de
2	24.40±0.95d	3.86±0.19d	19.76±0.25b	2.78±0.01c	3.35±0.18ab	2.11±0.04b	0.83±0.04b	7.28±0.03d
3	22.02±0.58e	3.19±0.13e	17.75±0.27d	2.26±0.05e	3.23±0.04ab	2.29±0.02a	0.70±0.03c	6.82±0.12e
4	21.15±1.65e	4.76±0.44c	18.21±0.42c	3.12±0.07a	3.41±0.29a	2.07±0.04cd	0.92±0.05a	6.22±0.08e
5	29.14±1.16a	5.88±0.53b	23.92±0.94a	2.19±0.04f	2.68±0.06c	2.04±0.06d	0.82±0.06ab	10.87±0.07a
6	26.45±0.96cd	4.92±0.60c	19.72±0.75b	2.33±0.04e	3.22±0.12ab	2.13±0.05bc	0.72±0.02c	8.21±0.09c
7	28.88±1.77ab	6.03±0.48a	22.77±1.13a	2.46±0.06d	2.59±0.02d	2.32±0.04a	0.95±0.07a	11.15±0.12a
8	29.86±3.59a	5.81±0.05b	23.37±0.03a	2.73±0.04c	3.11±0.04b	2.26±0.02a	0.88±0.05ab	9.60±0.08b
9	27.59±1.46b	4.39±0.19cd	21.35±0.80b	2.50±0.04d	3.27±0.10c	2.28±0.04a	0.76±0.07c	9.96±0.13b
因素					极差 R			
施肥模式	9.35	2.29	2.87	0.37	0.56	0.21	0.22	6.26
打顶时期	6.50	1.02	2.41	0.20	0.15	0.10	0.18	2.18
留叶数	3.63	2.03	1.05	0.21	0.48	0.06	0.24	3.82
打脚叶时期	3.90	1.68	3.43	0.57	0.38	0.04	0.06	3.29

表5-20　不同栽培措施对烤烟烤后C3F化学成分的影响

处理	总糖(%)	淀粉(%)	还原糖(%)	全氮(%)	烟碱(%)	钾(%)	氮碱比	糖碱比
1	19.72±2.85c	3.32±0.31e	15.95±0.23e	2.47±0.05a	2.98±0.02a	2.21±0.04cd	0.83±0.08b	6.62±0.21d
2	24.06±1.03ab	4.46±0.11c	18.87±0.66c	2.50±0.03a	2.61±0.08b	2.11±0.03e	0.96±0.04a	9.23±0.13a
3	20.79±3.42c	3.88±0.48e	17.97±0.37d	2.50±0.07a	2.71±0.07b	2.52±0.07a	0.92±0.03ab	7.67±0.16c
4	24.44±0.49ab	3.81±1.21d	18.47±046c	2.32±0.04c	2.55±0.08b	2.09±0.03e	0.91±0.06ab	9.58±0.06a
5	25.71±4.39a	4.10±0.42c	19.38±0.14bc	2.35±0.06c	2.68±0.03b	2.26±0.02c	0.88±0.13b	9.59±0.21a
6	25.17±2.43a	5.73±0.12a	20.32±0.97a	2.36±0.06c	2.58±0.11b	2.00±0.03f	0.91±0.05ab	9.76±0.09a
7	24.35±3.20ab	5.35±0.30a	20.19±0.38a	2.44±0.01b	2.46±0.09c	2.53±0.05a	0.99±0.03a	9.89±0.11a
8	22.08±5.88b	5.16±0.25b	17.19±0.98d	2.30±0.05c	2.46±0.02c	2.43±0.03b	0.93±0.11a	8.98±0.25a
9	21.50±0.40b	4.55±0.33c	17.18±0.43d	2.54±0.07a	2.65±0.01b	2.16±0.04de	0.96±0.06a	8.11±0.04b
因素			极差R					
施肥模式	10.78	2.80	2.12	0.35	0.88	0.26	0.16	2.57
打顶时期	6.11	0.75	1.94	0.23	0.38	0.05	0.03	0.87
留叶数	1.38	1.13	1.31	0.15	0.33	0.32	0.11	2.00
打脚叶时期	5.22	2.52	2.29	0.34	0.26	0.14	0.16	1.69

5.3.5 各栽培措施的灰色综合评判

单叶重与烤烟烟叶质量有着密切的联系。

香气与单叶重：要改善香气质、提高香气量必须有一定的单叶重作为基础。香气质量较好的，单叶重中、上部叶要 5 ～ 11 g。

化学成分和单叶重：国内目前流行的卷烟口味，要求的化学成分相对应的单叶重中、上部叶要 5 ～ 11 g。

烟气质量与单叶重：烟气质量较好的，其单叶重中、上部叶要 5 ～ 11 g。

上等烟内在质量与单叶重：上等烟也应有适宜的单叶重量，内质才佳，以 5 ～ 13 g为好。

由此可见，单叶重与烤烟的品质有着非常密切的关系，可把单叶重作为参考数列，而把各化学成分作为比较数列，进行灰色综合评判。

5.3.5.1 上部叶各栽培组合的综合评判

（1）原理和方法

按照对系统内部信息认识和把握的程度，可将系统划分为白色系统、黑色系统和灰色系统 3 种类型。在现实生活中存在的更多的系统是灰色系统，即内部包含已知信息，又包含未知信息，是介于白色系统和黑色系统之间的系统，烟叶内部化学成分与烟叶的品质关系也是一个灰色系统，这个系统的内部信息对于烟草工作者来说，部分已知，部分未知，即信息残缺不全，内部特征若明若暗，它是一个典型的灰色系统。

（2）数据的无量纲化处理

由于各栽培组合考察性状不止一个，各个性状的量纲不一样，有的是克（如单叶重），有的是百分比（％，如全氮和钾），有的无单位（如糖碱比、氮碱比）。这样形状之间无法直接进行比较，需要以性状测度的方法来统一量纲。

表 5 –21　上部叶各化学成分性状最优状测度值及测度方法

性状	优质烟叶含量	性状测度	性状测度最优值
总糖（％）	18 ～ 20	采用适中性状测度	26.45
淀粉（％）	4 ～ 5 以下	采用下限性状测度	4.76
全氮（％）	1.5 ～ 1.9	采用适中性状测度	2.19
还原糖（％）	16 ～ 18	采用上限性状测度	23.92
钾（％）	2 以上	采用上限性状测度	2.32

续上表

性状	优质烟叶含量	性状测度	性状测度最优值
烟碱（%）	1.5～2.5	采用下限性状测度	2.59
氮/碱	1 上下	采用适中性状测度	0.95
糖/碱	8～12	采用上限性状测度	11.15
单叶重（g）	5～11	采用上限性状测度	7.11

上部叶存在的主要问题就是烟碱含量高、还原糖及糖/碱低、化学成分不协调。结合本实验数据，对于上部叶而言，烟碱以小为好，可改善上部叶品质，采用下限性状测度；还原糖以大为好，采用上限性状测度；单叶重以大为好，既有一定产量，又能保证品质，采用上限性状测度。同理，得出各性状的测度方法见表 5－21 第三列。

（3）性状的同一量纲处理

上限性状测度公式：

$$\gamma_{iu}^{k} = \frac{\mu_i^k}{\max \mu_i^k}$$

适中性状测度公式：

$$\gamma_{io}^{k} = \frac{\mu_{io}^k}{\mu_{io}^k + |\ \mu_{io}^k - \mu_i^k\ |}$$

下限性状测度公式：

$$\gamma_{iB}^{k} = \frac{\min \mu_i^k}{\mu_i^k}$$

表 5－22 为无量纲化处理的数量。

表 5－22　数据无量纲化处理

处理	单叶重	总糖	淀粉	全氮	还原糖	钾	烟碱	氮/碱	糖/碱
1	1.000	0.827	0.755	0.838	0.872	0.953	0.636	0.978	0.493
2	0.858	1.000	0.813	0.825	0.840	0.923	0.592	0.974	0.554
3	0.766	0.736	0.917	0.753	0.572	1.000	0.618	0.861	0.426
4	0.699	0.694	1.000	0.770	0.704	0.904	0.580	0.937	0.377
5	0.730	0.784	0.604	0.998	0.954	0.891	0.775	0.998	1.000
6	0.983	0.916	0.688	0.943	0.838	0.932	0.620	0.856	0.639
7	0.756	0.806	0.475	0.901	1.000	1.013	0.999	0.762	1.232
8	0.829	0.773	0.610	0.834	0.872	0.988	0.647	0.958	0.856
9	0.751	0.854	0.745	0.889	0.871	0.997	0.744	0.915	0.840
β	1.000	1.000	1.000	1.000	1.000	1.000	1.000	1.000	1.000

将各性状的最优序列值 β 均规定为 1.000。

先计算参考数列 X_0 与比较数列 X_i 相应性状的绝对差值，即 $\triangle i(k) = |X_0(k) - X_i(k)|$（$i = 1, 2, 3, 4 \cdots\cdots 9$；$k = 1, 2, 3 \cdots\cdots 9$）。如表 5 - 23 所示。

表 5 - 23　单叶重与各性状的绝对差值

处理	单叶重	总糖	淀粉	全氮	还原糖	钾	烟碱	氮/碱	糖/碱
1	0.000	0.173	0.245	0.162	0.128	0.047	0.364	0.022	0.507
2	0.000	0.142	0.045	0.033	0.018	0.065	0.266	0.115	0.304
3	0.000	0.030	0.152	0.013	0.193	0.234	0.148	0.095	0.340
4	0.005	0.301	0.071	0.005	0.205	0.119	0.238	0.322	
5	0.000	0.054	0.126	0.268	0.225	0.161	0.045	0.268	0.270
6	0.000	0.066	0.295	0.040	0.145	0.051	0.362	0.127	0.344
7	0.000	0.050	0.281	0.145	0.244	0.257	0.243	0.006	0.476
8	0.000	0.055	0.219	0.006	0.043	0.160	0.182	0.129	0.028
9	0.000	0.104	0.006	0.138	0.120	0.246	0.006	0.164	0.089

两极最小差值 $\min_i \min_k |X_0(k) - X_i(k)| = 0$，两极最大差值 $\max_i \max_k |X_0(k) - X_i(k)| = 0.507$，将这两个值代入公式（5 - 1）中，可计算出关联系数 $\epsilon_i(k)$ 的值（见表 5 - 24）。

（4）关联系数。

由公式（5 - 1）计算单叶重与各性状之间的关联系数。

$$\epsilon_i(k) = \frac{\min_i \min_k |X_0(k) - X_i(k)| + \rho \max_i \max_k |X_0(k) - X_i(k)|}{|X_0(k) - X_i(k)| + \rho \max_i \max_k |X_0(k) - X_i(k)|}$$

$$(5 - 1)$$

式中，$\epsilon_i(k)$ 为 X_i 对 X_0 在 k 点的关联系数；$|X_0(k) - X_i(k)|$ 为第 k 点 X_i 和 X_0 的绝对差值；$\min_i \min_k |X_0(k) - X_i(k)|$ 为 X_i 数列和 X_0 数列在 k 点的二级最小差数绝对值，$\max_i \max_k |X_0(k) - X_i(k)|$ 为 X_i 数列和 X_0 数列在 k 点的二级最大差数绝对值，ρ 为灰色分辨系数，取值 $0 \sim 1$，一般取 0.5。

表5-24 单叶重与各性状的关联系数

处理	单叶重	总糖	淀粉	全氮	还原糖	钾	烟碱	氮/碱	糖/碱
1	1.000	0.595	0.509	0.610	0.665	0.845	0.411	0.920	0.334
2	1.000	0.642	0.849	0.884	0.932	0.797	0.488	0.688	0.455
3	1.000	0.895	0.626	0.951	0.568	0.520	0.632	0.728	0.428
4	1.000	0.979	0.458	0.781	0.982	0.554	0.681	0.516	0.441
5	1.000	0.824	0.668	0.487	0.531	0.612	0.850	0.487	0.485
6	1.000	0.793	0.463	0.865	0.636	0.832	0.412	0.667	0.425
7	1.000	0.836	0.475	0.637	0.510	0.497	0.511	0.977	0.348
8	1.000	0.821	0.537	0.978	0.854	0.614	0.583	0.663	0.901
9	1.000	0.710	0.977	0.648	0.679	0.508	0.975	0.608	0.741

将各性状的关联系数代入公式（5-2），可求出 X_i 和 X_0 的关联度。

$$r_i = \frac{1}{n} \sum_1^n \epsilon_i(k) \qquad (5-2)$$

（5）灰色关联度及权重

将表5-24中已求得的关联度系数代入公式（5-2）中，得出各性状与单叶重的关联度 r_i，将关联度代入公式 $\omega_i = \dfrac{r_i}{\sum_0^8 r_i}$ 中进行归一化处理，即得出各性状的权重 ω_i（见表5-25）。

表5-25 单叶重与各性状的关联度与权重

性状	单叶重	总糖	淀粉	全氮	还原糖	钾	烟碱	氮/碱	糖/碱
关联度(r_i)	1.000	0.788	0.618	0.760	0.706	0.642	0.616	0.695	0.506
权重(ω_i)	0.158	0.125	0.098	0.120	0.112	0.101	0.097	0.110	0.080

（6）各组合的灰色评判值

表5-26 各组合性状与最优序列值的差序列值

处理	单叶重	总糖	淀粉	全氮	还原糖	钾	烟碱	氮/碱	糖/碱
1	0.000	0.173	0.245	0.162	0.128	0.047	0.364	0.022	0.507
2	0.142	0.000	0.187	0.175	0.160	0.077	0.408	0.026	0.446
3	0.234	0.264	0.083	0.247	0.428	0.000	0.382	0.139	0.574

处理	单叶重	总糖	淀粉	全氮	还原糖	钾	烟碱	氮/碱	糖/碱
4	0.301	0.306	0.000	0.230	0.296	0.096	0.420	0.063	0.623
5	0.270	0.216	0.396	0.002	0.046	0.109	0.225	0.002	0.000
6	0.017	0.084	0.312	0.057	0.162	0.068	0.380	0.144	0.361
7	0.244	0.194	0.525	0.099	0.000	0.013	0.001	0.238	0.232
8	0.171	0.227	0.390	0.166	0.128	0.012	0.353	0.042	0.144
9	0.249	0.146	0.255	0.111	0.129	0.003	0.256	0.085	0.160

以表 5 - 26 的最优序列值减去各组合性状无量纲化值，得到差序列值。

①性状差序列值

上限性状差序列值 $\Delta_{iu}^{k} = |1 - r_{iu}^{k}|$，适中性状差序列值 $\Delta_{io}^{k} = |1 - r_{io}^{k}|$，下限性状差序列值 $\Delta_{iB}^{k} = |1 - r_{iB}^{k}|$。

②性状两级差序列值

最大性状差记为 $M = \max_i \max_k \Delta_i^k$，最小性状差记为 $m = \min_i \min_k \Delta_i^k$，从表 5 - 26 可知，两级最小差 $m = 0$，两级最大差 $M = 0.507$。

③各处理性状的达标指数

将二值带入公式 $C_{oi}^{k} = \dfrac{m + \rho m}{\Delta_i^k + \rho m} = \dfrac{0.5M}{\Delta_i^k + 0.5M}$，得各组合各性状的达标指数（见表 5 - 27）。

表 5 - 27　各性状的达标指数

处理	单叶重	总糖	淀粉	全氮	还原糖	钾	烟碱	氮/碱	糖/碱
1	1.000	0.595	0.508	0.610	0.665	0.845	0.411	0.920	0.333
2	0.641	0.999	0.576	0.592	0.613	0.767	0.383	0.906	0.363
3	0.520	0.490	0.755	0.506	0.372	1.000	0.399	0.645	0.306
4	0.457	0.453	1.000	0.525	0.461	0.725	0.377	0.802	0.289
5	0.484	0.540	0.390	0.992	0.848	0.699	0.530	0.992	1.000
6	0.936	0.752	0.448	0.817	0.610	0.788	0.401	0.637	0.413
7	0.510	0.566	0.326	0.719	0.999	0.951	0.995	0.516	0.523
8	0.597	0.528	0.394	0.605	0.665	0.956	0.418	0.858	0.639
9	0.505	0.635	0.499	0.695	0.663	0.989	0.498	0.749	0.613

④各处理性状的灰色综合评判值

$$G^k = \sum_1^n C_{oi}^k W_i$$

表 5 -28　按上部叶化学成分各处理的综合评判值及等级评语

处理	灰色评判值	排序	评语
7	0.784	1	优良
5	0.744	2	优良
6	0.710	3	优良
8	0.686	4	较好
1	0.681	5	较好
9	0.648	6	一般
2（CK）	0.626	7	一般
4	0.607	8	较差
3	0.586	9	较差

从表 5 - 28 可见，处理 7、5、6、8、1、9 的灰色综合评判值都高于处理 2（即 CK 处理）。定处理 2 为一般栽培组合，处理 9 的灰色综合评判值接近于处理 2，定位一般。

处理 1、8 的综合灰色评判值略大于处理 2，评为较好。

处理 7、5、6 的灰色综合评判值大于 0.70，评为优良。

处理 3 和处理 4 的灰色综合评判值小于 0.6，评为较差。

5.3.5.2　中部叶各栽培组合的综合评判

同理，中部叶性状的测度依据各个参试组合的表现和综合刘国顺、陈景云等（2007）的观点以及我国目前认为优质烟叶化学成分适宜值来定（见表 5 -29）。

表 5 -29　中部叶各化学成分性状最优状测度值及测度方法

性状	优质烟叶含量	性状测度	性状测度最优值
总糖（%）	18 ～ 20	采用适中性状测度	22.08
淀粉（%）	4 ～ 5 以下	采用下限性状测度	3.32
全氮（%）	1.5 ～ 1.9	采用上限性状测度	2.54
还原糖（%）	16 ～ 18	采用适中性状测度	17.19
钾（%）	2% 以上	采用上限性状测度	2.98
烟碱（%）	1.5 ～ 2.5	采用适中性状测度	2.21
氮/碱	≤1	采用上限性状测度	0.99
糖/碱	8 ～ 12	采用上限性状测度	9.89
单叶重（g）	5 ～ 11	采用上限性状测度	12.62

同理，按上部叶的方法得出中部叶各栽培组合的灰色综合评判值（见表5－30）。

表5－30　按中部叶化学成分各处理的综合评判值及等级评语

处理	灰色评判值	排序	评语
5	0.712	1	优良
7	0.706	2	较好
9	0.702	3	较好
8	0.699	4	一般
2（CK）	0.694	5	一般
3	0.691	6	一般
4	0.680	7	较差
1	0.659	8	较差
6	0.532	9	很差

由表5－30可知，处理5、7、9、8的灰色综合评判值均高于处理2（即CK处理），定处理2为一般栽培组合，处理8、3的灰色综合评判值接近于处理2的，划为一般组合。

处理5的灰色综合评判值大于0.71，定为优良组合。

而处理7和处理9的灰色综合评判值大于0.7但小于0.71，定为较好组合。

处理4、1因灰色综合评判值小于0.69，定为较差组合。

处理6的灰色综合评判值最小，定为很差组合。

5.3.6　不同栽培措施对烤烟经济性状及部位结构特征的影响

如表5－31所示，对于不同栽培技术措施下烤烟的两年经济性状和部位结构比例的比较，2014年产量、产值、均价及上等烟比例相较于2013年均有所提升，可能是由于2014年气候条件优于2013年，使得烟叶丰产。但9个处理之间进行比较，两年的试验数据重复性较好，处理1、处理5、处理6的产量、产值、均价及上等烟比例均较处理2（CK）要高，处理1、处理3、处理6、处理7和处理9的中部烟比例相较于处理2（CK）要高。

表5-31 不同栽培技术措施烤后烟叶经济性状及部位结构比例

年份	处理	产量 （kg/hm²）	产值 （元/hm²）	均价 （元/kg）	上等烟 比例（%）	中等烟 比例（%）	上部烟 比例（%）	中部烟 比例（%）
2013 年	1	2155.4	45 694.5	21.2	42.7	51.6	43.6	43.7
	2	2145.4	41 406.2	19.3	43.6	47.2	42.7	38.6
	3	1768.0	31 470.4	17.8	35.6	52.5	40.5	41.3
	4	1747.3	35 470.2	20.1	42.1	51.1	43.6	39.6
	5	2277.5	44 866.5	19.7	40.9	51.7	38.8	38.7
	6	2347.8	51 886.4	22.1	47.8	46.4	37.4	43.2
	7	1760.4	32 919.5	18.7	41.9	46.3	37.2	42.7
	8	1980.5	36 639.3	18.5	42.2	44.3	41.3	37.4
	9	1855.6	31 174.1	16.8	41.1	42.6	40.2	43.7
2014 年	1	2979.2	69 031.4	23.2	57.8	39.3	42.3	44.2
	2	2396.2	50 320.2	21.0	55.2	40.4	39.9	39.9
	3	2500.7	56 620.9	22.6	56.2	39.3	37.2	42.8
	4	2240.3	50 341.9	22.5	55.4	40.3	43.0	40.1
	5	3100.2	68 043.3	21.9	55.9	38.8	39.0	41.2
	6	2920.5	68 433.9	23.4	59.9	37.5	38.3	45.7
	7	2460.3	52 629.3	21.4	54.0	38.6	34.3	45.9
	8	2704.2	58 211.1	21.5	54.7	38.4	39.4	39.4
	9	2256.3	52 995.7	23.5	53.1	38.5	38.6	46.7

5.3.6.1 不同栽培措施对产量的影响

统计分析表明（表5-32），对于本试验，各因素在不同试验水平下的模型误差均不显著（$P < 0.05$），因此，试验各因素间的交互作用也不显著，各因素所在列有可能未出现交互作用的混杂，此时各因素水平间的差异能真正反映因素的主效，因而进行各因素水平间的多重比较有实际意义，并从各因素水平间的多重比较中选出各因素的最优水平，最终得到最优水平组合。对于某一因素，若各水平多重比较不显著，则选取指标平均数最大所在的水平为最优水平。

表5-32 产量方差分析结果

因素	变差平方和	自由度（df）	F 值	$F0.05$（2，2）	显著性
施肥模式	101966	2	0.29	19.00	—
打顶时间	92191	2	0.12	19.00	—
留叶数	111505	2	1.00	19.00	—
打脚叶时间	133761	2	0.27	19.00	—
误差	92191	2			

由表5-33可知，对于产量性状，根据极差结果分析，2013年各因素对产量的影响程度依次为：打脚叶时间＞施肥模式＞留叶数＞打顶时间，但各因素之间的极差 R 值相差不大，说明各因素对产量的影响差异不大。而2014年各因素对产量的影响程度依次为：留叶数＞施肥模式＞打脚叶时间＞打顶时间，其中留叶数为影响产量的主导因素。

表5-33 各因素产量性状的极差

时间	因素	极小值	极大值	极差 R	调整差 R'
2013 年	施肥模式	1870.7	2104.4	233.8	210.5
	打顶时间	1898.6	2114.5	215.9	194.4
	留叶数	1926.9	2147.7	220.8	198.8
	打脚叶时间	1837.5	2088.8	251.3	226.3
2014 年	施肥模式	2478.2	2735.8	257.6	232.0
	打顶时间	2545.7	2713.2	167.4	150.8
	留叶数	2285.0	2861.3	576.3	519.0
	打脚叶时间	2487.7	2734.5	246.8	222.3

由表5-34可知，两年试验各处理的3个水平之间，除2013年的留叶数和打脚叶时间及2014年的打顶时间差异未达到显著水平，其余各处理的不同水平间的差异均达到显著水平，说明不同水平处理对烤烟的产量存在显著性影响。从表中可以看出，对于产量性状，两年试验的最优水平组合相同，均为A2B2C1D1，即50%基施（N、K）、P肥全部基施，50%追肥（N、K），施肥量（N、K）为生产上90%；现蕾打顶；留15片叶；打顶时打脚叶。

表5-34　产量性状各因素水平的最优组合选择

时间	施肥模式		打顶时间		留叶数		打脚叶时间		最优组合
	水平	均值	水平	均值	水平	均值	水平	均值	
2013年	A2	2104.4a	B2	2114.5a	C1	2147.7a	D1	2088.8a	
	A1	2031.8b	B3	1993.8b	C2	1932.3b	D2	2080.5a	A2B2C1D1
	A3	1870.7c	B1	1898.6c	C3	1926.9b	D3	1837.5b	
最优水平	A2		B2		C1		D1		
2014年	A2	2735.8a	B2	2713.2a	C1	2861.3a	D1	2734.5a	
	A1	2599.9b	B3	2555.1b	C3	2667.7b	D2	2591.8b	A2B2C1D1
	A3	2478.2c	B1	2545.7b	C2	2285.0c	D3	2487.7c	
最优水平	A2		B2		C1		D1		

注：同一列内小写字母不同表示5%显著差异，下同。

5.3.6.2　不同栽培措施对产值的影响

由表5-35可知，对产值性状方差结果进行分析，发现不同因素之间的差异未达到显著水平，因此试验中各因素之间的交互作用也不显著，从中选择各因素的最优水平进行组合，得到对产值性状的最优栽培措施组合。

表5-35　产值方差分析结果

因素	变差平方和	自由度（df）	F值	$F0.05$（2，2）	显著性
施肥模式	166245687	2	1.14	19	—
打顶时间	16485826	2	0.11	19	—
留叶数	145499856	2	1.00	19	—
打脚叶时间	95763477	2	0.66	19	—
误差	16485826	2			

由表5-36可知，对于产值性状，根据极差结果，在2013年，各因素对产值的影响程度依次为：施肥模式 > 留叶数 > 打脚叶时间 > 打顶时间，主导因素为施肥模式；而2014年各因素对产值的影响程度依次为：留叶数 > 打脚叶时间 > 施肥模式 > 打顶时间，其中留叶数为主导因素。由于年份不同，生态环境也有所差异，导致影响烤烟产值的主导因素也存在差异，但总体趋势相同，打顶时间相较于其他因素对烤烟产值的影响是最小的。

表 5 - 36　各因素产值性状的极差

时间	因素	极小值	极大值	极差（R）	调整差（R'）
2013 年	施肥模式	33 683.2	43 254.5	9571.2	8620.5
	打顶时间	37 732.4	40 503.0	2770.6	2495.4
	留叶数	36 109.5	44 070.5	7961.0	7170.2
	打脚叶时间	34 455.2	42 023.6	7568.4	6816.6
2014 年	施肥模式	55 137.2	62 623.5	7486.2	6742.6
	打顶时间	57 273.4	62 973.0	5699.6	5133.5
	留叶数	55 459.3	65 333.7	9874.4	8893.6
	打脚叶时间	55 067.7	63 386.2	8318.5	7492.2

　　产值性状的方差分析表明，两个年份 4 个因素各水平之间，除 2013 年的打顶时间和留叶数及 2014 年的施肥模式差异未达到显著水平外，其余各水平间均达到显著水平，说明不同水平处理对烤烟产值存在显著影响。

　　由表 5 - 37 可知，对于产值性状，两个年份的最优水平组合稍有差异，2013 年产值性状最优水平组合为 A2B2C1D2，而 2014 年最优水平组合为 A1B2C1D1。由于 2014 年施肥模式 A1 和 A2 差异未达到显著水平，综合两年的产值比较，筛选出产值性状最优水平组合为 A2B2C1D1，即 50% 基施（N、K）、P 肥全部基施，50% 追肥（N、K），施肥量（N、K）为生产上 90%；现蕾打顶；留 15 片叶；打顶时打脚叶。

表 5 - 37　产值性状各因素水平的最优组合选择

时间	施肥模式		打顶时间		留叶数		打脚叶时间		最优组合
	水平	均值	水平	均值	水平	均值	水平	均值	
2013 年	A2	43 254.5a	B2	40 503.0a	C1	44 070.5a	D2	42 023.6a	
	A1	39 415.1b	B3	38 117.4b	C2	36 172.8b	D1	39 874.0b	A2B2C1D2
	A3	33 683.2c	B1	37 732.4b	C3	36 109.5b	D3	34 455.2c	
最优水平	A2		B2		C1		D2		
2014 年	A1	62 623.5a	B2	62 973.0a	C1	65 333.7a	D1	63 386.2a	
	A2	62 120.6a	B3	59 634.8b	C3	59 088.3b	D2	61 427.5b	A1B2C1D1
	A3	55 137.2b	B1	57 273.4c	C2	55 459.3c	D3	55 067.7c	
最优水平	A1		B2		C1		D1		

5.3.6.3　不同栽培措施对上等烟比例的影响

由表5－38可知，对上等烟比例方差结果进行分析，发现不同因素之间差异未达到显著水平，因此试验中各因素之间的交互作用也不显著，从中选择各因素的最优水平进行组合，可得到对上等烟比例的最优栽培措施组合。

表5－38　上等烟比例方差分析结果

因素	变差平方和	自由度（df）	F 值	$F_{0.05}$ (2, 2)	显著性
施肥模式	14.75	2	0.65	19.00	—
打顶时间	7.15	2	0.31	19.00	—
留叶数	22.86	2	1.00	19.00	—
打脚叶时间	0.09	2	0.01	19.00	—
误差	0.09	2			

上等烟比例的极差显示（表5－39），2013年对上等烟率的影响因素排序为：留叶数＞打脚叶时间＞施肥模式＞打顶时间，前两个因素影响程度相当，均可被认为主导因素；2014年的因素排序为：留叶数＞施肥模式＞打顶时间＞打脚叶时间，其中留叶数为主导因素。

表5－39　各因素上等烟比例的极差

时间	因素	极小值	极大值	极差（R）	调整差（R'）
2013 年	施肥模式	41.4	43.9	2.6	2.3
	打顶时间	42.3	42.5	0.2	0.2
	留叶数	40.5	44.5	4.0	3.6
	打脚叶时间	40.8	44.7	3.9	3.5
2014 年	施肥模式	54.1	56.9	2.8	2.5
	打顶时间	54.4	56.3	1.9	1.7
	留叶数	53.9	57.1	3.2	2.9
	打脚叶时间	55.3	55.7	0.4	0.3

统计分析结果表明，两个试验年份各因素不同水平之间的上等烟率，除2013年的打顶时间和2014年的打脚叶时间外，均存在显著差异。由表5－40可知，根据前面的推理同样可获得试验的最优水平组合，2013年的最优水平组合为A2B1C1D2，而2014年则为A2B3C1D1，由于2013年的打顶时间和2014年

的打脚叶时间各水平之间未达到显著水平，因而选择出对上等烟比例各因素的最优水平组合为 A2B3C1D2，即 50% 基施（N、K）、P 肥全部基施，50% 追肥（N、K），施肥量（N、K）为生产上 90%；初花打顶；留 15 片叶；打顶后 10 d 打脚叶。

表 5 - 40　上等烟比例各因素水平的最优组合选择

时间	施肥模式		打顶时间		留叶数		打脚叶时间		最优组合
	水平	均值	水平	均值	水平	均值	水平	均值	
	A2	43.9a	B1	42.5	C1	44.5a	D2	44.7a	
2013 年	A1	42.1b	B2	42.5	C2	42.4b	D1	41.9b	A2B1C1D2
	A3	41.4c	B3	42.3	C3	40.5c	D3	40.8c	
最优水平	A2		B1		C1		D2		
	A2	56.9a	B3	56.3a	C1	57.1a	D1	55.7	
2014 年	A1	55.3b	B1	55.6b	C3	55.3b	D3	55.4	A2B3C1D1
	A3	54.1c	B2	54.4c	C2	53.9c	D2	55.3	
最优水平	A2		B3		C1		D1		

5.3.6.4　不同栽培措施对中部叶比例的影响

对中部叶比例进行方差分析发现，除打顶时间对中部叶比例影响达到显著水平外，其余因素均未达到显著水平，所以打顶时间为影响烤烟中部叶比例的主导因素。

表 5 - 41　中部叶比例方差分析结果

因素	变差平方和	自由度（df）	F 值	$F0.05$（2，2）	显著性
施肥模式	1.08	2	1.09	19.00	—
打顶时间	34.98	2	35.13	19.00	*
留叶数	1.00	2	1.00	19.00	—
打脚叶时间	11.32	2	11.37	19.00	—
误差	1.00	2			

中部叶比例的极差结果显示（表 5 - 42），2013 年影响因素排序为：打顶时间 > 打脚叶时间 > 留叶数 > 施肥模式，而 2014 年的则为：打顶时间 > 打脚叶时间 > 施肥模式 > 留叶数，两年试验的主导因素均为打顶时间。

表 5 - 42　各因素中部烟比例的极差

时间	因素	极小值	极大值	极差（R）	调整差（R'）
2013 年	施肥模式	40.8	41.3	0.5	0.4
	打顶时间	38.3	42.9	4.6	4.1
	留叶数	40.7	41.7	1.0	0.9
	打脚叶时间	39.6	42.0	2.4	2.2
2014 年	施肥模式	42.2	43.9	1.7	1.5
	打顶时间	40.4	44.8	4.4	4.0
	留叶数	42.0	43.4	1.4	1.3
	打脚叶时间	40.9	43.9	3.0	2.7

　　中部叶比例的方差分析结果表明，各因素不同水平的中部叶比例差异均达到了显著水平（$P > 0.05$），说明同一因素的不同水平处理对烤烟的中部叶比例产生显著影响。由表 5 - 43 可知，根据前面的推理得到，2013 年中部叶比例最优水平组合为 A1B3C1D1，2014 年最优水平组合为 A3B3C3D2，而 2013 年施肥模式，打脚叶时间和 2014 年留叶数差异未达到显著水平，所以可以筛选出对于中部叶比例各因素最优水平组合为 A3B3C1D1，即 30% 基施（N、K）、P 肥全部基施，70% 追肥（N、K），施肥量（N、K）为生产上 70%；初花打顶；留 15 片叶；打顶时打脚叶。

表 5 - 43　中部烟比例各因素水平的最优组合选择

时间	施肥模式		打顶时间		留叶数		打脚叶时间		最优组合
	水平	均值	水平	均值	水平	均值	水平	均值	
2013 年	A1	41.3a	B3	42.9a	C1	41.7a	D1	42.0a	
	A3	41.2a	B1	42.1b	C3	41.0b	D2	41.8a	A1B3C1D1
	A2	40.8b	B2	38.3c	C2	40.7b	D3	39.6b	
最优水平	A1		B3		C1		D1		
2014 年	A3	43.9a	B3	44.8a	C3	43.4a	D2	43.9a	
	A2	42.5b	B1	43.3b	C1	43.3a	D1	43.8a	A3B3C3D2
	A1	42.2b	B2	40.4c	C2	42.0b	D3	40.9b	
最优水平	A3		B3		C3		D2		

5.3.6.5 针对烤后烟叶经济性状及部位结构最佳栽培措施汇总

从表5-44可知，在两个试验年份，针对5个经济性状指标，其主导因素以留叶数为主（4次），其次为打顶时间（2次），最后为打脚叶时间（1次）和施肥模式（1次），这充分说明在本研究所涉及的4个处理因素中，留叶数对经济性状的影响最大，是其决定性因素。但对于同一性状，最优水平组合两年结果相似性较大，说明试验结果具有可信性。根据主导因素选最优水平，次主导因素服从主导因素的原则，因为留叶数是产量、产值和上等烟比例的主导因素，选择最优水平C1，而打顶时间是中部叶比例的主导因素，选择最优水平B3，施肥模式和打脚叶时间为次要因素，服从主导因素，所以梅州五华地区的最优栽培组合为A2B3C1D1，即50%基施（N、K）、P肥全部基施，50%追肥（N、K），施肥量（N、K）为生产上90%；初花打顶；留15片叶；打顶时打脚叶。

表5-44 经济性状各因素最优水平组合结果汇总

时间	性状	因素排序				主导因素	最优组合
		1	2	3	4		
2013年	产量	打脚叶时间	施肥模式	留叶数	打顶时间	打脚叶时间	A2B2C1D1
	产值	施肥模式	留叶数	打脚叶时间	打顶时间	施肥模式	A2B2C1D2
	上等烟比例	留叶数	打脚叶时间	施肥模式	打顶时间	留叶数	A2B1C1D2
	中部叶比例	打顶时间	打脚叶时间	留叶数	施肥模式	打顶时间	A1B3C1D1
2014年	产量	留叶数	施肥模式	打脚叶时间	打顶时间	留叶数	A2B2C1D1
	产值	留叶数	打脚叶时间	施肥模式	打顶时间	留叶数	A1B2C1D1
	上等烟比例	留叶数	施肥模式	打顶时间	打脚叶时间	留叶数	A2B3C1D1
	中部叶比例	打顶时间	打脚叶时间	施肥模式	留叶数	打顶时间	A3B3C3D2

5.3.7 烤后烟叶感官质量

如表5-45所示，取烤后中部叶进行化学成分分析及感官质量测定，得出处理6即A2B3C1D2栽培措施组合烟叶化学成分及感官质量评分均高于对照，且表现较好。所以我们上面得出的针对经济性状和部位结构的最佳栽培技术措施组合A2B3C1D1在烤后烟叶化学成分及感官质量方面应表现较好。

表 5 - 45 不同栽培措施对烟叶感官质量的影响

处理	烟气特征/分		香气特征/分			吸味特征/分		总分/分
	劲头	浓度	香气质	香气量	杂气	刺激性	余味	
1	7.5	7.0	7.0	6.5	6.5	7.0	7.0	67.3
2	7.5	7.0	7.0	7.5	7.0	6.0	6.5	70.0
3	7.0	7.5	7.5	7.0	7.0	6.5	6.5	69.8
4	7.0	7.0	7.0	7.0	7.0	6.5	7.0	69.5
5	7.0	7.0	7.0	7.0	7.0	7.0	7.0	70.0
6	7.5	7.5	7.5	7.5	7.0	7.0	7.0	72.8
7	7.5	7.0	7.5	7.5	7.0	6.5	7.0	72.3
8	7.0	7.5	7.5	7.0	7.0	6.5	7.0	70.5
9	7.0	7.0	7.0	7.5	7.0	6.5	7.0	71.3

注：总分 = 10 × (香气质 × 20% + 香气量 × 35% + 杂气 × 20% + 刺激性 × 10% + 余味 × 15%)。

5.4 讨论与结论

5.4.1 讨论

5.4.1.1 不同栽培措施对烤烟农艺性状的影响

农艺性状是烟株生长发育过程中内在协调好坏的最直接外在表现（李良勇等，2007）。研究发现，打顶时、打顶后 10 d 及打顶后 20 d，各栽培措施组合对烤烟的农艺性状均存在影响。打顶时，施肥模式对烤烟的各项农艺性状综合影响是最大的；打顶后 10 d，打顶时期及施肥模式对烤烟的各项农艺性状的综合影响最大；打顶后 20 d，施肥模式和留叶数对烤烟的各项农艺性状的综合影响最大。我们发现，打顶初期对烤烟农艺性状影响最大的是施肥模式，随着烤烟打顶后天数的不断增加，打顶时期和留叶数对烤烟农艺性状的影响也不断增加。随着打顶时间的推迟，烤烟的株高增大而茎围变小，烤烟的叶面积指数也相应变小。打顶后 A1 施肥模式施肥量过多且全部基施不利于植株对养分的吸收，而 A3 施肥模式因五华烟叶产区后期雨水过多，所以肥料较易流失。留叶数过少而施肥过多的处理，烤烟上部叶开片较好，但后期落黄较差。

5.4.1.2 不同栽培措施对烤烟干物质积累量的影响

烤烟生育期的干物质积累量直接影响烤烟的产量（袁仕豪等，2008）。随着时间的进行，烤烟的干物质积累量不断增加，不同栽培措施对烤烟生育期干物质的积累也起到显著的影响，而施肥模式是对整株干物质积累量最大的因素。

烤烟生育前期施肥模式和打顶时期对中、上部叶的干物质积累量影响较大，而到了后期，留叶数是对中、上部叶干物质积累量影响最大的因素。

5.4.1.3　不同栽培措施对烤烟烤后烟叶化学指标的影响

影响烤后烟吃味的主要因素是烟叶燃烧时热解呈酸性及碱性物质的平衡及协调，优质烟叶要求各种成分含量要适宜，成分之间要协调（汪定民等，1996）。

施肥模式对烤烟烤后上部叶总糖、淀粉、烟碱及钾含量影响最大，选择 A3 施肥模式时烤烟上部叶总糖、淀粉和钾含量最高，而选择 A1 施肥模式时烤烟上部叶烟碱含量最高；打脚叶时期对此时烤烟上部叶的还原糖和全氮含量影响最大，选择 D3 施肥模式时烤烟上部叶全氮含量最高，而选择 D1 施肥模式时烤烟上部叶还原糖含量最高。按照 A3B2C3D2 的种植方式进行种植时，烤烟上部叶的总糖和淀粉含量最高，而按照 A1B3C2D3 的种植方式进行种植时，烤烟上部叶的总氮及烟碱含量最高。打顶时期对烤烟的烟碱含量影响较大，随着打顶时期的推迟，烤烟烟碱含量呈降低的趋势，留叶数对烤烟的烟碱含量影响也很大，留叶数多则明显降低烟叶的烟碱含量。

施肥模式对烤烟烤后中部叶的总糖、淀粉、全氮及烟碱含量的影响最大，选择 A1 施肥模式时中部叶全氮和烟碱含量最高，而选择 A3 施肥模式时烤烟中部叶总糖和淀粉含量最高；留叶数对此时烤烟中部叶钾含量影响最大，选择 C1 留叶模式时烤烟中部叶钾含量最高；打脚叶时期对烤烟中部叶还原糖含量影响最大，选择 D2 打脚叶模式时中部叶还原糖含量最高。按照 A3B2C1D2 种植模式进行种植时，烤烟中部叶总糖、淀粉、还原糖和钾含量均较高，而按照 A1B1C1D1 种植模式进行种植时，烤烟中部叶全氮和烟碱含量较高。

施肥模式对烤烟烤后下部叶总糖、淀粉、全氮、烟碱及钾含量的影响均最大，选择 A1 施肥模式时，下部叶全氮和烟碱含量达到最大，而选择 A3 施肥模式时，下部叶总糖、淀粉及钾含量达到最大；打脚叶时期对烤烟烤后下部叶还原糖含量影响最大。

运用单叶重与烤烟烟叶质量的密切关系，采用灰色综合评判法对烤烟中、上部叶进行灰色综合评判，得出处理 5 和处理 7 中、上部叶评分均高于对照，即栽培措施组合 A2B2C3D1 和栽培措施组合 A2B2C3D1 从烤烟烤后烟叶化学成分的协调性来说为较优组合。

5.4.1.4　不同栽培措施对烤烟经济性状和部位结构特征的影响

优化烟叶结构是当前解决烟叶等级结构不能满足卷烟品牌原料需求、提高烟叶原料保障能力、增加烟农收入的一项重要措施（张翔等，2004；陈萍，2003）。烟草对环境条件的变化十分敏感，环境条件的差异不仅影响烟草的形态特征和农艺性状，而且还直接影响烟叶的等级结构（刘卫群，2005）。五华烟叶产区早期低温易导致早花，而烟叶生长后期雨水过多易造成贪青烟叶，这些特殊的气候条件均会对形成良好的烟株株型结构及烟叶生长发育产生不利影响，从而严重影响到烟叶结构的改善。针对市场对上等烟和中部叶需求量大的问题，必须做到因地制宜，充分利用生态条件，发挥现代的或发掘传统的有效生产技术潜能，制定出一套适合当地环境的栽培技术措施。留叶数为影响上等烟比例的主导因素，留叶增多烤烟上等烟比例下降，这与潘和平等（潘和平等，2010；Ahlrichs, et al., 1983；汪安云等，2007；高贵等，2006；邓云龙等，1998）的研究结果相迎合。由于五华烟叶产区易早花，因此选择适当的留叶数可以增加烤烟上等烟比例，降低上部烟比例；打顶措施作为控制烟株生育后期生长株型和养分再次分配的有效手段，得到大家的广泛关注和使用，打顶时间为影响中部叶比例的主导因素。生产实际中，当地烟农习惯现蕾打顶，黄一兰等（2004）则提倡通过提早打顶时间来提高烤烟上等烟比例（Broge, et al., 2002），但研究结果表明初花打顶有利于增加中部叶比例，可能是因为打顶时间推迟，烟叶叶片数变多，导致烟叶部位特征下移，原本的上部叶转化为中部叶。施肥模式对产值的影响也较为突出，当地烟农习惯一次性施基肥，后期不追肥，而五华产区烟叶生长后期雨水较多，肥料流失严重，肥料利用率不高，所以研究的最佳施肥方式为50%基施（N、K）、P肥全部基施，50%追肥（N、K），施肥量（N、K）为生产上90%，不仅提高了肥料的利用率，还增加了烟农的收益。选择合适的打脚叶时间对烤烟的部位特征也存在影响，打脚叶时间过早，采摘时下部叶质量会降低，变为不适用烟叶；而打脚叶时间过迟，影响养分的分配，中、上部叶比例降低。

5.4.2　结论

2012—2014年对梅州五华烟叶产区烤烟最优栽培技术措施进行筛选，烤后烟叶化学成分指标运用灰色综合评判法，得出中、上部叶栽培措施评分均优于对照的组合为处理5和处理7，即栽培措施组合A2B2C3D1和栽培措施组合A2B2C3D1从烤烟烤后烟叶化学成分的协调性来说为较优组合。对烤后烟叶经济性状及部位结构特征进行极差分析及方差分析，结果表明梅州五华烟叶产区基于经济性状和烟叶结构特征的最佳栽培技术措施为A2B3C1D1，即施肥方式为50%基施（N，K）、P肥全部基施，50%追肥（N，K），施肥量（N、K）为生产上90%；打顶时间为初花时打顶；留15片叶；打顶时打脚叶。该栽培技术措施组合经大面积验证后，烟叶的经济性状、主要化学成分及感官质量相较于对照有所提高，上等烟比例和中部叶比例均高于对照，本试验结果可为梅州五华地区优化烟叶的等级、部位结构提供科学试验依据。

参 考 文 献

[1] 黄莺，黄宁，冯勇刚，等. 不同氮肥用量、密度和留叶数对贵烟 4 号烟叶经济性状的影响［J］. 安徽农业科学，2008，36（2）：597 - 600.

[2] 刘国顺. 中国烟叶生产实用技术指南. 北京：中国烟叶公司，2009.

[3] 云南省烟草专卖局. 云南省提高优质烟叶有效供给能力实施意见（云烟叶〔2011〕34号）［S］. 2011：2 - 3.

[4] 雷天义. 邵阳市烟叶结构优化的意义及措施［J］. 现代农业科技，2012（1）：356.

[5] 李洪勋. 不同施氮量和密度对烤烟产量和质量的影响［J］. 吉林农业科学，2008，33（3）：22 - 26.

[6] 宗会，温华东，张燕，等. 氮肥形态、用量和种植密度对香料烟光合作用的影响［J］. 烟草科技，2004（1）：33 - 35.

[7] 陈玉仓，马会民，关皎芳. 平陆烤烟施氮量试验［J］. 山西农业科学，2007，35（3）：59 - 61.

[8] 江豪，陈朝阳. 种植密度、打顶时期对云烟 85 烟量及质量的影响［J］. 福建农林大学学报（自然科学版），2002，31（4）：437 - 441

[9] 赵莉，叶协锋，李俊丽，等. 上部叶采收方式对烟叶产量及品质的影响［J］. 山西农业科学 2012，40（11）：1175 - 1178.

[10] 张丹，刘国顺，章建新，等. 打顶时期对烤烟根系活力及烟碱积累规律的影响［J］. 中国烟草科学，2006（1）：38 - 41.

[11] 潘和平，杨天沛，王定斌. 烤烟不同打顶时期、留叶数对产质量的影响［J］. 安徽农业科学，2010（11）：5588 - 5589，5599.

[12] Ahlrichs J S, Bauer, M E. Relation of agronomic and multi-spectral reflectance characteristics of spring wheat canopies［J］. Agronomy Journal, 1983, 75（2）：987 - 993.

[13] 汪安云，秦西云. 打顶留叶数与烤烟品种 TSNA 形成累积的关系［J］. 中国农学通报，2007，23（8）：161 - 165.

[14] 高贵，田野，邵忠顺，等. 留叶数和留叶方式对上部叶烟碱含量的影响［J］. 耕作与栽培，2006（5）：26 - 27.

[15] 邓云龙，晋艳. 滇中地区优质烟产量、质量综合效应及优化栽培模式研究［J］. 云南农业科技，1998（2）：28 - 31.

[16] 李良勇，邹喜明，黄松青，等. 不同栽培条件对烤烟农艺、经济性状及烟碱含量的影响［J］. 江西农业学报，2007，19（3）：1 - 5.

[17] 陈占省. 烟叶分级与收购［M］. 北京：中国华侨出版社，2003.

[18] 闫克玉，赵献章. 烟叶分级［M］. 北京：中国农业出版社，2003.

[19] 中国农业科学院烟草研究所. 中国烟草栽培学［M］. 上海：上海科学技术出版

社，1987.

[20] 陈顺辉，李文卿，江荣凤，等. 施氮量对烤烟产量和品质的影响 [J]. 中国烟草学报，2003，9（B11）：36－40.

[21] 袁仕豪，易建华，蒲文宣，等. 多雨地区烤烟对基肥和追肥氮的利用率 [J]. 作物学报，2008，34（12）：2223－2227.

[22] Broge N H, Mortensen J V. Deriving green crop area index and canopy chlorophyll density of winter wheat from spectral reflectance data [J]. Remote Sensing of Environment，2002，81（2）：45－57.

[23] 张翔，黄元炯，范艺宽，等. 河南省植烟土壤与烤烟施肥的现状、存在问题及对策 [J]. 河南农业科学，2004（11）：54－61.

[24] 陈萍，李天福，张晓海，等. 利用^{15}N示踪技术探讨烟株对氮素肥料的吸收与利用 [J]. 云南农业大学学报，2003，18（1）：1－4.

[25] 刘卫群，石俊雄，陈良存，等. 氮肥运筹对烤烟产质量的影响 [J]. 贵州农业科学，2005，33（5）：51－52.

[26] 刘齐元，何宽信，张德远. 追肥结束期对烤烟生长发育及产质量的影响 [J]. 作物研究，2003，17（2）：88－90.

[27] 王少先，彭克勤，夏石头，等. 烟草碳、氮代谢及氮肥施用对烟草产量和品质的影响 [J]. 中国农学通报，2004，20（2）：135－138.

[28] 刘国顺. 烟草栽培学 [M]. 北京：中国农业出版社，2003.

[29] 周冀衡. 烟草生理与生物化学 [M]. 合肥：中国科学技术出版社，1996.

[30] 郭群召. 氮及土壤氮素矿化对烤烟生长及品质的影响 [D]. 郑州：河南农业大学，2004：6－8

[31] Hoving-Bolink A H, Vedder H W, Merks J W M. prspective of NIRS measurements early post mortem for prediction of pork quality [J]. Meat Science，2005，69（8）：417－423.

[32] 张雪芹. 钾素营养对烤烟烟叶品质影响的研究进展 [J]. 湖南环境生物职业技术学院学报. 2002. 8：52－54

[33] Marchand M. 不同钾肥品种对烟草产量与化学成分的影响研究 [J]. 中国烟草科学，1997（02），66－67

[34] 刁操铨. 作物栽培学各论（南方本）[M]. 北京：中国农业出版社. 1994.

[35] 中国烟草总公司. 烟草平衡施肥技术 [J]. 中国烟草科学，1982，74（3）：541－546.

[36] 谈文. 烟草病理学 [M]. 郑州：河南科技出版社，1989.

[37] 林桂华，周冀衡，范启福等. 打顶技术对烤烟产质量和生物碱组成的影响 [J]. 中国烟草科学，2002（4）：8－12

[38] 江豪，陈朝阳，王建明，等. 种植密度、时期打顶对云烟85烟叶产量及质量的影响 [J]. 福建农林大学学报（自然科学版），2002（4）：437－441.

[39] 赵光伟，刘德，王广会，等. 不同时期打顶与留叶数对烤烟产量与品质的影响 [J].

现代化农业，1996（4）：18 – 19.

［40］陈胜利. 烤烟不同时期打顶与赤星病发生的相关性探讨［J］. 烟草科技，1996（6）：
40 – 41.

［41］雷吕英，李黎明. 烤烟品种和时期打顶对赤星病抗病性的作用［J］. 烟草科技，2000
（11）：42 – 43.

［42］成巨龙，孙渭，刘治清. 烤烟品种和时期打顶对赤星病抗病性比较［J］. 陕西农业科
学，1998（4）：18 – 19.

［43］王东胜，李章海. 几项农艺措施与烤烟顶部外观质量形成的关系初探［J］. 烟草科技，
1989，3：20 – 24.

［44］韩锦峰，訾天镇. 烤烟种植密度和留叶数对农艺性状及烟草化学成分效应的初步研究
［J］. 中国烟草，1984，2：4 – 9.

［45］王广山，陈卫华. 烟碱形成的相关因素分析及降低烟碱技术措施［J］. 烟草科技，
2001，2：38 – 42.

［46］闫玉秋，方智勇，壬志宇，等. 试论烟草中烟碱含量及其调节因素［J］. 烟草科技，
1996，6：31 – 34.

［47］杨文钰，屠乃美. 作物栽培学各论［M］. 北京：中国农业出版社，2003.

［48］刘洪祥. 烤烟几个性状间相关性的初步分析［J］. 中国烟草，1980，（2）.

［49］左天觉著，朱尊权译. 烟草的生产、生理和生物化学［M］. 上海：上海远东出版
社，1993.

［50］戴勒，王毅，张家伟，等. 不同留叶数对美引烤烟新品种 NC297 生长及质量的影响
［J］. 中国农学通报，2009，25（01）：101 – 103.

［51］朱启法，张国英，季学军. 烤烟不同留叶数与农艺性状、经济性状的相关关系研究
［J］. 安徽农学通报，2009，15（18）.

［52］方明，袁晓霞，周国生，等. 留叶数对烟叶综合性状的影响研究［J］. 现代农业科技，
2010（8）：57 – 58.

［53］杨宇虹，高家合，唐兵，等. 施肥量与留叶数对烟叶产值量及化学成分的影响［J］.
中国农学通报，2006，22（4）：168 – 170.

［54］赵正雄，杨宇虹，张福锁等. 不同顶端调控措施对烟株内钾素积累和分配规律的影响
［J］. 烟草科技，2002，（6）：37 – 39.

［55］李永平，谭彩兰，赵立红. 烤烟摘除底脚叶试验研究［J］. 烟草科技，1994，（3）：
32 – 33.

［56］赵正雄，杨宇虹，张福锁等. 烤烟底脚叶对烟叶含钾量及品质的影响［J］. 中国农学
通报，2002，6（3）：27 – 29.

［57］Jasdzewski G，Strangman G，Wagner J，et al. Differences in the hemodynamic response to e-
vent-related motor and visual paradigms as measured by near-infrared spectroscopy［J］. Neuro-
Image，2003，20（2）：479 – 488.

［58］张振平，刘孟军. 烤烟高打脚叶与二次打顶技术研究［J］. 西北农业学报，2002，11（2）：118 – 120.

［59］Kirsch J D，Drennen J K. Nondestructive tablet hardness testing by near-infrared spectroscopy：a new and robust spectral best-fit algorithm［J］. Journal ofpharmaceutical and biomedical analysis，1999，19（3 – 4）：351 – 362.

［60］中国国家烟草专卖局. GB2635—1992 烤烟［S］. 北京：中国标准出版社，1992.

［61］唐启义，冯明光. 实用统计分析及其 DPS 数据处理系统［M］. 北京：科学出版社，2002.

［62］邹琦. 植物生理实验指导［M］. 北京：中国农业出版社，2000.

［63］王瑞新. 烟草化学［M］. 北京：中国农业出版社，2003.

［64］唐启义，冯明光. 实用统计分析及其 DPS 数据处理系统［M］. 北京：科学出版社，2002.

［65］黄一兰，王瑞强，王雪仁等. 打顶时间与留叶数对烤烟产质量及内在化学成分的影响［J］. 中国烟草科学，2004（4）.